水电工程泥石流防治安全控制技术

陈卫东　彭仕雄　付　峥

余学明　李青春　宋书志　等　著

中国水利水电出版社
www.waterpub.com.cn
·北京·

内 容 提 要

本书是在大量水电工程泥石流沟勘察与治理实践的基础上，研究、总结和提炼的技术成果。全书系统地研究了泥石流的形成机理、影响因素、分类、流体特征及判别方法等，提出了泥石流勘察和预测的方法，建立了泥石流防治工程设计原则、标准与布置等安全控制技术体系，并提供了泥石流防治工程实例。

本书是水电行业泥石流灾害防治技术专著，可供从事水电行业和其他行业泥石流防治工程专业技术人员阅读，也可供高等院校相关专业的师生参考。

图书在版编目（ＣＩＰ）数据

水电工程泥石流防治安全控制技术 ／ 陈卫东等著
. -- 北京：中国水利水电出版社，2018.9
ISBN 978-7-5170-6553-1

Ⅰ．①水… Ⅱ．①陈… Ⅲ．①水利水电工程－泥石流－灾害防治 Ⅳ．①P642.33

中国版本图书馆CIP数据核字(2018)第137983号

书　　名	**水电工程泥石流防治安全控制技术** SHUIDIAN GONGCHENG NISHILIU FANGZHI ANQUAN KONGZHI JISHU
作　　者	陈卫东　彭仕雄　付　峥　余学明　李青春　宋书志　等 著
出版发行	中国水利水电出版社 （北京市海淀区玉渊潭南路 1 号 D 座　100038） 网址：www. waterpub. com. cn E - mail：sales@waterpub. com. cn 　话：(010) 68367658（营销中心）
经　　售	北京科水图书销售中心（零售） 电话：(010) 88383994、63202643、68545874 全国各地新华书店和相关出版物销售网点
排　　版	中国水利水电出版社微机排版中心
印　　刷	北京市密东印刷有限公司
规　　格	184mm×260mm　16 开本　14.5 印张　344 千字
版　　次	2018 年 9 月第 1 版　2018 年 9 月第 1 次印刷
印　　数	0001—2000 册
定　　价	**85.00 元**

中国电建集团成都勘测设计研究院有限公司简介

  成都勘测设计研究院有限公司（简称"成都院"），其历史可以追溯至1950年成立的燃料工业部西南水力发电工程处，正式建制于1955年，拥有成都与温江科研、办公场所22.9万多 m²，成都办公区位于风景秀丽的浣花溪畔，毗邻历史人文胜迹青羊宫、杜甫草堂。薪火相传的60多年里，成都院始终秉承"贡献国家、服务业主、回报社会"的价值理念，致力于实现人与自然、社会的和谐发展，服务全球清洁能源与基础设施、环境工程建设。

  成都院是中国电建集团直属的国家级大型综合勘测设计科研企业，业务覆盖能源、水利、水务、城建、市政、交通、环保等全基础设施领域，涵盖规划、勘察、设计、咨询、总承包、投融资、建设运营、技术服务等全产业链；持有工程设计综合甲级、工程勘察综合类甲级、工程造价咨询、工程监理、水土保持、水文水资源调查评价、建设项目环境影响评价、污染治理设施运行服务、地质灾害治理设计勘查与施工、环境污染防治工程、对外承包工程等34项资质证书及发电业务许可证；建立了质量、职业健康安全、环境管理体系。

  成都院于2014年成功跨入集团特级子企业行列，资产规模突破百亿元大关；2015年新签合同实现百亿元目标，各项经济指标保持稳健增长势头，营业收入、利润和经济增加值均创历史新高。

  成都院高精尖人才众多，专家团队实力雄厚，包括中国工程院院士、全国勘察设计大师、新世纪百千万人才工程国家级人选、国家监理大师、国务院政府特殊津贴专家、全国优秀科技工作者、四川省学术和技术带头人、四川省工程勘察设计大师、四川省突出贡献的优秀专家。

  60多年来，成都院完成了西南及西藏地区100余条大中型河流的水力资源普查和复查，普查的水能资源理论蕴藏量占全国的54.4%；承担雅鲁藏布江、金沙江、雅砻江、大渡河、岷江、嘉陵江等流域和河段的开发规划，水利枢纽和水电站规划约350座，总装机容量约2.1亿 kW，约占我国可开发水力资源的39%，居行业首位；勘察设计并建成发电的羊湖、映秀湾、龚嘴、铜街子、沙牌、瀑布沟及中国 20 世纪投产的最大水电站二滩、装机容量世界第三的溪洛渡、世界第一高拱坝锦屏一级等大中型水电站；正在从事前期勘察设计的水电站约 30 座，装机容量 2000 万 kW，正在建设的水电站 15 座，装机容量 1500 万 kW，涉及长河坝、两河口、双江口等世界级大型水电站。2016 年，溪洛渡水电站荣获"菲迪克工程项目杰出奖"，瀑布沟水电站荣获"中国土木工程詹天佑奖"。

成都院在国家能源规划、高端技术服务方面培育出核心竞争能力，代表着我国乃至世界水电勘察设计的最高水平。国内前 10 座高坝中，成都院勘察设计 6 座；国内 200m 以上特高拱坝和特高土石坝均为 7 座，成都院勘察设计各有 4 座；国内已建和在建单机 50 万 kW 以上的 16 座大型地下厂房，8 座由成都院勘察设计。在高混凝土拱坝勘察设计、高土石坝勘察设计、深厚覆盖层复杂地基处理、巨型复杂地下洞室群勘察设计、高陡边坡稳定控制、高水头大流量窄河谷泄洪消能设计、大坝施工过程仿真与智能监控、数字流域与数字工程等领域形成了企业核心优势技术，引领行业技术进步。

成都院形成了"产、学、研"相结合的科技创新体系，拥有国家能源水能风能研究分中心、高混凝土坝研发分中心、大型地下工程研发分中心，博士后工作站、四川省首批院士工作站，成都院-IBM 智慧流域研究院、法国达索-成都院工程数字化创新中心等智慧平台。2008 年，被认定为国家级高新技术企业；2012 年，被认定为第五批国家级创新型试点企业；2013 年，被认定为四川省创新型示范企业；2015 年，成功获评国家级企业技术中心。

成都院依托重大工程建设，坚持科技创新，取得了大批科技成果并得到推广应用。"高坝坝基岩体稳定性评价及可利用岩体质量研究""碾压混凝土拱坝筑坝配套技术研究""中国数字水电"等数十项成果处于国际或国内领先水平。先后编制并发布国家和行业技术标准 106 项，成为水电行业技术标准编制的主力军。共获得国家级、省部级奖励 540 余项，其中国家科技进步奖 25 项（一等奖 2 项）、国家级"四优"奖 25 项。连续多年稳居"全国勘察设计综合实力百强单位"和工程设计企业 TOP60 强前列。

成都院在保持传统业务优势的同时，从专注水利水电、新能源等领域，全面拓展到交通、建筑、市政及水环境、水务、岩土工程、数字工程、环境工程、移民工程代建、设备成套供应等多元业务领域，构筑可持续发展的全产业价值链，形成了工程勘测设计、工程总承包、投资及资产运营"三大产业"格局。

成都院从 2003 年开始进军总承包业务市场，先后承担水电、水利、交通、市政、水环境、集控改造、移民代建等各种类型的总承包业务，带来了项目管理水平的大幅提高，逐渐形成"以设计为龙头的总承包"品牌优势。成功建成四川首个风电项目——德昌一期示范风电场，世界最大山地光伏项目群首期工程——万家山光伏电站，开启了川藏能源结构调整的关键一步。2015年，中标两河口库区移民代建工程设计施工总承包项目，为集团库区代建制规模最大的总承包项目。投资业务推动构筑全产业服务链作用日益显著，截至2015年年底，参股、控股公司30家，拥有发电权益容量245万kW；城市污水处理及工业废水BOT项目9个，污水处理能力近26.1万t/d。

成都院坚持国际优先发展战略，积极对接"一带一路"倡议，努力打造"出海"能力，业务范围遍布亚洲、非洲、欧洲、南北美洲、大洋洲等60余个国家或地区，控股哈萨克斯坦水利设计院，参股欧亚电力有限公司，成功建设格鲁吉亚卡杜里、越南洛富明、哈萨克斯坦玛依纳等项目；承担中亚五国可再生能源规划和塞拉利昂国家水电规划；开展南亚最大污水处理厂EPC项目、越南国家风电示范项目富叻风电EPC项目，承担科特迪瓦最大水电站苏布雷勘测设计和机电设备成套任务。经过十多年经营、探索和实践，积累了丰富的国际工程勘测设计与施工总承包经验。

成都院坚守"诚信、负责、卓越"企业精神与"服务、关爱、回报"企业价值观，勇于承担中央企业的社会责任和义务，在水电工程抢险、堰塞湖整治、次生灾害防治、帮扶救助、精准扶贫等方面作出积极贡献，荣膺"中央企业先进集体""中央企业先进基层党组织""全国五一劳动奖状""全国用户满意企业""四川省最佳文明单位"等30多项荣誉称号。

引领新常态，迎接新挑战，激发新优势，成都院将强力深化改革，着力推动创新，持续提升管理，向着"具有全球竞争力的质量效益型国际工程公司"目标阔步前行。

前 言

QianYan

泥石流（debris flow）是山区常见的地质灾害，是由于降水（暴雨、冰川、积雪融化水）而在沟谷或山坡上产生的一种挟带大量泥沙、石块和巨砾等固体物质的特殊洪流。

泥石流汇水、汇集固体物质过程十分复杂，是各种自然和（或）人为因素综合作用的产物，具有历时短暂、突发、不可复制及危险性高等特点。水电工程大多位于高山峡谷区，物理地质作用强烈，局地强降水多发，泥石流活动相当频繁。泥石流灾害制约着水电枢纽工程、施工临时辅助工程、移民安置工程的场址选择与布置；威胁着水电工程建构筑物、设施设备及人员的安全，泥石流灾害及其影响已经成为水电开发中的重大地质灾害问题。

本书采用现场调查、数值计算、实验模拟、现场监测、工程类比等多种手段，对水电工程区域内百余条典型泥石流沟进行了分析，研究了泥石流形成条件、影响因素、发育特征等；提出了泥石流灾害的勘察、评价和预测方法，危险性大小判定标准，不同降雨强度标准下泥石流泛滥范围，堆积厚度预测，堵江预测，河水壅高预测等；研究了泥石流与水电枢纽工程、施工临时辅助工程、移民安置工程等之间的相互影响，建立了泥石流防治工程设计原则、标准及布置等安全控制技术体系。

本书共12章，介绍了泥石流基础理论、水电工程泥石流勘察与防治设计研究及实例。其中，泥石流基本理论主要内容包括国内外各行业对泥石流理论的研究现状、泥石流的形成过程、泥石流分类、泥石流基本特征及泥石流运动与动力特征；水电工程泥石流勘察与防治设计研究主要内容包括水电工程泥石流勘察与评价、防治标准、防治设计原则与布置、防治工程设计研究、防治工程施工组织设计、监测与预警研究等；水电工程泥石流勘察与防治设计以四川省渔子溪河耿达水电站鹰嘴岩沟泥石流、长河坝水电站野坝沟泥石流以及瀑布沟万工集镇"7·27"大沟滑坡-碎屑流为例，对水电工程遭受的典型泥石流进行了个案分析、总结，验证了水电工程中泥石流治理工程勘察设计的方法、标准、原则等体系研究成果。

本书由中国电建集团成都勘测设计研究院有限公司（以下简称中国电建成都院）组织编撰，西南交通大学胡卸文教授和中国科学院水利部成都山地灾害与环境研究所苏春江研究员等提供了有益的资料。中国电建成都院由具备较丰富的泥石流灾害勘察与防治经验的教授级高级工程师和高级工程师等组成编撰团队，经过五年的全面总结和深入研究，精心撰写了本书。

在本书撰写过程中，得到了中国电建成都院领导、技术经济委员会、高边坡地质灾害技术中心科技质量部、地质处、施工处、水工处等相关单位和人员的大力支持与帮助，在此表示衷心感谢！

本书是水电行业第一本系统阐述泥石流勘察与防治技术的专著。由于笔者水平有限，时间仓促，书中的不足和错误在所难免，敬请读者批评指正。

作者

2017 年 10 月

目 录

MuLu

第1章 概　　述

泥石流是我国山区常见的一种地质灾害，具有历时短暂性、突发性、不可重复性及高危险性等特点。泥石流灾害性往往比较严重，已成为工程建设的重大地质灾害问题。

我国水能资源丰富，主要集中在西部山区，包括岷江、大渡河、雅砻江、金沙江、澜沧江、怒江、雅鲁藏布江以及黄河上游等大型的水电基地。特别是西南地区水电站均位于青藏高原的周边地带，伴随青藏高原在第四纪期间的快速隆升，新构造运动活跃，地震频繁，岩体风化卸荷作用强烈，沟谷、斜坡上松散物源丰富，且局地降雨强度大，泥石流活动频繁。近年来水电工程枢纽区、施工区域及移民安置区遭遇了不同程度的泥石流灾害，如 2005 年"7·18"美姑河某水电站柳洪沟泥石流、2009 年"7·23"大渡河某水电站响水沟泥石流、2009 年"7·31"西溪河某水电站泥石流、2010 年"7·27"汉源某移民安置点大沟泥石流、2010 年"8·14"汶川地震灾区红椿沟泥石流、2012 年"6·28"金沙江某水电站矮子沟泥石流、2012 年"8·30"雅砻江中游某水电站坡面泥石流、2016 年"5·8"福建泰宁某水电站泥石流等。泥石流对水电工程建设构成重大威胁，其对水电工程的危害主要表现在以下几个方面：①影响水电枢纽工程、施工临时辅助工程及移民安置场地工程选址和布置；②直接冲毁或淤塞水电站大坝、厂房、进水口、水渠等永久建构筑物和设施设备，施工临时辅助建筑物和设施设备，移民安置工程建构筑物和设施设备等，造成人员伤亡和设施设备重大损失；③输送大量泥沙，造成主河河床抬升，加速水库泥沙淤积，使有效库容减少，洪水调节能力降低，发电量减少，损坏水轮机组。

因此，对水电工程泥石流进行勘察评价、分析预测与安全控制研究，建立泥石流灾害防治工程安全控制技术体系具有十分重要的意义。

1.1 其他行业泥石流研究现状

20 世纪 50 年代以来，随着川藏公路、成昆铁路、宝成铁路、陇海铁路、东川铁路支线等重大交通工程的建设，我国开始对泥石流进行较系统的研究。有关单位和学者进行了大量研究工作，初步形成了泥石流勘察、动力学特性和危险性评价体系，提出了泥石流防治的基本思路和方法，同时也积累了一定的工程实践经验。

国土系统在多年泥石流勘察的经验的基础上，提出了国土行业的泥石流勘察标准体系，发布了《泥石流灾害防治工程勘查规范》（DZ/T 0220—2006），对泥石流勘察内容、方法、手段和泥石流危险性评价等进行系统总结，特别是泥石流易发程度评价方法的提出和相关特征值的确定，对泥石流勘察有较强的指导。

鉴于我国山地分布广、泥石流发育普遍、危害对象多的情况，目前，其他行业对泥石流防治有较多的实践，但尚未形成泥石流防治的国家标准或行业标准。

1.2　水电行业泥石流研究进展

水电行业对泥石流灾害研究及实践起步于 20 世纪 50 年代，但系统研究不足，未形成泥石流灾害防治工程安全控制技术体系。近 30 年来，随着西部水电大开发的推进，水电工程建设遭遇泥石流灾害逐渐增多。近年来，中国电建集团成都勘测设计研究院（以下简称中国电建成都院）依托百余条泥石流沟勘察与治理实践，较为全面系统地研究了水电水利工程泥石流勘察与防治关键技术，研究采用了工程调研、现场调查、数值计算、实验模拟、现场监测、工程类比等多种手段相结合的方法，研究了泥石流形成条件、影响因素、发育特征等；总结了泥石流灾害的勘察研究方法和泥石流灾害预测方法，提出了泥石流危险性判定标准、不同降雨强度标准下泥石流泛滥范围、堆积厚度预测、堵江预测等；对泥石流与水电工程枢纽布置、施工组织设计、移民安置工程等之间的关系进行了分析研究，总结了泥石流对水电工程的危害程度，针对不同类型、不同等级的工程，提出了泥石流灾害防护基本原则和泥石流灾害防治标准、防治设计体系、监测与预警体系；形成了基于地质演化过程的水电工程泥石流研究、预测、治理标准、治理设计标准体系。

水电工程行业对泥石流研究的成果主要体现在以下几方面：

（1）结合水电工程特点，提出了适合水电工程的泥石流勘察类别划分方法，明确了各勘察阶段任务。

（2）明确了各勘察类别的勘察内容、勘察原则和勘察方法。泥石流勘察以地质调查测绘为主，对地质调查不能完全满足泥石流的评价与防治，应进行必要的泥石流勘探和试验工作。勘察工作重点地段是物源区和堆积扇区以及可能的危险泛滥区范围。

（3）提出了适合水电工程的泥石流工程特性分类方法。

（4）形成了发生泥石流危险性大小三要素评判标准以及是否发生泥石流的判定方法。

（5）总结了危险度分区、危险范围预测模型、模型试验、数值模拟等主要预测评价泥石流危险性方法的适用性。

（6）根据泥石流危害对象和危害程度，提出了水电工程泥石流工程防治等级划分和防护标准。

（7）结合水电工程特点，提出了防治工程设计原则。水电工程场地和建筑物布置区应遵循避让优先的原则。防治工程设计应遵循治理与预警相结合的原则，防治措施应因地制宜、针对重点、技术可靠、经济合理，"固、拦、排、停"等措施相结合，便于施工和维护。

（8）提出了防治工程布置原则。研究了固、拦、排、停防治方案以及各种组合方案的适宜性。

（9）总结了泥石流灾害防治工程建构筑物的设计方法。

（10）总结了泥石流监测与预警方法。

第2章 泥石流的基本知识

2.1 泥石流基本特点

泥石流具有孕育时间较长，暴发历时短，暴发时空、规模、性质存在不确定性和高致灾性等特点。

泥石流的发生间隔与物源孕育的时间密切相关。在一次泥石流发生后，沟谷两岸部分物源在水流的冲刷、下切作用下已被带走，再次形成参与泥石流的物源需要较长的时间。但泥石流从暴发到结束往往历时较短，一次泥石流过程一般从几分钟至几小时。

局地强降水是泥石流发生的触发条件，而局地强降水具有偶然性、突发性，难以准确预测其降水沟域和强度，因此，泥石流发生的时间、地点具有不确定性，其发生泥石流的规模、性质亦具有不确定性。

泥石流是全流域的灾害，在形成区以坡面失稳、水土流失为主，在流通区以冲刷破坏和边坡失稳、水土流失为主，在堆积区以流体泛滥堆积为主。同时，泥石流中固体物含量高且含有巨砾，若沿山高坡陡的地形坡面运动，其流速每秒可达几米甚至几十米，较高的势能转化为强大的动能，破坏力很大，而在缓坡地带又会迅速堆积。它与一般洪水和水流有着迥然不同的运动机理，近似宾汉体的特征。典型泥石流的形成示意图见图 2.1。

图 2.1 典型泥石流的形成示意图

2.2　泥石流发生条件

泥石流的形成与发育必须具备三个必要条件：①地形地貌条件；②松散物源条件；③水源条件。从这三个条件分析，前两者属地质条件，第三者是水文气象条件。三个条件必须同时具备，才可能发生泥石流，但其中某一个条件的差异将改变泥石流的性质及规模。

地形地貌条件是泥石流运动的能量条件，沟道的沟床纵比降达到一定坡度后，才具备泥石流启动及运动的动能条件，根据中国科学院水利部成都山地灾害与环境研究所的研究成果，泥石流易启动的沟床纵比降一般在 260‰～580‰ 范围内。水电行业的统计分析表明，沟床平均纵比降大于 105‰ 即可发生泥石流。

松散物源条件是泥石流形成的物质基础，参与泥石流的松散物源达到一定程度后，流体的性质及特征才具有泥石流的特征。

水源条件则是泥石流激发的外部因素，只有降雨达到一定强度后，才能有效地激发泥石流的暴发。

地形地貌条件、松散物源条件和水源条件三个要素就单个而言，其值越大越容易发生泥石流。根据对泥石流形成过程的研究，三个要素之间往往存在相互制约的关系，在物源一定的前提下，一般沟道纵比降越大，则激发泥石流需要的雨强则越小。泥石流形成过程三个要素之间的协调关系见图 2.2。

图 2.2　泥石流形成过程三个要素之间的协调关系图

2.2.1　地形地貌条件

研究表明，流域面积、主沟长度、比降、两岸山坡坡度等地形地貌条件对泥石流的发育程度、活动规律等方面有重要影响。

据相关资料，我国西南山区泥石流沟的平均沟床比降与泥石流发生的关系一般为：沟床纵比降小于 50‰ 的沟道不易发生泥石流；沟床纵比降为 50‰～105‰ 的沟道发生泥石流可能性较小；沟床纵比降为 105‰～300‰ 的沟道发生泥石流可能性较大；沟床纵比降为 300‰～500‰ 的沟道发生坡面泥石流可能性大。根据对水电工程泥石流沟坡降进行的统计，泥石流发生沟床纵比降发生区间为 79‰～729‰，这与上述规律基本相同。

此外，根据对水电行业近百条典型泥石流沟的统计分析发现，泥石流暴发与沟道流域面积及沟长非线性相关。

2.2.2　松散物源条件

泥石流的松散土体来源主要取决于流域地质特征。在地质构造复杂和强地震地区，岩层破碎，以及滑坡、崩塌、风化、卸荷等物理地质现象发育的区域，沟谷两岸往往提供丰富的松散固体物源。

人类活动引起的松散物源主要由人类工程活动造成。如工业生产中产生的废渣、工程建设中的弃渣处置不当，山坡遭破坏、森林被乱砍滥伐而加剧水土流失等，为泥石流的形成提供了大量松散固体物源。

2.2.3　水源条件

泥石流的水源主要有大气降雨和冰雪融水，也有因堰塞湖溃决而造成泥石流的。

发生泥石流所需的水量与多种因素有关，主要取决于松散土体的性质和地形，若土体颗粒细、疏松、含水量高，且具有较陡的地形，则较少的水量即能引起泥石流。除沙漠、戈壁区外，一般山区流域都具备发生泥石流的水源条件。

泥石流的发生与降雨量密切相关。降雨量主要包括年降雨量、季节性降雨量、日降雨量、雨强。一般来说，年降雨量越大，泥石流活动越强，但发生泥石流的不同地质区的年降雨量差别很大，泥石流活动主要分布在雨季。日降雨量对泥石流的影响主要表现在一天之中的分配和量级对泥石流发生作用方面，泥石流发生所需要的日降雨量大小取决于流域的自然环境条件。对于雨强，大多数学者一致认为，雨强是激发泥石流的一个不可忽略的因素，大量的泥石流发生与 H_1（1 小时雨强）和 $H_{1/6}$（10 分钟雨强）密切相关。在泥石流发生前，持续降雨对物源的软化和饱和对发生泥石流至关重要，一般首次短暂暴雨发生泥石流的可能性相对较小，而在持续降雨后的局地暴雨容易发生泥石流。

2.3　泥石流形成过程

泥石流是降水、冰川融水等径流作用在沟谷或山坡上产生的一种挟带大量固体物质（如岩土体、树木、杂草等）的固、液、气三相流体，它的活动过程基本介于洪水和滑坡之间，故泥石流的形成过程实质上是在一个流域的山坡上沟谷内固液气相物质互相作用、搅拌，向高浓度固液相颗粒流转化的全过程，是地形、物源、水源条件三者相互作用的复杂过程和结果。

根据水体对物源的水动力和物源的重力作用，可将泥石流形成过程分成搬运型和滑移型，以及由此两种过程衍生出的复合型，即搬运-滑移型，这三种过程可以分别与形成机理中的水力侵蚀、重力侵蚀及它们的复合组成相对应。

同一条沟泥石流可形成单一型或多种类型组合泥石流，即这一次泥石流以搬运型过程为主，而另一次泥石流以滑移型过程为主，而且还经常发生过程的复合叠加。在同一次泥石流过程中，还会出现形成过程的相互转化，如在同一次泥石流形成过程中，形成区内泥石流的形成过程主要表现为滑移型特征，流通区内泥石流的形成过程主要表现为搬运-滑移型特征，堆积区内泥石流的形成过程主要表现为搬运型特征。对于流域主沟道较短的沟谷，泥石流的形成过程多以滑移型为主；对于主沟道较长的沟道，可能会出现搬运型、滑移型和搬运-滑移型三种形态的相互转化复合叠加的过程。

2.3.1　搬运型泥石流形成过程

搬运型泥石流形成过程，即水流对沟床和坡面的强烈侵蚀过程。这种搬运型泥石流的特性及规模，一方面取决于水量的多寡和水体运动的性质；另一方面取决于松散物源的结构、组成和成分，前者决定着冲刷和侵蚀的强度，后者则决定着抗冲刷和侵蚀的能力，以及由此可能参与泥石流形成的物源量。形成搬运型泥石流水量来源主要是降雨、冰雪消融和水体（湖泊、水库、水塘等）溃决，而地表土层的结构状况和堆积物颗粒成分则决定于地质构造和人类活动情况，因而各流域是有一定差别的。

对于西南地区水电工程遭遇的泥石流而言，泥石流形成的水量来源主要是降雨。对于搬运型泥石流形成过程说来，主要决定于短历时的高强度暴雨，因为在这种降雨条件下极易形成强劲的地表径流，使沟床中的松散固体物质被揭底而产生搬运型泥石流。与此同时，坡面上的松散物质也易被侵蚀而搬运到沟床中，共同参与这种类型的泥石流形成过程。这种搬运型泥石流形成过程并不需要有充沛的前期降雨过程和降雨量，它的形成主要取决于降雨强度以及在此强度下的降雨总量。当然，在前期有一定的降雨的情况下，因地表湿润或达到饱和状态，降雨的地表径流系数就会增大，因而所产生的洪水量就大，对形成搬运型泥石流是十分有利的。

2.3.2　滑移型泥石流形成过程

滑移型泥石流形成过程，实质上是重力侵蚀机理发生作用的结果，它主要是山坡上或沟谷内的松散土体饱和液化后出现不稳定状态，在自身重力作用下发生的滑塌和迁移过程。

一般而言，充填的水体可以是雨水、泉水、冰雪融水和湖泊、水库、渠道渗水等，而被充水的堆积物则有流域内的地表堆积物、沟床物质、滑坡崩塌堆积物以及因构造破碎和地质软弱的基岩等。对于西南地区水电工程遭遇的泥石流来说，其水源最主要的是雨水，在个别情况下也有因渠道渗水而成的。由于这类泥石流形成过程需要使土体充水并达到饱和或过饱和状态，故其形成过程需要有能使土体过度充水从而达到破坏其原有物源的平衡状态的、充沛的前期降雨量，而且其降雨过程持续越长越有利。四川境内水电工程遭受这类泥石流的比例较小，目前规模较大的如"7·27"汉源县万工泥石流灾害。

另外在这类泥石流形成过程中，还会因沟床下切或坡脚掏蚀，使部分未被充水的固体物质失稳，巨大的块体跌入沟谷，以原状土体的形式漂浮在沟中泥石流表面上，并被沟中泥石流流体带走，这种状况只有在沟中泥石流黏稠、本身在做滑移运动才会出现，所以说它是发生在典型泥石流流域中的滑移型泥石流形成过程的一种极特殊的形式。

2.3.3　搬运-滑移型泥石流形成过程

在同一个流域中，因洪水揭底沟床物质或冲蚀坡面松散堆积物的搬运过程形成搬运型泥石流，山坡或沟床土体因充水饱和失稳的滑移过程形成滑移型泥石流，两种泥石流同时存在，两者数量又大致相当，最后又一起构成更大规模的泥石流，此即为搬运-滑移型泥石流形成过程。

由于泥石流形成过程本身就极为复杂，流域的状况亦各不相同，加上形成因素的时空分布的不同和不断变化，因此一次泥石流往往或多或少都带有滑移-搬运或搬运-滑移的组合过程，或者在这一沟段或部位以搬运型为主，而在另一沟段或部位又以滑移型为主。同时还伴有阻塞溃决现象。

2.4 泥石流形成启动机制分析

泥石流是目前山地和丘陵地区较为常见的一种灾害现象。观测研究已经证明，泥石流的形成必须具备以下三个基本条件：①地形地貌条件；②在流域内的坡地上或沟道中有大量松散物源；③有充足的水源并能形成强劲径流。大量事实表明，所有暴发过泥石流或可能暴发泥石流的流域均具有上述三个形成泥石流的基本条件，但绝不是只要有了这三个基本条件，就一定会发生泥石流。因为具备了前述形成泥石流基本条件的一切流域和沟谷，何时暴发泥石流、暴发的泥石流的规模和性质，在时间上是千差万别的，在空间上是千变万化的。这是由于泥石流本身的形成机理错综复杂，形成过程因时因地而异所致。

影响泥石流形成的自然因素众多，但起决定作用的是地质、地貌、气候、水文、植被等因素，这几种因素的有机组合，便构成泥石流形成的三个基本条件，即：陡峻的地形、丰富的松散固体物质和足够的水源。

2.4.1 地形因素

地表崎岖、山高坡陡、切割强烈是泥石流分布区的地形特征。西部地区大部分泥石流地形为深切割的中山、高山区，山高谷深，沟壑纵横，岭谷高差可达数千米以上，为泥石流的形成提供了有利的地形条件。

2.4.2 物源因素

2.4.2.1 地质因素

松散固体物质的来源及数量的多少，取决于地质因素。地质因素包括地质构造与地震、地层岩性与不良物理地质现象等。它们以不同方式提供松散碎屑物，是泥石流形成的物质基础。

2.4.2.2 植被因素

植被对泥石流形成具有较大影响。茂密的森林植被能够抑制、减少泥石流活动，降低泥石流发生频率。当森林植被遭到严重破坏时，在具有泥石流形成的地形条件下，泥石流就会发生。与此同时，在森林植被继续遭到严重破坏而覆盖率得不到恢复的情况下，泥石流就会发展。

2.4.2.3 人类活动因素

人类活动对泥石流形成的影响有两种截然不同的方式：一种是加剧泥石流形成的水动

力条件和松散固体物质储备条件；另一种是抑制泥石流形成的水动力条件和松散固体物质储备条件，减少以至消除泥石流发生。

2.4.3 水源因素

水文气象因素与泥石流形成的关系极为密切，既影响形成泥石流的松散碎屑物质，又影响形成泥石流的水体成分和水动力条件，是泥石流暴发的激发因素。因此，水文气象因素在泥石流形成中起着十分重要的作用。

泥石流为水和松散堆积物相互作用的产物，是具有一定组成结构和流变特性的近似宾汉体。沟谷中游、上游沟道中的崩塌、滑坡、坡面侵蚀等方式产生的松散堆积物，在重力、水的软化泥化作用下从其源地向沟道的集中过程中，经过了滑动、翻滚、掺混、搬运等动力过程，形成了与泥石流流体相似的组成、结构和流变特性，而与原来坡积状态下的性质有着较大差异。在水的作用下搬运移动、结构改变、强度降低、失稳向下运动的过程称为泥石流启动，继续发展就形成泥石流。

2.5 泥石流沟判别方法

判识一条沟道是否为泥石流沟是泥石流研究的重要问题。有泥石流的活动遗迹可直接判断为泥石流沟（图 2.3）。若无明显泥石流活动迹象时，还可根据泥石流发生的地形条件、物源条件和水源条件等进行综合判别（图 2.4）。

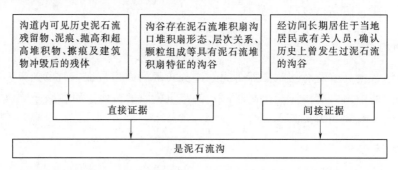

图 2.3 泥石流沟历史判别法流程

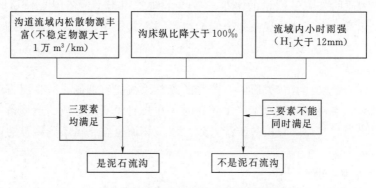

图 2.4 泥石流沟三要素法预测判别流程

2.5.1 地质历史调查法

根据对泥石流发生经过、沟口堆积物、泥痕等活动迹象的调查访问，历史上发生过泥石流的沟谷判断为泥石流沟。区分泥石流沟和一般洪水沟的充分条件是沟道中是否有泥石流运动和堆积的痕迹。

如果能够观测到某条沟道有泥石流正在活动，那么这条沟道肯定是泥石流沟。但由于泥石流暴发的偶然性比较大，如果不设置固定观测站，难以直接观测到泥石流运动。所以依据直接观测方法判断泥石流沟虽然简单，但绝大多数沟道不能用该方法进行判断。

2.5.1.1 泥石流活动历史访问调查

泥石流来势凶猛，破坏力强，在判识沟谷是否为泥石流沟道时，一般可以邀请几位当地群众进行访问调查。请他们详细回忆泥石流暴发时的情景，并到现场帮助寻找痕迹，从而了解泥石流灾害发生时间、次数、持续时间及泥石流暴发前后降雨强度和持续时间；了解历次泥石流暴发时冲毁的房屋、淹没的农田、损失的牲畜等受灾情况。结合现场实地查勘，进一步调查：泥石流堆积物分布和组成、结构、最大石块的直径、有无超高抛高残留物、含石比等；泥石流暴发后沟道、沟岸破坏情况，沟岸有无泥痕及位置；泥石流灾害发生时的伴生现象，包括滑坡、崩塌等。

2.5.1.2 泥石流地质调查

泥石流地质调查一般是由堆积区向形成区自下而上的痕迹调查。

1. 堆积区调查

泥石流堆积物具有特殊的性状，它携带着许多泥石流形成和流动的信息。通过对沟谷或沟口混杂堆积物的调查与分析，就能鉴别勘查对象是否为泥石流沟道，具体特征如下：

（1）堆积物几何形态调查。堆积扇在平面上呈扇形，纵剖面上呈锥形，堆积扇坡度一般为 $5°\sim15°$，表面一般起伏不平，除了沟口堆积扇，泥石流也常常在沟道下游或坡脚留下堆积物。

（2）堆积物颗粒组成、结构特征。在堆积剖面上，一期泥石流颗粒组成复杂，包含巨粒、粗粒、细粒及杂物，固体颗粒尺寸悬殊，大颗粒呈棱角-次棱角状，磨圆度差，表面常有擦痕或被细粒包裹，细粒往往呈团球分布；总体上，颗粒的分选性和定性排列性差，但局部可见较好的分选性和定向排列性（图 2.5）；一般结构松散，局部有架空。同一条沟不同期次泥石流堆积物常常具有不同的结构和组成特征。

2. 流通区调查

近现代泥石流痕迹能够保存较长时间，也容易发现和判识。通常调查泥痕、沟道堆积残留物、弯道处抛高堆积物（图 2.6）、擦痕、刨床与侧蚀，调查时会发现有明显的刨床与侧蚀。

3. 形成区调查

调查流域内两岸沟谷崩塌、滑坡、坡残积及坡面侵蚀发育情况，松散物源分布、规模和

图 2.5 泥石流堆积剖面形态

图 2.6　泥石流弯道超高

稳定性，两岸松散物源进入沟道内造成沟道堵塞，以及沟道堵塞程度、沟床纵比降大小等。同时调查流域两侧谷坡是否存在有利于地表径流快速汇入主沟道的汇流条件。

2.5.1.3　泥石流沟判识

在堆积区及流通区内调查到泥石流的痕迹，则可以判断该沟为泥石流沟，但单一形成区内物源丰富，则不能直接判断该沟道为泥石流沟，须结合其他条件进行综合判断。

2.5.2　综合预测法

2.5.2.1　泥石流三要素法

近年来，中国电建成都院开展了上百条泥石流沟的专门调查研究，通过多年研究，泥石流发生的三个充分必要条件分别是要具备合适的地形条件、丰富的物源条件、充足的水（降雨）源条件等，三者缺一不可。通过对水电工程中多条已发生泥石流的泥石流沟进行统计分析，在对影响泥石流发生的危险性大小时采用简化评判方法，水源条件是触发因素，有大量研究成果证明，泥石流的发生与 H_1 大小关系最为密切，因此可以用 H_1 来表述水源条件；地形条件采用沟床坡降来代表，因地貌类型、相对高差、山坡坡度等均是其表现形式之一；物源条件采用单位长度不稳定物源量（万 m^3/km）来代表，人类活动、植被条件、松散堆积物、地质构造等最终表现出来的就是不稳定物源量的多少。通过小时雨强、坡降、单位长度不稳定物源量等因素来评价泥石流发生危险性大小的评判方法，简称"三要素法"。

2.5.2.2　易发程度法

由于泥石流的形成和运动机理复杂，影响泥石流因素众多，中铁西南科学研究院有限公司谭炳炎等学者选择了影响泥石流的 15 项因素对泥石流沟进行数量化综合评分，以研究泥石流运动的潜在易发（严重）程度。

2.6　泥石流分类

泥石流分类既是泥石流研究成果的总结，又是深入研究泥石流的起点，是对泥石流内在规律和外部特征的概况，也是泥石流基础理论研究和灾害防治的重要依据。泥石流分类既有科学性又有实用性，具有明确指标，易于通过野外勘察和室内实验确定。按照这一原则，常用于泥石流分类的指标有基于泥石流的水源和物源成因、流域地貌特征、物质组成、暴发频率、流体性质、一次性暴发规模、动力特征、危害性和危险性等级、工程地质特性等不同指标单因素和多因素的综合指标。

2.6.1 泥石流单因素分类

按照泥石流的水源和物源成因、流域地貌特征、物质组成、暴发频率、流体性质、一次性暴发规模等不同指标进行分类。

2.6.1.1 按水源和物源成因分类

（1）按水源启动条件可分为：①暴雨（降雨）泥石流；②冰川（冰雪融水）泥石流；③溃决（含冰湖溃决）泥石流。

（2）按启动物源类型可分为：①坡面侵蚀型泥石流；②崩滑型泥石流；③冰碛型泥石流；④火山泥石流；⑤弃渣泥石流；⑥混合型泥石流等。

泥石流按水源和物源成因分类见表2.1。

表2.1　　　　　　　　　　泥石流按水源和物源成因分类

水源条件		物源条件	
泥石流类型	特征	泥石流类型	特征
暴雨泥石流	泥石流一般在充分的前期降雨和当场暴雨激发作用下形成，激发雨量和雨强因不同沟谷而异	坡面侵蚀型泥石流	坡面、冲沟侵蚀和浅层崩塌提供泥石流形成的主要固体物源。固体物质多集中于沟道中，在一定水力条件下形成泥石流
冰川泥石流	冰雪融水冲蚀沟床，侵蚀岸坡而引发泥石流，有时也有降雨的共同作用	崩塌型泥石流	固体物质主要由滑坡崩塌等重力侵蚀提供，也有滑坡直接转化为泥石流者
		冰碛型泥石流	形成泥石流的固体物质主要是冰碛物
		火山泥石流	形成泥石流的固体物质主要是火山碎屑堆积物
溃决泥石流	由于各种拦水堤坝溃决和形成堰塞湖的滑坡坝、终碛堤溃决，造成突发性高强度洪水冲蚀而引发泥石流	弃渣泥石流	形成泥石流的松散固体物质主要由工程开挖弃渣提供，是一种典型的人为泥石流
		混合型泥石流	各种物源综合参与

2.6.1.2 按流域地貌特征分类

（1）坡面型泥石流。坡面30°以上斜面，无明显沟槽，下伏基岩或不透水层浅，物源以地表覆盖层为主，破坏机制更接近于塌滑；发生时空不易识别，成灾规模及范围较小；坡面土体失稳，主要是强暴雨冲刷诱发；可能造成林、灌木拔起、倾倒，使坡面局部破坏；总量小，重现期较长。

（2）沟槽型泥石流。坡面有小冲沟和微地形上小沟槽；物源以小冲沟、小沟槽沟底松散物质为主，且大多有两侧坡面松散物质参与；发生时空不易识别，成灾规模及范围中等；主要是暴雨对沟槽两侧坡面松散物源的冲刷和沟底汇流水体的冲蚀；总量中等，重现期较短。

（3）沟谷型泥石流。以流域为周界，受一定的沟谷制约。泥石流的形成、流通和堆积区较明显；以沟谷为中心，物源区松散堆积体分布在沟谷两岸及沟床上，崩塌滑坡、沟蚀作用强烈，活动规模大；发生时空有一定规律，成灾规模及范围较大；主要是暴雨对两侧松散物源的冲刷和汇流水体对沟床的冲蚀；总量大，重现期短。

2.6.1.3　按泥石流物质组成分类

（1）泥流。泥流是指发育在我国黄土地区，以细粒泥石流为主要固体成分的泥质流。泥流中黏粒含量大于石质山区的泥石流，黏粒重量比可达 15% 以上。泥流含多少量碎石、岩屑，黏度大，呈稠泥状，结构比泥石流更为明显。我国黄河中游地区干流和支流中的泥沙，大多来自这些泥流沟。

（2）泥石流。泥石流是由浆体和石块共同组成的特殊流体，固体成分从粒径小于 0.005mm 的黏土粉砂到几米至 $10\sim20m$ 的大漂砾。它的级配范围之大是其他类型的挟沙水流所无法比拟的。这类泥石流在我国山区的分布范围比较广泛，对山区的经济建设和国防建设危害十分严重。

（3）水石流。水石流是由水和粗砂、砾石、大漂砾组成的特殊流体，黏粒含量小于泥石流和泥流。水石流的性质和形成，类似山洪。

2.6.1.4　按暴发频率分类

（1）高频泥石流。暴发频率为小于等于 1 次/5 年。

（2）中频泥石流。暴发频率为 1 次/5 年至 1 次/20 年。

（3）低频泥石流。暴发频率为大于 1 次/20 年。

2.6.1.5　按流体性质分类

（1）黏性泥石流。它指呈似层流状态、固体和液体物质做整体运动、无垂直交换的高容重（$1.6\sim2.3t/m^3$）浓稠浆体。承浮和托悬力大，能使比重大于浆体的巨大石块或漂砾呈悬移状，有时滚动，流体阵性明显，有堵塞、断流和浪头现象；流体直进性强，转向性弱、遇弯道爬高明显，沿程渗漏不明显。沉积后呈舌状堆积，剖面中一次沉积物的层次不明显，但各层之间层次分明；沉积物分选性差，渗水性弱，洪水后不易干涸。

（2）稀性泥石流。它指呈似紊流状态、固液两相做不等速运动、有垂直交换、石块在其中作翻滚或跃移前进的低容重（$1.3\sim1.6t/m^3$）泥浆体。浆体混浊，阵性不明显，与含沙水流性质近似，有股流及散流现象。水与浆体沿程易渗漏、散失。沉积后呈垄岗状或扇状，洪水后即干涸可通行，沉积物呈松散状，有分选性。

2.6.1.6　按泥石流一次性暴发规模分类

在应用泥石流流量和总量划分泥石流规模时常使用的指标有一次泥石流总量。一次泥石流固体物质总量和泥石流峰值流量。从工程防治角度出发评价泥石流的危害程度，《泥石流灾害防治工程勘查规范》（DZ/T 0220—2006）依据一次泥石流总堆积量和泥石流峰值流量将泥石流分为：特大型、大型、中型和小型四类，见表 2.2。

由于规模和频率不同，目前通常以已暴发泥石流规模为标准进行类型划分。但这种以已暴发泥石流为对象的划分存在不合理因素，而且依据规范和已有观测资料，泥石流一次总量和峰值流量需要基本匹配，才能使定量的分类不至于出现矛盾。

表 2.2 按泥石流一次性暴发规模分类

分类指标	特大型	大型	中型	小型
一次泥石流总堆积量/万 m³	>100	10~100	1~10	<1
泥石流峰值流量/(m³/s)	>200	100~200	50~100	<50

在泥石流洪峰流量和一次总量关系研究的基础上，结合泥石流阵性和连续性的不同特点，在 100 年一遇频率下，按泥石流峰值流量和一次泥石流总量关系进行规模等级的进一步分类，见表 2.3。另外，由于冰川型泥石流与一般降雨型泥石流相比其规模巨大，其标准可在此表的基础上适当提高。

表 2.3 按 100 年一遇频率下泥石流规模分类

泥石流类型		特大型	大型	中型	小型
连续流	一次泥石流总量/万 m³	>50	5~50	1~5	<1
	泥石流峰值流量/(m³/s)	>1000	200~1000	50~200	<50
阵性流	一次泥石流总量/万 m³	>50	15~50	1~15	<1
	泥石流峰值流量/(m³/s)	>1000	200~1000	50~200	<50

2.6.2 泥石流综合分类

按照泥石流的危害性和危险性等级及工程地质特性等不同指标和综合指标进行分类。

2.6.2.1 按泥石流危害性和危险性等级分类

灾害性泥石流是指具有一定规模、在发生时或发生后直接造成人员伤亡、农田、道路、房屋等经济损失的泥石流。根据泥石流灾害一次造成的死亡人数或者直接经济损失可以分为特大型、大型、中型和小型四个等级，详见表 2.4。

表 2.4 泥石流灾害危害性等级分类

危害性灾度等级	特大型	大型	中型	小型
死亡人数/人	>30	30~10	10~3	<3
直接经济损失/万元	>1000	1000~500	500~100	<100

注 灾害的两项指标不在一个级次时，按从高原则确定灾度等级。

根据《泥石流灾害防治工程勘查规范》(DZ/T 0220—2006)。对潜在可能发生的泥石流，根据受威胁人数或可能造成的直接经济损失可以分为特大型、大型、中型和小型四个潜在危险性等级，详见表 2.5。

表 2.5 泥石流潜在危险性分类

危害性灾度等级	特大型	大型	中型	小型
直接威胁人数/人	>1000	500~1000	100~500	<100
直接经济损失/万元	>10000	10000~5000	5000~1000	<1000

注 潜在危险性等级的两项指标不在一个级次时，按从高原则确定灾度等级。

2.6.2.2 按泥石流工程地质特性分类

根据泥石流沟单沟不稳定物源量、坡降、泥石流特性等，将泥石流沟分为三类，见表 2.6。

表 2.6　　　　　　　　　　　　　　　泥石流工程地质特性分类

分类	地质危险性	不稳定物源量 /(万 m³/km)	泥石流流量 /(m³/s)	固体物质一次冲出量 /万 m³	堆面面积 /km²
Ⅰ	大	>25	>100	>5	>1
Ⅱ	中	25~10	100~30	1~5	0.5~1
Ⅲ	小	10~1	<30	<1	<0.5

2.7 小结

（1）泥石流是松散土体与水、气的混合体在重力作用下沿着自然坡面或压力坡流动的现象。

（2）泥石流的发生条件包括陡峭的地形地貌条件、丰富的松散物源条件和充足的水源条件等三大因素。①从地形地貌条件看，影响泥石流形成的主要要素有地形高差、山坡坡度、沟谷谷坡型、沟床的陡缓和曲直、沟谷流域面积、沟谷流域形态、流域山坡平均坡度；②从松散物源条件看，松散物源的补给主要考虑因素有地层岩性、地质构造分布及活动性、新构造运动及地震、岩体风化卸荷、崩塌和滑坡发育状况、人类不合理工程活动强度；③从水源条件看，降水或其他水源对泥石流形成的影响主要表现在促进松散碎屑物质的聚集，为泥石流形成提供水体成分，为泥石流提供动力条件，是泥石流形成的主要激发因素之一。雨强是激发泥石流的一个不可忽略的因素，大量的泥石流发生与 H_1 雨强和 $H_{1/6}$ 雨强密切相关。

（3）泥石流形成过程可分为搬运型和滑移型，以及由此两种过程衍生出的复合型，即搬运-滑移型，这三种过程可以分别与形成机理中的水力侵蚀、重力侵蚀及它们的复合组成相对应。

（4）泥石流的形成机理极其复杂，因此对其做综合和概括以及由此所划定的界限也具有一定的相对性。对一条具体泥石流沟而言，更是复杂多变，即在一条泥石流沟中不同的沟段和部位因固相物质类型不同，发生的泥石流也可能具有不同的形成机理。根据流域坡面和沟道中松散固体物质参与泥石流的运动机理的不同，将泥石流形成机理划成土力类（或称重力类）和水力类。

（5）泥石流全过程可划分为准备过程、启动过程、流动过程和停淤过程。准备过程形成准泥石流流体，启动过程就是准泥石流流体启动转化为泥石流流体，流动过程进行物质的传输和能量的转化。泥石流流体动能耗尽以后，通过停淤过程又回复到堆积状态，完成了一个发育过程。防治泥石流灾害存在三个途径：①不形成准泥石流流体；②准泥石流流体不启动；③对泥石流流体的运动状态进行各种处理，减小破坏力和危害范围。

（6）泥石流沟的确定判识是观测到泥石流正在活动以及调查访问有活动历史和堆积

物。满足泥石流判识充分条件之一，就是已经发生过泥石流的沟谷，属于泥石流沟。

判识潜在泥石流沟是根据松散物源的储存、地形坡度和水源供给等因素综合判别。满足必要条件的沟道，具备泥石流发生的条件，以前虽不一定暴发过泥石流，但在条件组合适宜时可能暴发泥石流，成为泥石流沟。

（7）泥石流可按多种方法进行分类，包括水源和物源成因、流域地貌特征、物质组成、暴发频率、流体性质、一次性暴发规模、动力特征、危害性和危险性等级、工程地质特性等，这些分类已经得到公认和普遍应用。

（8）按水源启动条件可分为暴雨（降雨）泥石流、冰川（冰雪融水）泥石流和溃决（含冰湖溃决）泥石流。按启动物源类型可分为坡面侵蚀型泥石流、崩滑型泥石流、冰碛型泥石流、火山泥石流、弃渣泥石流和混合型泥石流等。

（9）按照泥石流沟谷地貌形态差异，可以把泥石流划分为沟谷型泥石流、沟槽型泥石流和坡面型泥石流。

（10）按泥石流物质组成，可分为泥流型、水石型和泥石型泥石流。

（11）按泥石流的暴发频率分为三类：高频泥石流（小于等于 1 次/5 年）、中频泥石流（1 次/5 年～1 次/20 年）、低频泥石流（1 次/20 年～1 次/50 年）。

（12）按流体性质可分为黏性泥石流（容重为 $1.60\sim2.30\mathrm{t/m^3}$）和稀性泥石流（容重为 $1.3\sim1.6\mathrm{t/m^3}$）。

（13）泥石流流量和一次泥石流总量将泥石流分为特大型、大型、中型和小型四类。

（14）根据泥石流灾害一次造成的死亡人数或者直接经济损失可以分为特大型、大型、中型和小型四个等级。

第3章 泥石流基本特性

3.1 泥石流流体物理特性

泥石流作为一种典型的土水混合流体，与滑坡堆积物或挟沙水体有较为明显的区别。在泥石流流体中，由于土体和水体的含量及组成不同，其结构、剪切强度和流变等物理力学性质有明显的差异。

3.1.1 泥石流流体的组成特征

泥石流流体的物理力学特性主要取决于泥石流流体的组成，并通过泥石流流体的结构来实现。泥石流流体由土体、水体和气体所组成。与土体、水体相比，气体的含量很少，对泥石流流体的物理力学的影响很微弱，故本节只讨论其土体和水体组成。

3.1.1.1 土体组成

土体组成可分为颗粒特征、矿化特征两类。在矿物成分中对泥石流流体的物理力学性质有明显影响的是黏土矿物。

1. 颗粒特征

泥石流流体中各种大小不同的固体颗粒具有以下特有的性质：

（1）粒径范围大。固体颗粒是由巨粒、粗粒、细粒构成，最大的石块可超过数十米，最小的细粒不足 0.001mm，这是一般的挟沙水流所没有的。

（2）颗粒磨圆度差。除了由河床相沙砾石层提供的泥石流形成物外，大部分泥石流流体由崩坡残积、洪积和滑坡堆积所提供，因此大部分颗粒磨圆度差。

（3）多呈棱角状或次棱角状。由于泥石流沟流域主沟道一般为数千米至数十千米，有些沟道长度不足 1km，泥石流固体物源主要为两岸沟谷的（块）碎石土，（块）碎石被挟带距离较短，因此泥石流中的粗颗粒多呈棱角状或次棱角状。

（4）颗粒级配宽，分选性差。泥石流流体中土体的颗粒级配范围大，多呈宽级配，未经充分分选。

2. 矿化特征

土体颗粒是由许多化学元素或化合物所构成，但由于其结构稳定，土粒本身的化学成分对泥石流的物理力学性一般不产生影响。

3.1.1.2 水的赋存形式

泥石流流体中水的赋存形式除结晶水外，还有吸着水、薄膜水和自由水。不同性质的泥石流流体中，水的赋存形式有所差别。稀性泥石流流体中，各种形式的水都有，并以重力自由水为主。黏性泥石流流体中，重力自由水很少，以禁闭自由水为主，当然还有薄膜

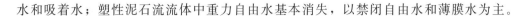

水和吸着水；塑性泥石流流体中重力自由水基本消失，以禁闭自由水和薄膜水为主。

3.1.2 泥石流流体的结构特征

泥石流流体的结构是指泥石流流体中巨粒、粗粒、细粒与含电解质水之间的各种联结和排列的形式。泥石流流体的结构类型和结构强度主要取决于巨粒、粗粒、细粒的性质和它们在泥石流流体中各自的含量，也就是取决于泥石流流体组成物的性质。泥石流流体的结构不仅决定着泥石流流体的物理力学性质，还影响到泥石流的运动、输移和冲淤等一系列的特性。因此泥石流流体的结构早已引起泥石流学者的广泛重视，苏联学者在20世纪70年代就做了比较深入的研究，他们都认为只有黏性泥石流才有结构。C. M. 弗莱斯曼认为泥石流有两种结构：水化膜结构和构架结构。

3.1.3 泥石流流体剪切强度

泥石流流体在剪切力作用下发生剪切变形时，其内部沿剪切面会产生阻止剪切变形的剪切应力，剪切应力的最大值即为泥石流流体的剪切强度。若剪切力超过剪切强度，泥石流流体就会产生剪切破裂，便会沿剪切面发生相对运动。泥石流流体剪切强度比土的剪切强度小得多。

3.1.4 泥石流及浆体的流变特性

一般把流体的切应力和速度梯度之间的变化规律称为该流体的流变特征。当液体的切应力 τ 与这点的流速梯度 du/dy 成正比，即

$$\tau = u(du/dy)$$

式中：u 为液体的黏度系数，具有这种线性关系的液体称为牛顿体。

据试验结果表明：泥石流流体近似宾汉体。随着流体浓度的增加宾汉切应力在增加；粒径越大泥浆极限剪应力越大。

3.2 泥石流侵蚀搬运与堆积

3.2.1 泥石流的固体物质侵蚀补给模式

3.2.1.1 重力侵蚀补给

典型重力侵蚀补给方式是泥石流发生最重要的补给类型，其主要包括滑坡、崩塌等。

水电工程中遭遇的重力侵蚀补给的泥石流有汉源万工泥石流、硬梁包水电站右岸磨子沟泥石流。其中汉源万工泥石流物源主要为大沟上游水平距离约 1.6km 处的二蛮山大型覆盖层滑坡；硬梁包水电站右岸磨子沟泥石流物源主要为形成区内主沟两侧坡脚崩坡积堆积物及沟道内大量的老泥石流与冲洪积堆积物。

3.2.1.2 坡面侵蚀补给

坡面侵蚀物源区参与泥石流活动的方式主要为水土流失，包括面蚀和沟蚀，侵蚀强烈的可能形成坡面泥石流或坡面冲沟泥石流，其可能参与泥石流活动的物源量主要受侵蚀强

度控制，而侵蚀强度主要受降雨量、斜坡结构、斜坡表层岩土体结构特征、斜坡坡度、植被特征、地震破坏情况等因素控制。

水电工程中遭遇的坡面侵蚀补给的泥石流有雅砻江某水电站坝区泥石流，其物源补给主要为主沟两岸崩坡积及坡残积物。

3.2.1.3　沟床侵蚀补给

沟床侵蚀补给型泥石流是山区的一种特殊洪流，其特点是暴发突然，来势凶猛，且历时短，具有很大的破坏力，由于流量和坡度的变化，经过不同时间的表层冲刷后，最终产生揭底冲刷，前端呈舌状，形成整体运动。

水电工程中遭遇的沟床侵蚀补给的泥石流有西昌东河泥石流，流域两岸沟谷多为基岩裸露，其物源补给主要为谷底赋存极为丰富的早期和现代泥石流堆积物。

3.2.2　泥石流的堆积

泥石流因为由流通区进入坡度较缓的堆积区，或由沟道窄深段进入断面宽浅河段，或沿程有清水汇入等原因，往往发生沉积，其堆积形式如下。

3.2.2.1　泥石流堆积机理与过程

可以根据不同原则和指标对泥石流堆积过程进行分类。根据流体性质，可分为稀性泥石流堆积过程、黏性泥石流堆积过程、泥流堆积过程等；根据源地和堆积场地地貌上的差异性，可分为坡面（含散流坡、滑动坡、崩塌坡）泥石流堆积过程、沟道（切沟、冲沟和溪沟）泥石流堆积过程和流域泥石流堆积过程；根据造滩（扇）泥石流流体类型，又可分为沟槽黏性泥石流堆积过程、漫岸黏性泥石流堆积过程和满滩黏性泥石流堆积过程等。这些流体可分别依次称为沟槽流、漫岸流和满滩流等。

1. 泥石流堆积机理

从泥石流堆积原理来看，随着流速递降，黏性泥石流从部分堆积逐渐过渡到整体堆积，故缺乏分选性；稀性泥石流只能是部分堆积，即流体内的悬浮质不能随着悬移质、推移质同时堆积，最多仅有一小部分悬浮质被悬、推移质裹胁堆积，故具有明显分选性。

黏性泥石流堆积原理与其流体的结构有关。在某一速度条件下，流体成阵性（或波状）流体。由图 3.1 可见，黏性泥石流流体的结构有三种，即泥石流流体、扰动部分和未扰动原始沟道堆积物。当流速逐步降低，达到某一临界值时，泥石流流体与扰动部分同时堆积，呈现整体堆积。该过程是由扰动部分逐渐减薄，未扰动原始沟道堆积物不断增厚，最后与泥石流流体直接接触而实现整体堆积。

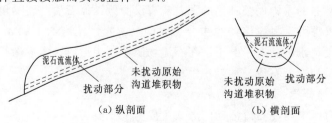

（a）纵剖面　　　　　　　（b）横剖面

图 3.1　黏性泥石流流体的剖面示意图

黏性泥石流堆积还受堆积场地影响，场地使堆积流体的宽（B）深（H）比值发生显著变化。据此可分为三种堆积过程，即满滩黏性泥石流堆积、漫岸黏性泥石流堆积和沟槽泥石流堆积。黏性泥石流的满滩堆积实为沟床铺床在各级高度滩地上的扩展，而漫岸堆积则为沟岸侧积向各级高度滩岸的伸延。故沟岸和滩地上缺失泥石流的整体性堆积；但在沟口扇形地区却有例外，即扇区滩地上时有黏性泥石流整体堆积出现。

稀性泥石流堆积过程之所以不同于黏性泥石流，原因在于其与黏性泥石流的结构不同。稀性泥石流流体内颗粒大体有三种：①悬浮质；②悬移质；③推移质。稀性泥石流堆积成舌形体的颗粒主要由后两者提供，而悬浮质层往往需在静水（洼地内或堰塞湖）或半静水（有水流过流的湖盆）环境下才能堆积。稀性泥石流堆积成舌形体后，泥沙含量剧降，有时可演变为挟沙水流。

2. 黏性泥石流堆积过程

（1）黏性泥石流铺床堆积过程。黏性泥石流流体在下泄中，随其泥深递减而连续不停地进行堆积，直至泥深降为零才停止铺床堆积。当后续流体进入未铺床沟段时，再接着进行铺床堆积。如此断续地进行堆积，从上中游开始，向中下游推进，直至沟口。

（2）黏性泥石流漫岸堆积过程。黏性泥石流漫岸堆积为沟岸近底黏性泥石流受阻和沟岸涌浪两者共同作用堆积成的。影响漫岸堆积过程的因素，除流速外，主要为泥位的迅速变化。在一阵泥石流过程中，头部泥位大于中部，中部又大于尾部，故头部漫岸堆积因泥位迅速降低而得以保存；当下次泥石流泥位高于前次漫岸堆积地面高度时，则又转变为铺床堆积；当泥位高度适度时，亦将进行漫岸堆积。

（3）黏性泥石流满滩堆积过程。满滩黏性泥石流流体的宽深比值较大，即可铺满整个沟道。在满滩堆积中，流体内扰动部分通过转化为辅床堆积而实现满滩堆积。该过程与铺床过程相似，亦从其上、中游向中、下游推进，同属于前进式堆积。

（4）阵性黏性泥石流的整体堆积过程。上述三种黏性泥石流的堆积条件是其流速逐渐递降；当其流速急剧降低时，阵性流体将发生整体性堆积。

3. 稀性泥石流的堆积过程

稀性泥石流堆积过程大体包括两种，即铺床堆积过程或漫滩堆积过程。

（1）铺床堆积过程。稀性泥石流铺床堆积过程是以推移质为主的停积过程，推移质的粒径与含量均随起始堆积点向下游递减，故又可视为分选性堆积过程。

稀性泥石流的堆积过程始于推移质中粗大颗粒，当因流速减小或受沟床糙度局部增大和沟床展宽等影响，粗大颗粒首先停积；接着在其上游堆积粒径较小颗粒；稀性泥石流堆积从最大粗粒停积处，向上游方向伸延，直至堆积与侵蚀达到平衡状态为止。

（2）漫滩堆积过程。稀性泥石流漫滩堆积过程主要由流体内粗大推移质停积，致使沟床堆积体增高，进而使后续流体分流、改道、串流，继续堆积而成，属前进性堆积，即由起始堆积点向下游扩展。

3.2.2.2 沟口泥石流堆积

泥石流流出沟口后，由于地形展宽、纵坡减缓、输沙能力减弱，流速剧减后发生堆积，堆积成泥砾锥、扇，形成了大小不等的扇状沉积体，而且后期泥石流多次沿着老堆积扇两侧淤积，两侧淤高后，再从中部堆积，形成多层次的扇形叠加，在一定范围内摆动堆

图 3.2　泥石流堆积扇平面示意图

积，其平面形态见图 3.2。

泥石流性质或类型不同，所形成的扇形规模和沉积剖面结构、颗粒分选程度等特性也各不相同。黏性泥石流在流向沟口时常呈舌状缓慢向前流动，经过一段时间后停滞下来。这种舌状堆积体在纵剖面上是前端较陡，后部平缓。在横剖面上两侧端部也较陡，中部较平坦，总体宽度随着堆积区流动距离增加及地形展宽而逐渐变宽。扇形体发育初期由于泥石流堆积增厚及向外缘延伸较快，随着沉积的范围扩大，伸长和增厚的速度也随之减缓。稀性泥石流在流向沟口停滞堆积，在纵剖面上是前端及后部均较平缓；在横剖面上也是两侧端部及中部均较平坦，总体宽度随着堆积区流动距离增加及地形展宽而逐渐变宽。

黏性泥石流在沉积过程中既无水沙分离现象，也没有明显的颗粒分选现象，堆积区内上下游淤积比降基本一致，一般为 0.08～0.12；而稀性泥石流进入堆积区后，过流断面加宽，泥石流呈扇状流散，因容重小，流散程度大，结果导致固体颗粒呈分选的沉积，堆积扇上游沉积颗粒较粗，淤积比降也较大，越向下游颗粒越细，淤积比降也相应减小。

泥石流沉积物经后期水流冲刷和雨水侵蚀等作用，细颗粒被带走，剩下粗颗粒，形成"石海"，被粗化了的堆积扇表面再被新来的泥石流覆盖，这样在剖面上各次泥石流堆积物之间存在一个层面，且每层从上至下细颗粒增多。随着两次泥石流间隔时间的增长，层次间距加大，沉积物粗化程度也加大，利用这种沉积剖面，可以近似地分析过去泥石流暴发的周期。

黏性泥石流扇形体除了分布大小混杂的石块巨砾外，还有一种垄岗地形，泥石流的部分流体一旦脱离主流，溢出沟槽分流于冲积扇或沟岸阶地，便就地停积而形成垄岗地形。

3.2.2.3　沟内泥石流的堆积

泥石流在沟道内堆积过程有两类：临时性（或不稳定性）堆积过程和长期性（或稳定性）堆积过程。临时性（或不稳定性）堆积过程常发生于支沟汇入主沟处，因主沟沟宽、坡缓、汇入流体减速变薄而发生堆积。当主沟泥石流停积体厚度增大，超过临界（启动）厚度值后，又启动下泄，成为主沟泥石流流体。主沟堆积时间取决于主沟沟床宽度、流体性质和支沟流体补给速度，在某些高频泥石流沟，可短至数分钟，故可称为临时性堆积，属于泥石流汇流过程中的流体物质能量的累积。长期性（或稳定性）堆积过程可保持数年至数百年或更长时间，这类泥石流滩与沟口扇（锥）稳定性比，仍属不稳定的。

沟道较宽阔、沟床纵坡较平缓等地形地貌条件，以及流体变稠、流速剧降、深度剧减等流体特征有利于泥石流在沟道内堆积。与沟口堆积过程对比，沟内泥石流堆积过程始终有边界（沟床，滩面等）条件约束，故不能塑造成泥石流扇，仅可堆积成泥石流滩，沿沟道两岸呈条带状延伸。

1. 沟内稀性泥石流的堆积过程

沟内稀性泥石流堆积首先是粗颗粒停积，使沟床高度抬升，造成后续流体内粗颗粒停积于其上游河段。与此同时，部分粗大颗粒停淤后的流体继续下泄，在沟床粗大颗粒停积体下游再从大到小依次停淤，从而形成连续延伸的稀性泥石流沟内滩。因此，沟内滩稀性泥石流堆积过程为具有分选性散粒状的堆积过程。稀性泥石流沟内堆积作用和冲刷作用往往交替出现。

2. 沟内黏性泥石流的堆积过程

根据泥石流容重不同，将黏性泥石流分为高黏性（塑性）泥石流、一般黏性泥石流和亚黏性（或过渡性）泥石流。这三种泥石流的堆积过程均具整体性，但其强度却依次递降。其中以高黏性泥石流堆积的整体性最强，可在较陡的沟床（切沟，坳沟）内发生堆积，堆积体横剖面呈上凸曲线，见图 3.3（a）；一般黏性泥石流堆积整体性次之，仍为上凸曲线，见图 3.3（b）；亚黏性泥石流较差，为平直线，见图 3.3（c）。当一般黏性泥石流为阵性（或波状）流体时，其龙头部分堆积整体性最强，堆积体的横断面呈上凸曲线；向中部（龙身）转变为平直曲线；而到尾部（龙尾）则成为下凹曲线。

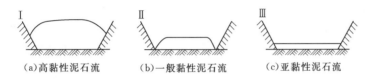

（a）高黏性泥石流　　（b）一般黏性泥石流　　（c）亚黏性泥石流

图 3.3　沟内黏性泥石流的堆积断面示意图

3.2.3　泥石流重塑地貌特征

泥石流地貌系指泥石流的侵蚀、搬运和堆积过程中塑造成的地貌，又称为泥石流动力地貌，它具有变化快的特征。这种地貌过程又不断地改造着沟道和坡面的地貌。在某些流域泥石流可产生侵蚀、堆积和侵蚀-堆积三类地貌。泥石流侵蚀地貌主要分布于流域上游，中、下游时有出现；泥石流侵蚀-堆积地貌一般分布流域中游，上、下游有时也可发现；堆积地貌往往出现于下游，中、上游偶有所见。

3.2.3.1　泥石流侵蚀地貌

泥石流侵蚀地貌类型与泥石流源地的类型有关，常见的泥石流侵蚀地貌类型见表 3.1。

表 3.1　　　　　　　　　　　　　泥石流侵蚀地貌类型

源地类型		原生	次生
坡面	散流坡	纹沟；细沟	裸露坡、光板地；裸岩坡、石山
	滑坡	边缘裂隙沟、弧形同源沟、纵向侵蚀沟	沟岸次生崩塌、滑坡，原生滑坡后缘积水塘消失，侵蚀沟沟床不断加深，深至滑床，排干地下水，使滑坡趋稳定
	崩塌坡	崩槽-泥石流沟，岩堆侵蚀沟，岩堆前缘陡坎（崖）	岩堆侵蚀沟变为泥石流细沟，沟口泥石流舌、泥石流锥、泥石流锥裙、锥间洼地、裙间洼地等
沟道	切沟	新生切沟、悬挂切沟，贯穿性切沟，继承性切沟	沟岸、沟头次生崩塌滑坡、沟床差异性侵蚀坎、向冲沟方向发展
	冲沟	继承性沟谷，箱型沟谷	沟头、沟岸次生性崩塌、滑坡、侵蚀性基岩坎（沟床）增多、增高，袭夺沟，分水岭外移，阶梯状沟谷
	溪沟	基岩 U 形沟谷，箱型沟谷和阶梯状沟谷、堰塞堤坝、堰塞洼地、堰塞湖	干流急流滩，冲积沙砾滩，湖区泥质滩，洼地泥质滩、次生崩塌，滑坡，分水岭外移，局部水系变迁

现按源地类型阐述如下。

1. 坡面型侵蚀地貌

（1）崩塌区泥石流侵蚀地貌。部分崩落坡才有泥石流及其侵蚀地貌。泥石流侵蚀地貌有两种，即泥石流侵蚀坡和泥石流侵蚀沟。在塑造这两种地貌过程中均有崩落参与。

崩塌源地上泥石流侵蚀坡是在坡面重力类泥石流作用下形成的。该类坡坡面坡度较陡，往往大于湿润休止角，小于干燥休止角。坡面无植被覆盖，又无土壤层发育。坡面重力类泥石流侵蚀起始于源地上坡段，即过饱和土层厚度大于临界土层厚度的坡位处；有时其上方有块石（或落石、局部崩滑体）冲击时，泥石流侵蚀的起点还会向分水岭靠近。坡面泥石流侵蚀深度的极值为坡面松散坡积层底部（基岩床），某次侵蚀深度为饱积土层底部。

崩塌源地上的侵蚀沟是在崩槽沟（基岩沟床）和细沟的基础上发育成的。崩槽沟纵坡很陡，一般大于40°，由基岩组成。泥石流侵蚀沟床堆积物（间歇期内聚积的），加深沟床，堆积于崩积坡（岩堆或岩堆裙）上，故岩堆剖面上有泥石流堆积层产出。这表明崩槽沟内曾有过泥石流侵蚀，其相对厚度（即泥石流堆积层厚度占岩堆总厚度的比值）可代表泥石流侵蚀（或堆积）的强度，这类岩堆可称为泥石流岩堆或泥石流锥。

（2）滑坡区泥石流侵蚀地貌。某些滑坡区存在有泥石流及其侵蚀地貌。这类地貌是泥石流与滑坡活动共同作用下形成的，包括前缘泥石流坡、侧缘泥石流沟和纵向泥石流沟等。

滑坡前缘泥石流侵蚀坡是由源出滑床群带附近的泥石流，在下泄汇集沟道中，侵蚀坡面松散堆积层而形成。侵蚀的深度一般为饱和土层厚度。侵蚀方式既有片状，也有线状，主要取决于泉群源地泥石流类型。当为片状泥石流时，就成片侵蚀，使饱和坡积层遭冲刷掉；若线状（实为点状）泥石流时，顺最大坡度下泄。冲走沿程饱和土层（地面），而成为侵蚀沟，侵蚀沟的深度主要取决于饱和坡积层的厚度，变化于数厘米至数十厘米。这类侵蚀沟可成群成片的出现，又可因上方滑坡强烈活动，中前缘滑坡体掩埋而消失。

万工泥石流位于大渡河左岸，属高中山地形，构造剥蚀地貌，最高点为后缘二郎山，高程1963.40m，最低处为瀑布沟电站库区正常蓄水水面，高程为850.00m。850.00～960.00m呈陡缓交替的山地斜坡地貌，其中高程920.00～960.00m为平缓台地，是集镇所在地，地形坡度为8°～10°；高程960.00m以上为山势陡峭的中山地貌，坡度为15°～30°。

万工集镇后靠高陡中山，两侧为低矮的山脊，坡面汇流较强。集镇所在台地属古侵蚀台地，上覆坡洪积物，整体稳定。集镇周边斜坡耕植率高，多为坡耕地，植被稀疏。研究区内发育有马鞍石沟、大沟两条冲沟，在外围还发育有另一条冲沟——润水沟。其中大沟为最大的一条，在"7·27"泥石流发生以前，海拔960.00m以上地段切割相对较深（图3.4）。集镇后缘斜坡和冲沟两侧第四系松散层堆积物较

图3.4　"7·27"泥石流灾害前周围地貌

厚。"7·27"泥石流发生后，大沟面貌已发生巨大变化，沟道被泥石流堆积物所覆盖，原有的形态不复存在（图3.5）。

（3）散流坡泥石流侵蚀地貌散流坡泥石流侵蚀地貌有两类，即侵蚀沟和侵蚀坡。据形态（主要为深度）散流坡泥石流侵蚀沟分为纹沟和细沟两种，散流坡泥石流侵蚀坡亦分为裸露坡和裸岩坡。根据不同指标，还可进一步对裸露坡进行分类，例如据裸露坡性质可分为犁底层裸露坡、土壤淀积层裸露地（包括黏质、钙质、铁质等淀积层）、母质层（或坡积层）裸露坡；再如，根据

图3.5 "7·27"泥石流灾害后周围地貌

土地利用方式可分为农田裸露坡、草地裸露坡和林地裸露坡等。

散流坡泥石流形成的过程和汇流的过程实质上就是其侵蚀过程，即泥石流侵蚀力急剧增强，沟道迅速产生、加深和拓宽的过程。

与散流坡径流侵蚀沟对比，泥石流侵蚀沟的特征是复式横断面，从大到小分别由黏性泥石流、稀陆泥石流和挟沙水流所侵蚀成的。这三种断面的宽深比，以黏性泥石流为最小，挟沙水流为最大，稀性泥石流居中。

在散流坡泥石流源地上，泥石流侵蚀坡是由其侵蚀沟的扩展而形成。随着坡地地表松散层的结构和侵蚀掉的起止层次差异，就可产生各种裸露坡。例如被泥石流侵蚀的土层位于耕作土层或自然土壤层淋溶层内，其坡就称为犁底层裸露坡或淀积层裸露坡；当侵蚀至犁底层或淀积层内，可称为犁底层或淀积层裸露坡。

水电工程中散坡泥石流侵蚀典型为雅砻江流域暴发的"8·30"泥石流灾害，其灾害暴发后地形地貌见图3.6。

2. 沟道型侵蚀地貌

（1）沟道泥石流的侵蚀地貌沟道内一般泥石流的过程短暂，在长时间的泥石流间歇期内，水流或挟沙水流对沟道进行冲刷，泥石流和水流都对沟道施加作用，所产生的侵蚀地貌难以区分，归并一起，主要有侵蚀谷地、冲刷坎、冲刷坑、冲刷槽和屋檐式谷坡等。

泥石流侵蚀谷地据不同地质条件可分为岩质沟床段、土岩质混合型沟段和土质沟床段三类。

（2）岩质沟床的侵蚀地貌。岩质沟床段横剖面既可呈V形，也可呈U形，主要取决于谷坡土体补给状况。谷坡补给土量大，沟床流体（含水流与泥石流）只能侵蚀、搬运沟床堆积物，一般呈V形。当谷坡或上游补给

图3.6 "8·30"泥石流灾害后印把子沟地貌

土量不足，岩质沟床段横断面便向 U 形方向发展。若沟内流体侵蚀作用减弱，便向土岩质混合型谷地方向发展，横剖面形态依然趋向 U 形。

（3）土质沟床的侵蚀地貌。泥石流和水流对土质沟床的侵蚀作用，可塑造成复式箱形谷地、箱形谷地、冲刷沙砾滩、冲刷坑、冲刷槽、扇前陡崖（坎）、沟口急流滩、滩下冲刷滩等地貌。

（4）泥石流侵蚀地貌的发展过程。泥石流流体形成的起点有水流、饱和土体两类，而终点则为江河水流和泥石流堆积体；泥石流侵蚀地貌的起、止点均为散流坡、重力坡和水流侵蚀沟，导致种种差异的原因都在于源地地貌类型。例如，崩塌、滑坡和谷地内泥石流侵蚀地貌很少出现于丘陵、平原地区，散流泥石流的侵蚀地貌亦未在平原地区出现，故除液化矿渣流、压力流等以外，平原是泥石流侵蚀地貌发育终止点的地貌类型。

我国亚热带、温带一些山区，诸如东北的干山山区，华北的燕山、太行山区，华南的南岭，西南的秦巴山区、龙门山区、横断山区等地，当山坡薄土层被雨水浸润、饱和，在急剧的暴雨、滚石、局部滑体作用下，便可产生浅层滑坡型泥石流。这类泥石流从出发点开始，由上向下进行的铲刮侵蚀，蚀尽沿程薄土层，形成新的基岩沟床，随着基岩沟床的横向扩展，便可形成裸岩坡（西南地区又称为石板坡、石山等）。与散流坡泥石流侵蚀成的裸岩坡对比，浅层滑坡型泥石流形成的裸岩坡具有一次性。

（5）泥石流流域侵蚀地貌的演变。在一个流域内，泥石流的侵蚀作用往往与水流、重力等作用相互配合，共同对流域进行着改造或塑造，形成相应的侵蚀地貌。这三种作用出现的时间和作用强度又取决于流域地貌发展阶段与进程。例如，丘陵地区一般仅出现散流及坡面泥石流两种作用，形成相应的纹沟、细沟、裸露坡、裸岩坡等侵蚀地貌；低山地区，除丘陵地区的纹沟、细沟泥石流侵蚀作用外，还可出现切沟、冲沟等沟进水流和泥石流的侵蚀作用，从而出现切沟、冲沟等侵蚀地貌中、高山地区，除上述作用外，还可出现溪沟、河沟等沟道水流和泥石流，形成溪沟，河向泥石流侵蚀地貌，而在急剧隆升的或河流强烈刷深的山区，切割深度达到某一临界值（或沟岸岩石的蠕变期）后，便可出现重力作用。重力、水流、泥石流三种作用相互助长，既可形成高频泥石流，也可加速流域地貌的演化。

1）流域的水系变迁。水系大多是在泥石流、重力和水流共同作用下实现的。泥石流和水流的下蚀作用，搬运沟床崩滑堵塞体，刷深沟床，促进沟岸崩滑活动增强，沟道向分水岭扩展，有些越过分水岭，直掀附近沟床而实现袭夺。泥石流的堆积作用也可引起山区水系的变迁。

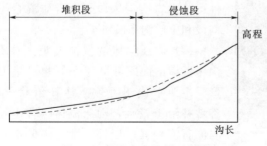

图 3.7　侵蚀沟床纵剖面变化

2）泥石流侵蚀沟床纵剖面的变化。一般情况下，泥石流侵蚀基岩沟床段位于泥石流形成区内，亦处于不断刷深过程中，有时尽管两岸崩滑体不断补给，基岩沟床仍不断遭刷深而降低（图 3.7）。泥石流刷深基岩沟床的速度取决于诸多因素，例如泥石流暴发的频率、规模，沟床基岩的抗蚀性能，两岸崩、滑体补给土量等。

泥石流侵蚀的堆积性沟段一般位于下游泥石流堆积区（图 3.7）。泥石流堆积陆沟床的刷深速度也取决于诸多因素，例如泥石流的性质，暴发频率、规模，持流时间，沟床形态，沟口侵蚀基准面的变化等。

在泥石流流通段，既有堆积性沟床，又有基岩沟床，从较长期来看，纵剖面变化也不大；若泥石流堆积区转变为流通区，侵蚀作用也随之增强，此时便出现深宽的泥石流侵蚀沟道。

3）泥石流侵蚀沟道的横剖面变化。与水流沟道对比，泥石流沟道横剖面变化的特点是速度快，变幅大。旱季末期（或雨季初期）沟床高程最高。

泥石流侵蚀 V 形谷出现于松散土层沟段，沟床的 V 形谷底由流体（含稀性、黏性泥石流和水流）侵蚀成的，而两岸谷坡度由土层土体的休止角确定，其值介于干、湿休止角之间。泥石流侵蚀 U 形谷分布较普遍，可由多种方式形成：①由 V 形沟床扩大（两岸裸露松散土层转变为泥石流，铺填谷底）而成；②泥石流侧蚀沟岸泥石流堆积体而成；③流体侵蚀基岩沟床而成等。

泥石流侵蚀阶梯谷除发育在黏性泥石流流通沟段外，也可出现于基岩沟床段，由于基岩抗蚀性的差异，而成为阶梯状横剖面。

综上所述，泥石流侵蚀地貌既有直接的，也有次生改造的，两者均与其源地类型有关。

3.2.3.2 泥石流堆积地貌

在沟口附近或沟谷宽缓地段，泥石流间歇期接受上游沟槽流体或两岸谷坡物质补给，呈现出某些堆积性谷地，可以形成堆积扇、堆积台地等地貌。

1. 泥石流堆积地貌类型

泥石流堆积地貌类型不仅与泥石流的类型、规模和堆积区地貌有关外，还与源地类型有着密切的联系。泥石流堆积地貌类型见表 3.2。

表 3.2　　　　　　　　　　泥石流堆积地貌类型

源地	泥石流类型	原　生	次　生
坡面	散流型	泥石流舌，局部泥石流坡	泥石流堆积或泥砾坡
	滑坡型	泥石流滩、堰塞堤	堰塞洼地、堰塞湖、泥质滩
	崩塌型	泥石流舌、泥石流堤、泥石流锥、岩堆-泥石流锥、泥石流锥裙、岩堆-泥石流锥裙	舌间洼地及泥质滩、堤间洼地及泥质滩、锥间洼地及泥质滩
沟道	切沟型	泥石流舌、泥石流堤、泥石流锥、泥石流锥裙	锥间洼地及泥质滩、裙间洼地及泥质滩
	冲沟型	泥石流扇、泥石流扇裙、短柄泥石流扇、泥石流堤	扇间洼地及泥质滩、裙间洼地及泥质滩
	溪沟型	泥石流堤、泥石流扇、泥石流扇裙、短柄泥石流扇、长柄泥石流扇	堤、扇间洼地、堰塞湖、堰塞塘古河道、急流滩、冲积滩、湖积滩

（1）崩塌坡泥石流堆积地貌。崩塌坡上泥石流的堆积地貌主要出现于崩积坡段，堆积成泥石流锥。随着崩落坡坡长的增加，这类泥石流锥体的规模越大，在剖面上泥石流堆积

层所占的比重越大。其原因在于：随着崩落坡坡长的增加，散粒状崩落量越大，停积于崩落槽的土层厚度亦大，待雨季被泥石流侵蚀，致使泥石流规模剧增，由于崩落槽内泥石流的流动性较强，有时可覆盖于岩堆地面上，又可到达岩堆坡麓进行堆积，形成泥石流锥。

（2）滑动坡泥石流堆积地貌。在一定条件下，由某些大、中型滑坡演变成的泥石流，可堆积成泥石流滩和泥石流堰塞湖。

（3）散流坡泥石流堆积地貌。散流坡上的纹沟泥石流和细沟泥石流可侵蚀改造成纹沟、细沟等侵蚀微地貌；其堆积作用也可改造相应的堆积微地貌。泥石流地区坡面上的坡积层系由泥石流和水流两种流体堆积而成，其中以泥石流堆积为主的，可称为泥砾坡。

2. 沟口泥石流的堆积地貌

泥石流堆积地貌与其源地和流体密切有关，既可直接堆积成，又可间接堆积成，分别称为原生堆积地貌和次生堆积地貌，其中典型的泥石流沟口堆积地貌一般为多次泥石流堆积形成（图 3.8 和图 3.9）。

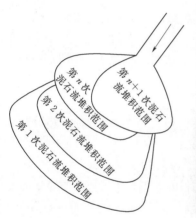

图 3.8　多次泥石流堆积过程示意图　　　图 3.9　岷江上游某泥石流扇

3.2.3.3　泥石流侵蚀-堆积地貌

泥石流侵蚀-堆积地貌主要发育于泥石流搬运沟段。在这一沟段的较长时期内堆积地貌随着沟（山）口扇扇顶高度递增而进行强烈的堆积作用，从而形成堆积地貌；而它的侵蚀地貌又随着扇顶高度递减而出现。在短时段（例如一场次泥石流过程中）内，既可出现堆积地貌，又可出现侵蚀地貌，或泥石流的侵蚀和堆积作用频繁地交替出现。相应的两种地貌亦跟随着时隐时现。

1. 泥石流堆积地貌形成、发展的条件

泥石流堆积地貌形成、发展的基本条件包括：①一定量的泥石流流体；②可供泥石流停积的场所。泥石流的一定量系指相对流量，相对于沟（河）内或干流河道内的径流量，即泥石流流体所需的稀释水量不小于（沟内或干流河道）径流量。仅在这种条件下，泥石流方可从其源地，保持不变的性质，流至沟口，堆积成各种地貌；也只有在这种条件下，才能在汇入干流河道时免遭稀释，进而堆积成自然堤坝和堰塞湖盆等地貌。泥石流停积场所系指既能停积又能容纳（或部分容纳）泥石流流体的地段，即为平缓、开阔的平原地区或和缓的沟（河）谷地段。

上述两个条件缺一不可，并随着流体（水流和泥石流）的性质、规模、频率、动力学特征值的变化，使得泥石流堆积地貌发生种种变化。其他条件无论怎样变化，始终通过这两个条件，影响着泥石流堆积地貌的发生、发展。

此外，泥石流堆积地貌类型还与其源地类型有密切关系。如崩落源地的泥石流锥便取决于崩落与泥石流两种作用的强度，若以崩落为主，便堆积成岩堆（倒石堆）；若以泥石流堆积为主，则为泥石流锥。在时间上这两种作用亦交替出现，在地表铺盖着崩落岩屑堆积层时，则呈现出岩堆的特征；而为崩落型泥石流流体覆盖时，即为泥石流锥。同样在滑坡、散流坡等源地上，也有相应的不同堆积地貌发展过程。现仅针对溪沟和冲沟泥石流堆积地貌的发展过程作一讨论。

从泥石流流体的类型来看，溪沟沟口泥石流堆积地貌的发展过程不外乎有两类，即稀性泥石流扇发展过程和黏性泥石流扇发展过程。对于某一条流域发展过程来说，可分三个阶段，即泥石流形成期、发展期和衰退期。在泥石流发展期，既可以以稀性泥石流为主，也可以是黏性泥石流的堆积地貌，这主要取决于流域地貌的演变。当重力作用不断增强，重力坡不断扩大，侵蚀、搬运泥沙的营力以黏性泥石流为主的流域，沟口堆积地貌便为黏性泥石流扇；若以稀性泥石流为主，沟口便堆积成稀性泥石流扇；当上述两类流体均存在，并彼此均不能消除对方所堆成的地貌，便有多种成因的地貌类型，包括黏性泥石流堆积成的丘岗状巨砾堆积滩，黏性至稀性泥石流堆成的垄岗状泥砾滩，稀性泥石流堆成的片状沙砾滩，以及泥石流堰塞湖及其湖滨沙质、泥质滩等。

从泥石流对沟道形态相对规模来看，改造泥石流堆积地貌的流体可分为沟槽流、漫岸流和满滩流。再从一场次泥石流总量来看，又有一次性成扇（锥、滩）、满扇（滩、锥）和铺床等造貌过程。

2. 泥石流堆积地貌发展的主要过程

泥石流堆积地貌发展的过程主要是指泥石流堆积于沟口的地貌演化过程。在泥石流形成期，沟口逐渐沉积泥石流堆积物，形成扇（锥）体 [图3.10（a）]。随着泥石流的发展，经过多次不同规模、不同性质的泥石流的堆积，在沟口堆积扇上形成具有显著年代特色的沉积特性，即古扇埋在深处，其上依次覆盖着老泥石流扇和近代泥石流扇 [图3.10（b）]。伴随泥石流发生的三要素被改变，泥石流逐渐由发展期进入衰退期，暴发的泥石流规模逐渐减小，其动能也逐渐减弱，泥石流固体物源不能够被冲出沟口而停淤在沟道内，形成溯源式串珠状堆积扇 [图3.10（c）]。

(a)泥石流形成阶段　　(b)泥石流发展阶段　　(c)泥石流衰退阶段

图3.10　泥石流扇的演变

3.2.3.4 泥石流沟的形成演化过程

泥石流的发展过程可分为四个阶段，即散流坡泥石流阶段、切沟泥石流阶段、冲沟泥石流阶段、溪沟泥石流阶段。

散流坡泥石流常出现于流域近分水岭地带的斜坡坡面上，散流坡泥石流是泥石流发育初始阶段的自然现象。

切沟泥石流既可汇入冲沟，成为冲沟泥石流的源地，又可单独出现，堆积成泥石流锥。沟内泥石流和水流可刷深沟床，直到基岩，成为基岩沟道，其两岸的坡积层裸露，出现临空高度。该高度达到某一临界值，又经过坡积层的蠕变期，就可出现较厚的浅层或中厚松散堆积层滑坡。这类滑坡的出现，又不断补给沟道土体，就可加速沟内泥石流的暴发频率和流体规模。故切沟泥石流发展阶段中也有从水流到泥石流。这些时段对于流域泥石流切沟阶段来说，又是更次级（低层次）的发展阶段。

冲沟泥石流既可汇集上述各类沟道和坡面泥石流，注入溪沟，成为溪沟泥石流的侵蚀力，又可单独成为泥石流源地，堆积成冲沟泥石流扇。由于沟内流体冲刷作用强，刷深沟床的深度较大，在湿润地区亦有极小沟槽水流，两岸或源头滑坡体厚度较大。故在崩滑高速补给土量时，冲沟沟道可形成高频阵性黏性泥石流。因而可认为泥石流横向发展的第3阶段。

溪沟泥石流一般均由上述各类泥石流汇集而成，故只当上述几类泥石流发展到某一成熟阶段后，方能由水流演变为泥石流，故为泥石流发展的最高阶段，或第4阶段。

坡面泥石流发展阶段，一般来说取决于坡面土层厚度（或成土速度）和泥石流侵蚀深度（侵蚀速度）的相互关系，即当坡面土层消失后，裸岩坡需经颇长时间的风化作用，重新形成风化壳后，才能进入第二个轮回的泥石流发生、发展。这个周期虽然也较长，但与最原始沟道（切沟）泥石流周期相比，显得要短得多。如切沟流域内亦有较大面积的坡面，全流域坡面土层被泥石流侵蚀殆尽，需经历较长时间，故一次性切沟泥石流发展周期便较长，间歇期也较久。在切沟演变为冲沟的过程中，将会出现一系列切沟。各类切沟泥石流活动的特征亦不相同，山坡性切沟往往发生低频的或间歇性泥石流。泥石流的特点是突发性强、持续时间短暂（数分钟）、间歇期长（几十年乃至上百年）、规模小。新生性切沟泥石流规模较大，频率高，一年暴发数次至数十次。继承性切沟泥石流的频率和特性介于前两者之间。贯穿陆切沟泥石流最为活跃。随着土体补给量的增加，流体渐趋浓稠，频次增多，规模增大。

3.3 小结

（1）泥石流流体是介于滑坡体与挟沙水体之间的土水混合流体。泥石流流体中，由于土体和水体的含量及组成不同，其结构、剪切强度和流变等物理力学性质有明显的差异。

（2）泥石流的物理特征研究表明，土体组成可分为颗粒特征、矿化特征两类。颗粒特征是中粒径变幅大、石块的磨圆度差、与形成物的颗粒组成相似；土体颗粒是由许多化学元素或化合物所构成，对泥石流性质有一定影响的主要是土体中的代换性盐基，在泥石流流体中往往呈离子状态存在。泥石流土体的矿物成分主要取决于泥石流源地形成物的矿物

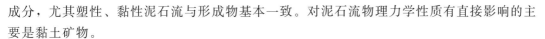

成分，尤其塑性、黏性泥石流与形成物基本一致。对泥石流物理力学性质有直接影响的主要是黏土矿物。

（3）泥石流流体的结构类型和结构强度主要取决于黏粒、粉粒、沙粒和石块等四个部分的性质和它们在泥石流流体中各自的含量，也就是取决于泥石流流体的组成和组成物的性质。泥石流流体有不同的结构类型。泥石流流体的剪切强度比土的剪切强度小得多，泥石流流体的密度越大，则泥石流流体的内摩擦系数 $\tan\varphi_m$ 越小，其中的泥浆密度和泥浆剪切强度也越大，越易于在缓坡上发生运动。

（4）泥石流的流变性质，实际上是泥石流流体的刚度系数和极限剪应力的变化规律。目前对泥石流流体流变性质的研究还处于探索阶段，还没有统一的方法。

（5）泥石流的固体物质侵蚀补给模式包括重力侵蚀补给、坡面侵蚀补给和沟床质侵蚀补给。

（6）可以根据不同原则和指标对泥石流堆积过程进行分类，例如根据流体性质，可分为稀性泥石流堆积过程、黏性泥石流堆积过程、泥流堆积过程等；根据源地和堆积场地地貌上的差异性，可分为坡面（含散流坡、滑动坡、崩塌坡）泥石流堆积过程、沟道（切沟、冲沟和溪沟）泥石流堆积过程和流域泥石流堆积过程；根据造滩（扇）泥石流流体类型，又可分为沟槽黏性泥石流堆积过程、漫岸黏性泥石流堆积过程和满滩黏性泥石流堆积过程等。这些流体可分别依次称为沟槽流、漫岸流和满滩流等。

（7）泥石流可产生侵蚀、堆积和侵蚀-堆积三大类地貌。泥石流侵蚀地貌主要分布于流域上游，中、下游时有出现；泥石流侵蚀-堆积地貌一般分布流域中游，上、下游有时也可发现；堆积地貌往往出现于下游，中、上游偶有所见。

（8）泥石流的横向发展过程分为相应的四个阶段，即散流坡泥石流阶段、切沟泥石流阶段、冲沟泥石流阶段、溪沟泥石流阶段。

第4章 泥石流流体运动与动力特征

泥石流运动特征包括泥石流流态特征、流速特征、流量特征、直进性特征、漫流改道冲击作用、冲起现象等。泥石流动力特征包括泥石流容重、流速、流量、冲击力、运动的最小坡度、弯道超高和冲起高度、一次性冲出量等。

4.1 泥石流流体运动特征

泥石流流体运动特征呈高度不稳定性和不恒定性，其直进性、易冲性、易淤性使得流路不稳定。泥石流的运动兼有挟沙水流和滑坡的运动特性，这突出表现在它的流态、流动过程、冲击作用和冲起现象等方面。

4.1.1 泥石流流态特征

泥石流是固、液、气三相混合流体，运动有阵性。泥石流的物质组成成分复杂多变，其液态性质亦随之不同；其运动特征为非标准的层流和紊流，也为非典型的蠕动和滑动，但却具近似于层流、紊流、蠕动、滑动四种类型。

（1）稀性泥石流流态特征。稀性泥石流含黏粒、细颗粒物质较少，流体稠度小，容重低，黏度小，浮托力弱，呈多相不等速紊流运动。石块的流速小于泥沙、浆体，呈翻滚、跃移状运动。沿流程停积物粒径有分选性，堆积物结构松散，层次不明显，渗水性强。泥石流流向不定，易于改道漫流，有股流、散流、潜流现象。稀性泥石流与挟沙水流的运动有一定的相似性，具有紊流特征。

（2）黏性泥石流流态特征。黏性泥石流含黏粒、细颗粒物质多，流体稠度大，容重高，黏度大，浮托力强，具单相等速整体运动，有阵性流动特征。各种粒级的泥、砂、石块均处于悬浮状，垂直交换运动不明显，密度大于浆体的石块呈悬浮状和滚动运动。流路集中，不易分散，停积时堆积物无分选性，并保持其流动时的整体结构特征。堆积物结构密实，层次分明，透水性较弱。黏性泥石流由于流体中含有更多的土体颗粒，浆体的结构更紧密，起始静切力和黏度值大，浆体流动时脉动和小尺度的涡动受抑制，因而其紊动状态主要是由于石块间的猛烈碰撞和阵性流的头部与残留层的相互作用而形成。黏性泥石流兼具近似层流、紊流、蠕动、滑动特征。

当黏性泥石流含水量较低时也称碎屑流，运动状态接近滑坡的运动状态，但又有明显的差异。碎屑流中的土体（至少下层的土体）饱和后具有一定的流动性，在相同纵坡条件下，它的运动速度比滑坡的蠕动速度快得多，其流态具有蠕动流的特征。碎屑流向下滑移时，由于其下层土体饱和而液化，因而具有流动性，但由于浆体在沟床面上形成一个润滑面，使得流速由沟床面向上逐渐递增，因此这种滑动不是真正的滑动，而是具有一定滑动效应的流动,其流态具有滑动流的特征。

同一期泥石流,在不同部位不同时间,其流态典型性差,过渡性强。

4.1.2 泥石流流速特征

泥石流流速主要受地形条件、流体特征和沟床糙率等因素的影响。从能量观点看,沟床纵坡降大,势能大,流速大,弯道多,流速小;由于泥石流中挟带固体物质多,动能消耗大,故泥石流的流速小于等量洪水的流速。从外部阻力看,稀性泥石流沟槽颗粒粗大,河床糙率大,泥石流流速一般偏小。黏性泥石流含黏土颗粒多,泥浆稠度大,容重高,凝聚力大,整体性强,暴发时有"铺床作用",惯性作用大,故流速大;沟床糙率大,流速小。

泥石流流体各部的流速也不尽相同,流体表面中部的流速大于两侧,阵性流头部流速大于其尾部,表面流速大于沟底流速。泥石流的流速在平面和立面上的差异与流体的稠度、粒度有关。稠度越大,均化程度越高,粒度差异性越大,均化度越低,同一条沟的各次泥石流的流速也不相同。

4.1.3 泥石流运动形式

泥石流运动的形式主要有阵性流和连续流两种。

(1)阵性流。阵性流是黏性泥石流运动的一种方式,即泥石流呈一阵一阵的运动,阵与阵之间存在断流,断流时间通常以一个均值为轴上下波动。对于一次泥石流而言,其前期断流的时间通常较短,后期较长,断流时间通常变化为几秒到几十分钟。当断流时间较长时,被断开的两个流体可以被视为两次不同的泥石流。单一阵次泥石流的形态基本相似,即呈现头大、身短、尾长的"蝌蚪"形。阵流的长度大小不一,一般龙头(阵流的头部)高度越高,泥石流的阵流长度越长。此外,流域面积越大,泥石流的阵流次数越多。

对于单一阵次的泥石流,其龙头的坡度与泥石流的性质和流速有关。高速流动的泥石流其龙头迎风面坡度较大,而低速流动的泥石流其龙头迎风面坡度较小。泥石流龙头剖面可以概化为三角形。

(2)连续流。稀性泥石流和物质补充丰富黏性泥石流的流动状态呈连续流动,即为连续流。对于黏性连续流,其运动状态有波状连续流和单峰连续流。波状连续流的流体由多个波组成,波与波之间没有断流,只有峰和谷之分。单峰连续流流体剖面形态类似三角形,流量快速增长也快速下降。稀性泥石流通常呈非波状连续运动,较为平缓。

4.1.4 铺床和刨床

(1)铺床。泥石流在沿沟床向前运动的过程中,由于沟床的糙率较大,第一阵泥石流或连续流的前部在通过河床时需要克服较大的阻力,往往流速较低并在沟床留下一层泥石流流体。当第一阵流体流量不够时,第二阵、第三阵等后续泥石流继续前行,使得整个沟床(直到主河口)铺砌了一层泥石流流体,为后续泥石流的快速流动奠定了基础,这就是泥石流运动的"铺床"过程。

(2)刨床。高速泥石流在沿沟床向前运动的过程中,由于泥石流流体动能较大,沟床的松散固体物质被高速泥石流裹挟前行，并加入流体中产生揭底现象这就是泥石流运动的"刨床"过程。

4.1.5 泥石流流量特征

泥石流的流量过程线常是多峰型的，并与降雨过程线相对应，其涨落速度和变化幅度都很大。泥石流流量的大小和暴雨的特点、阵流形成、堵塞溃坝形式有关。一般是雨强大，泥石流流量大；降水时间长，泥石流过程长，沟槽弯曲堵塞严重，泥石流阵流流量大，阵流间隔时间长，积累流量大。

泥石流流量与松散物源的多少有关，一般在同等雨强条件下，松散物源量越大，其总体流量越大。

泥石流流量与沟床纵比降的大小有关，一般在同等雨强条件下，沟床纵比降越大，其总体流量越大。

黏性泥石流阵流的大小与间隔时间的长短、稠度、水文、泥沙要素、河相因素、河床堵塞程度等有关。阵流间隔时间长，峰量大。

4.1.6 泥石流直进性与弯道超高

泥石流具有大于洪水的直进性和冲击力，这是由于泥石流的容重大、动能大的原因造成的。因此，泥石流稠度越大，直进性越强，颗粒越粗，冲击力越强。遇急弯的沟岸或障碍物，就猛烈冲击产生弯道超高，或冲起爬高，据观测调查资料，弯道超高可达 3～5m，遇阻爬高可达泥深的 3～5 倍。因此常在弯道越过沟岸，摧毁障碍物，甚至裁弯取直，冲出新沟道。

4.1.7 泥石流漫流堆积改道特点

漫流堆积改道是在泥石流堆积区内的一种普遍现象，它不同于水流的漫流。泥石流流出山口后，由于地形突然开阔变缓，流速减缓，泥石流沿程堆积占据原有沟道空间，致使后续来流形成漫流。基于直进性，泥石流总是取道正对沟口堆积扇的轴部，并首先在那里堆积淤高。轴部淤高变缓后，阻力增大，于是泥石流取道坡陡阻力小的两翼漫流。两翼淤高后，主流又回到轴部，如此往复遂形成拱度大、支汊如网、泥石流横流漫溢的堆积扇。堆积扇上的浅槽对泥石流主流流向几乎没有约束力，在流量稍大时，随时可以溢槽漫流，流量不满槽时，在流动过程中，也可因局部受阻淤积而引起漫流，或因固、液相差异性流动，而引起运动方向的改变。当有多条泥石流沟在山口交汇时，由于各沟泥石流流量大小及组合不同，而发生流向变化，其主流方向一般受流量大的或稠度高的控制。

4.1.8 泥石流的冲击作用和冲起现象

泥石流冲击力和冲起高度一般与流速和固体物质含量呈正相关，泥石流流体中固相物质增加，尤其是石块含量增大，则冲击力增大。稀性泥石流冲击力和冲起高度一般较小，黏性泥石流冲击力和冲起高度较大。冲击力和冲起高度同时也与沟道形态有关，同一类型泥石流，沟道越顺直、陡峻，其流速越大、冲击力和冲起高度也越大。

4.2 泥石流流体动力特征

4.2.1 泥石流容重

泥石流容重由泥石流流体的性质决定，泥石流容重确定方法主要有现场取样试验法、现场调查制样试验法和堆积物组成结构特征反分析法等。

4.2.1.1 现场取样试验法

在有具备现场取样条件的泥石流沟，直接取泥石流流体进行试验，试样样本尽可能多。可按下式求出泥石流流体容重。

$$\gamma_c = \frac{G_e}{V} \tag{4.1}$$

式中：γ_c 为泥石流流体的容重，t/m^3；G_e 为样品的总质量，t；V 为样品的总体积，m^3。

该方法的不足是泥石流流体中大块体不易取出，其成果不能代表全级配泥石流流体。

4.2.1.2 现场调查制样试验法

在需要测试的沟段选取有代表性的堆积物搅拌成泥石流暴发时的流体试样，请当地曾目睹过该沟泥石流暴发的居民进行样品鉴定、比对和确认，然后分别测出样品的总质量和总体积，按式（4.1）求出泥石流流体容重，但该方法对巨砾的含量代表性不够。

4.2.1.3 堆积物组成结构特征反分析法

由于稀性泥石流及黏性泥石流堆积过程不同，可根据堆积物的颗分、分选性、细粒物的多少、大颗粒的形状（棱角状）、架空等组成结构及形态特征，进行反演分析当次堆积的泥石流是属于黏性还是稀性，进而确定泥石流的容重范围（表 4.1）。

表 4.1　　　　　　　　　　泥石流堆积物组成结构特征反分析表

项目	特　征　参　数			
孤（漂）石含量/%	＞40	40～10	10～5	＜5
分选性	无分选	弱分选	有分选	分选较好
细颗粒（＜5mm）含量/%	＜20	20～50	50～70	＞70
大颗粒的形状	棱角	棱角	次棱角	次棱角
架空现象	明显	较明显	不明显	不明显
泥石流容重 $\gamma_c/(t/m^3)$	＞1.8	1.6～1.8	1.4～1.6	＜1.4

4.2.1.4 形态调查法

在泥石流沟现场，请当地曾目睹过该沟泥石流暴发的居民，描述泥石流流体特征和流体运动状况。然后参照表 4.2 的特征确定泥石流流体容重取值。

表 4.2　　　　　　　　　　泥石流流体稠度特征表

项目	特　征			
容重	稀浆状	稠浆状	稀粥状	稠粥状
$\gamma_c/(t/m^3)$	1.2～1.4	1.4～1.6	1.6～1.8	1.8～2.3

取样的不确定性以及目击者的主观性，会使取得的泥石流容重有一定误差。

4.2.1.5　经验公式法

泥石流容重现场测试取样时机难得，为了更简便、快速地对某一类或某一地区泥石流容重进行估算，本书总结了国内部分学者根据间接估算或实测泥石流容重与实际调查的泥石流沟流域参数、或颗粒级配参数进行统计分析，提出了 10 余个泥石流容重估算公式。根据建立统计关系所选用的参数特点，大致可以分为以下两类。

第一类将泥石流的容重与沟谷流域面积、沟床比降、松散物质储量等宏观物理量建立统计关系，这类经验公式的典型代表见表 4.3。

表 4.3　　　　　　　　基于流域特征和松散物储量的泥石流容重经验公式

序号	公式	适用范围及应用结果	提出者
1	$\gamma_c = 0.69I + 1.51$	适用于西南地区固体颗粒容重为 2.7g/cm^3 的稀性泥石流沟	铁道部第一设计院
2	$\gamma_c = 1.1B^{0.11}$	适用于陇南地区。武都马槽沟、文县关家沟等地的泥石流防治中采用了该公式	中国科学院兰州冰川冻土研究所
3	$\gamma_c = \dfrac{1}{1 - 0.0334aI^{0.39}}$	当 $a = 1.4$，$I > 800‰$ 时，公式无意义。适用于成昆铁路沿线泥石流沟	铁道部第二设计院
4	$\gamma_c = K_1 + K_0 K_R K_L K_A$	数据来源于川滇地区的小江、二滩、宝兴等地	程尊兰
5	$\gamma_c = \tan I + K_0 K_R \dfrac{F_s}{F} B^{0.11}$	在小江流域典型泥石流沟所得的计算值与实测值十分接近	成都山地灾害与环境研究所

注　表中公式的符号意义：γ_c 为泥石流容重，t/m^3；I 为主沟沟床平均纵比降；B 为储备物质方量与汇水面积之比，万 m^3/km^2；a 为崩滑程度系数，查表获取；K_1 为沟床比降系数（取泥石流形成区沟床平均坡度）；K_0 为补给系数，一般取 55；K_R 为岩性系数；K_L 为稀释系数（取泥石流形成区至源头的沟长与主沟长之比）或为河槽孤石覆盖系数；K_A 为松散物质储备总量系数，$K_A =$（松散物质储备总量/流域汇水面积）0.11；F_s 为泥石流形成区以上的面积，km^2；F 为流域面积，km^2。

第二类公式将泥石流容重与泥石流中不同粒组的百分含量建立统计关系，即认为泥石流容重主要由泥石流固体物质组成所决定。这类公式的典型代表见表 4.4。

表 4.4　　　　　　　　基于固体物质颗粒级配的泥石流容重经验公式

序号	公式	适用范围及应用结果	提出者
1	$\gamma_c = P_{05}^{0.35} P_2 \gamma_v + \gamma_0$	适用于除水石流和泥流外的泥石流。舟曲"8·7"特大泥石流评估采用了该公式	余斌
2	$\gamma_c = P_{05}^{0.35} P_2 \gamma_v + \gamma_X$	适用于经过沉积分选作用、且去掉大于 5mm 的粗颗粒的稀性泥石流	余斌
3	$\gamma_c = -1320x^7 - 513x^6 + 891x^5 - 55x^4 + 34.6x^3 - 67x^2 + 125x + 1.55$	由云南蒋家沟泥石流数据统计获得，不适用于高容重的黏性泥石流	陈宁生 等
4	$\gamma_c = \lg \dfrac{10x + 0.23}{\lvert x - 0.0089 \rvert + 0.1} + e^{-20x - 1} + 1.1$	适合于西南地区黏粒百分含量 3%～18% 的黏性泥石流	陈宁生 等
5	$\gamma_c = 1.887d_{50}^{0.0779}$	数据来源于蒋家沟泥石流。适用于黏性泥石流，反演甘肃武都、日本、苏联部分实例，效果较好	李培基

注　表中公式的符号意义：P_{05} 为粒径小于 0.05mm 的细颗粒的百分含量（小数表示）；P_2 为粒径大于 2mm 的粗颗粒的百分含量（小数表示）；γ_0 为泥石流的最小容重，一般取 1.5g/cm^3；γ_v 为黏性泥石流的最小容重，取 2.0g/cm^3；γ_X 为容重修正系数，取 1.4g/cm^3；x 为小于 0.005mm 的黏粒的百分含量（小数表示）；d_{50} 为泥石流中值粒径，mm。

上述估算泥石流容重的两种途径都有其不完善之处。由于颗粒级配是控制泥石流容重的关键因素，所以基于固体堆积物颗粒级配的估算方法相对基于沟谷流域和固体物质储量的方法更为合理。但是由于泥石流容重与颗粒级配的关系随地区、泥石流类型变化，所以建立适合于各个地区、不同类型泥石流颗粒级配与容重的统计关系应该是最可行、实用的途径。

4.2.1.6 不同频率下泥石流容重估算法

由于泥石流容重具有一定的时间概念，并随规模变化，一般而言，泥石流规模越大，其容重也就越大。根据国内学者程尊兰的研究，100 年一遇的泥石流的容重与其他频率泥石流容重存在一定的关系，在确定某次泥石流的频率和容重后，就可以按 4.2 式反算出其他频率泥石流的容重。故在计算设计泥石流容重时，应考虑不同频率下的泥石流容重，泥石流容重和泥石流暴发频率之间存在有一定的关系。通过现场对泥石流堆积物进行颗分试验，反分析确定当期泥石流容重。以下给出不同地区经验公式，可供参考：

$$\gamma'_c = \gamma_c + 0.122\ln P' \tag{4.2}$$

其中
$$P' = 0.01P$$

式中：P' 为暴发频率系数，a；P 为泥石流暴发周期，a；γ'_c 为不同频率泥石流的容重；γ_c 为 100 年一遇泥石流容重。

此外，还可以通过以下经验公式进行不同频率泥石流容重的计算：

$$\gamma'_{c(P)} = K\gamma_{c(100)} \tag{4.3}$$

式中：$\gamma'_{c(P)}$ 为频率为 P 的泥石流容重；$\gamma_{c(100)}$ 为 100 年一遇泥石流容重；K 为泥石流容重系数，用内插法按表 4.5 查得。

表 4.5　　　　　　　　　　泥石流容重系数 K 值表

$\gamma_{c(100)}$	$P \geqslant 1\%$	$P = 2\%$	$P = 5\%$	$P = 10\%$
1.3	1	0.935	0.849	0.784
1.4	1	0.940	0.860	0.799
1.5	1	0.944	0.869	0.813
1.6	1	0.947	0.877	0.824
1.7	1	0.950	0.884	0.835
1.8	1	0.953	0.891	0.844
1.9	1	0.955	0.897	0.852
2.0	1	0.958	0.902	0.860
2.1	1	0.960	0.906	0.866
2.2	1	0.962	0.911	0.872
2.3	1	0.963	0.915	0.878
2.4	1	0.965	0.918	0.883

4.2.2 泥石流流速

4.2.2.1 国内外主要泥石流流速计算方法综述

泥石流流速是泥石流动力学研究中最重要的课题，也是泥石流防治工程设计中不可缺少的参数，因此国内外学者对泥石流流速计算方法研究颇多。但是，目前尚无被广泛接受的成熟方法，国内外对泥石流流速的估算均是基于各种经验公式。在流速经验公式的确定方法上，国内外学者的出发点以及相应的研究成果差别较大。表 4.6、表 4.7 分别汇总了国外、国内较为常用的泥石流流速估算经验公式。

表 4.6   **国外泥石流流速经验公式**

序号	公式	适用条件及应用结果	提出者
1	$v = [(g \Delta h R_c)/kb]^{0.5}$	当沟道坡度 θ 大于 15°时，g 变为 $g\cos\theta$。理论上适合各种类型泥石流，被国外文献广泛引用	Chow
2	$v = [2g\Delta h]^{0.5}$	适合于泥石流流体内外摩擦较小，且障碍物垂直于泥石流流向	Chow
3	$v_{max} = (gR_a \Delta h/b)^{0.5}$ $v = \dfrac{v_{max}}{2}\left(1 + \dfrac{R_a - b}{R_a}\right)$	理论上适合于各类泥石流，奥地利提洛尔地区泥石流危险性分区引用此公式	Aulitzky
4	$v = 2.1Q^{0.33} I^{0.33}$	适合于沟床比降在特定范围的泥石流。用该公式计算意大利莫斯卡托、中国蒋家沟、美国圣海伦斯山和瑞士阿尔卑斯山地区的泥石流流速，与实测值吻合较好	Rickenmann
5	$v = 1.3g^{0.2} q^{0.6} I^{0.2}/d_{90}^{0.4}$	适合于沟床比降在特定范围的泥石流，实际中引用该式所得计算值与实测值吻合程度 50% 左右	Takahashi
6	$v = 1.23(QI/d_{70})^{0.5}$	适合于数据来源区的泥石流	Ruf
7	$v = 5.75u\lg\dfrac{H}{d_{50}}$	适合于泥流和黏性泥石流	Julien
8	$v = (\gamma_c I/K\mu) H^2$	适用于牛顿黏性流体类泥石流	Hungr
9	$v = (1/3)\rho g H^2 I/\mu$	适用于可视为层流状态牛顿流体的泥石流	Rickenmann
10	$v = (2/3)\xi H^{1.5} I$	适用于可视为颗粒膨胀剪切流体的泥石流	Bagnold
11	$v = CH^{1/2} I^{1/2}$	理论上适合于各类泥石流，关键在于谢才系数的确定	Chezy
12	$v = (1/n) H^{2/3} I^{1/2}$	理论上适合于各类泥石流。被引入日本泥石流防治技术标准	Manning
13	$v = \dfrac{m_0}{a} R^{\frac{2}{3}} I^{\frac{1}{4}}$	适用于稀性泥石流	斯利勃内依

注　公式中的符号意义：v 为平均速率，m/s；R_c 为沟道中线的曲率半径，m；Δh 为弯道超高，m；b 为沟道宽度，m；k 为校正系数；v_{max} 为弯道外侧流速，m/s；R_a 为沟道外侧曲率半径，m；Q 为流量，m³/s；I 为沟床比降；q 为单宽流量，m²/s；d_{90} 为级配曲线上小于该粒径的质量分数为 90% 所对应的粒径，mm；d_{70} 为级配曲线上小于该粒径的质量分数为 70% 所对应的粒径，mm；u 为剪切速率，m/s；H 为泥深；d_{50} 为中值粒径，mm；K 为沟道的形态因子；μ 为动力黏滞系数，Pa·s；ρ 为水沙混合物的密度，kg/m³；ξ 为依赖于颗粒大小和固体浓度的集中系数；C 为谢才系数；n 为曼宁糙率系数；m_0 为清水阻力系数的倒数；R 是水力半径，m；a 为泥石流阻力修正系数。

国外学者提出的流速计算公式大致可以分为四类，前三类公式在西欧、北美应用较广，后一类在东欧、日本应用较多。

第一类公式以弯道超高为主要参数，如表 4.6 中公式 1~公式 3。其中，公式 1 是基于弯道处离心力等于弯道两侧压力差原理提出的。公式 2 是泥石流垂直冲向某障碍物时，由能量转换与守恒定律推导得出的。提出者假定发生撞击时泥石流的动能全部转换为势能，不考虑摩擦耗能，因此该式可能更适合于水石流。公式 3 与公式 1 类似，提出者认为同一个横剖面从沟道外侧到内侧，速度呈线性递减趋势，从而根据几何相似原理得出泥石流流体表面的平均速率。显然，所有这些以弯道超高为主要参数的公式对直线型泥石流沟不适用。

第二类公式以流量、沟床比降、特征粒径为主要参数，公式的建立均以室内实验数据为基础。Rickenmann 研究了清水在沟床比降为 3％～20％ 的卵石堆积沟道中的运动规律，验证了由 Takahashi 提出的以流量、沟床比降和特征粒径 d_{90} 为主要参数的泥石流平均流速经验公式 5，公式 4 是公式 5 的一种简化形式。Ruf 根据在沟床比降为 9％～48％ 的泥石流沟内实测数据，推导出泥石流平均流速经验公式 6。Pierre、Julien 等在野外调查和室内试验基础上，建立了泥流和泥石流平均流速的经验公式 7。这类公式的共同特点是理论依据不足、普适性较差，只在一定的沟床比降范围内适用，或是只适用于某一类型的泥石流。

第三类公式是假定沟道形状、以特定运动模型为基础推导的半经验公式，如公式 8～公式 10。其中，公式 8 基于牛顿黏性流模型，提出者认为在一定条件下，该公式可以延伸用到宾汉流体和假塑性流体；公式 9 针对于处于层流状态的牛顿流体，公式 10 则是基于 Bagnold 的膨胀理论，适用于惯性流态的颗粒膨胀剪切流体。公式 9 和公式 10 的系数只适用于较宽的矩形沟道。这类公式虽有一定的理论基础，但是其关键参数，如动力黏滞系数 μ、集中系数 ξ 不容易获取，特别 ξ 没有确切的物理意义，也没有经验取值范围，因此这类公式的实用性不大。

第四类公式的提出则是基于谢才公式和曼宁公式，如公式 11 和公式 12。这两个公式是计算明渠和管道内均匀流平均流速或沿程水头损失的主要公式，两者的经验性主要体现在谢才系数和曼宁系数上。公式 13 是曼宁公式的一种改进式，苏联应用较多。在已有国外文献中，除部分东欧国家和日本外，其他国家较少应用谢才公式或曼宁公式。

在我国，像其他学科一样，苏联的研究思路、研究理论对我国泥石流研究也产生了重要影响。我国学者提出的泥石流平均流速经验公式，绝大多数都是基于曼宁公式，这些公式的不同之处是根据不同地区泥石流特点，对曼宁公式进行了相应改进或修正。

表 4.7 中，除了公式 16～公式 19 外，其余都可以概化成曼宁公式的基本形式，显示泥石流流速是泥石流沟粗糙程度、沟床比降和断面水力半径等因素的函数。从适用性来看，国内学者提出的公式可分为两类，公式 1～公式 7 适用于稀性泥石流，公式 8～公式 19 适用于黏性泥石流，并且每一个公式都具有特定的地区适用性。这些曼宁公式改进形式的应用难点在于经验系数的确定上。对于不同沟道的糙率系数，经过长期积累和不断修正，国内已有学者将不同沟道糙率值制成表格。与国外多个国家和地区广泛应用的基于强迫涡流理论、以弯道超高为主要参数的泥石流流速经验公式相比，二者所得流速的量值差异，目前尚无文献报道，这或将成为我国泥石流流速研究的一个课题。

公式 16～公式 19 形式上与曼宁公式及其改进形式虽有差别，但实际上也是基于曼宁公式修正得出的，只是不再包含难以确定的沟道糙率系数，通过相关分析将沟道糙率系数修正为用泥石流的容重、特征粒径、黏度等间接表示。除公式 19 以外，其余都涉及了粒径因素，由于泥石流流体的颗粒组成影响着泥石流内部的阻力大小，因此对泥石流流速影响显著。另外，泥石流颗粒组成相对容易确定，所以这类曼宁修正公式的实用性较强。

第4章 泥石流流体运动与动力特征

表 4.7 国内泥石流流速经验公式

序号	公式	适用条件及应用结果	提出者
1	$v=\dfrac{15.5}{a}H^{\frac{2}{3}}I^{\frac{1}{2}}$	适用于西北地区细颗粒含量很少、沟道坡降较陡的稀性泥石流。已被引入《泥石流灾害防治工程勘查规范》（DZ/T 0220—2006）	铁道部第三设计院
2	$v=\dfrac{15.3}{a}R^{\frac{2}{3}}I^{\frac{3}{8}}$	适合于西北地区的稀性泥石流，已被引入《泥石流灾害防治工程勘查规范》（DZ/T 0220—2006）	铁道部第一勘测设计院
3	$v=\dfrac{M_w}{a}R^{\frac{2}{3}}I^{\frac{1}{10}}$	适用于北京地区稀性泥石流，已被引入《泥石流灾害防治工程勘查规范》（DZ/T 0220—2006）	北京市市政设计院
4	$v=\dfrac{M_c}{a}R^{\frac{2}{3}}I^{\frac{1}{2}}$	适合于水石流和稀性泥石流	铁道科学研究院西南研究所
5	$v=\dfrac{m_0}{a}R^{\frac{2}{3}}I^{\frac{1}{2}}$	适合于稀性泥石流	中国科学院兰州冰川冻土研究所
6	$v=\dfrac{m'}{a}R^{\frac{2}{3}}I^{\frac{1}{10}}$	适用于大比降沟谷内（$I\geqslant0.015$）的稀性泥石流	刘德昭
7	$v=\dfrac{15.5}{a}H^{\frac{2}{3}}I^{\frac{3}{8}}$	适用于青海海炸麻隆峡纵坡为 0.07～0.13 的稀性泥石流	刘丽
8	$v=(1/n)H^{\frac{2}{3}}I^{\frac{1}{2}}$ $1/n=28.5H^{-0.34}$	适合黏性阵性型泥石流，尤其云南东川地区	吴积善
9	$v=\dfrac{1}{n}H^{\frac{3}{4}}I^{\frac{1}{2}}$	一般黏性泥石流 n 取 0.45，稀性取 0.25。适用于含有大漂砾的冰川泥石流	吴积善
10	$v=\dfrac{1}{n_d}H^{\frac{2}{3}}I^{\frac{1}{2}}$	在西藏古乡沟，东川蒋家沟，武都火烧沟等地应用，已被引入《泥石流灾害防治工程勘查规范》（DZ/T 0220—2006）	国土资源部
11	$v=\dfrac{1}{\sqrt{\gamma_s\varphi+1}}\dfrac{1}{n_r}H^{\frac{2}{3}}I^{\frac{1}{2}}$	适用于西南地区的黏性泥石流，已被引入《泥石流灾害防治工程勘查规范》（DZ/T 0220—2006）和《泥石流灾害防治工程设计规范》（DZ/T 0239—2004）	中国中铁二院工程集团有限责任公司
12	$v=1.62\left[\dfrac{S_v(1-S_v)}{d_{10}}\right]^{\frac{2}{3}}H^{\frac{1}{3}}I^{\frac{1}{6}}$	适用于黏性泥石流。$\gamma_c<2.12t/m^3$ 时，$d_{10}=0.165\gamma_c^{-3.6}$	舒安平
13	$v=KH^{\frac{2}{3}}I^{\frac{1}{5}}$	被应用于云南东川大白泥沟，蒋家沟泥石流流速的计算。已被引入《泥石流灾害防治工程勘查规范》（DZ/T 0220—2006）	陈光曦
14	$v=M_dH^{\frac{2}{3}}I^{\frac{1}{2}}$	适合于武都地区黏性泥石流，已被引入《泥石流灾害防治工程勘查规范》（DZ/T 0220—2006）	中国科学院兰州冰川冻土研究所
15	$v=65K_cH^{\frac{1}{4}}I^{\frac{4}{5}}$	适用于武都地区的黏性泥石流	杨针娘
16	$v=27.57\left(\dfrac{d_{cp}}{H}\right)^{0.245}\sqrt{gHI}$	适用于云南东川蒋家沟黏性泥石流；在蒋家沟泥石流防治应用	康志成

38

序号	公式	适用条件及应用结果	提出者
17	$v=\left[\dfrac{\gamma_w}{\gamma_c}\right]^{0.4}\left[\dfrac{\mu}{\mu_{ed}}\right]^{0.1}v$	适用于紊动强烈的连续性泥石流	刘江
18	$v=2.77\left(\dfrac{R}{d_{85}}\right)^{0.737}\left(\dfrac{\mu}{\mu_{ed}}\right)^{0.42}\sqrt{R}$	适合于流域面积小于 1km² 以下的小型黏性泥石流	吴积善
19	$v=1.1(gR)^{\frac{1}{2}}I^{\frac{1}{3}}\left(\dfrac{d_{50}}{d_{10}}\right)^{\frac{1}{4}}$	适用于黏性泥石流	余斌

注 公式中的符号意义：a 为泥石流阻力修正系数；H 为泥深，m；I 为沟床比降；R 为水力半径，m；M_w 是河床外阻力系数；M_c 为巴科洛夫斯基粗糙系数；m_0 为清水阻力系数的倒数；m' 只取决于河床尺寸和河床表面粗糙程度的系数；n_d 为黏性泥石流沟床糙率；n_r 为泥石流清水沟床的糙率系数；n 为曼宁糙率；K 为黏性泥石流流速系数；M_d 为泥石流沟床糙率系数；K_c 为断面平均流速换算系数，需查表获取；d_{cp} 为泥石流固体的平均粒径，mm；μ 和 μ_{ed} 分别为清水黏度和泥石流浆体有效黏度，Pa·s；v 为相同边壁条件下的清水流速，m/s；d_{85} 是泥石流流体固体颗粒级配曲线上，占固体物质总量的 85% 时的固体颗粒粒径，mm；d_{50} 为中值粒径，mm；d_{10} 为颗粒级配曲线上 10% 颗粒较之为小的粒径，mm。

如上所述，国内外确定泥石流流速的方法很多，就其计算方法而言，有理论的、半理论的和经验的，得出的计算公式不下数十种，由于所在区域的地形地质条件、水文气象条件差异很大，发生不同类型的泥石流流体性质各异，在具体计算时应考虑不同地区、不同类型和不同性质的泥石流特点，结合现场调查和历史资料，确定选用适当的计算公式与相关参数。

4.2.2.2 水电工程泥石流流速计算方法

由于泥石流流体性质不同，选取的流速计算公式也不同，根据水电工程泥石流调查实践，水电工程泥石流流速计算多采用下列经验公式。

1. 稀性泥石流流速公式

（1）西南地区：

$$v_c=\frac{1}{\sqrt{\gamma_s\varphi+1}}\frac{1}{n}R_c^{\frac{2}{3}}I_c^{\frac{1}{2}} \tag{4.4}$$

（2）华北地区：

$$v_c=\frac{m_w}{a}R_c^{\frac{2}{3}}I_c^{\frac{1}{10}} \tag{4.5}$$

（3）西北地区：

$$v_c=\frac{15.5}{a}R_c^{\frac{2}{3}}I_c^{\frac{1}{2}} \tag{4.6}$$

其中 $$\varphi=(\gamma_c-\gamma_w)/(\gamma_s-\gamma_c)$$

式中：R_c 为水力半径，m，过流断面的面积与湿周（过流断面流体与沟道面接触的边界线）的比值，一般用平均泥位深度代替；I_c 为泥石流水力坡度，‰，一般用沟床纵坡代替；φ 为泥石流泥沙修正系数，γ_w 为清水的密度，g/cm³；γ_s 为固体颗粒的密度，g/cm³；n 为稀性泥石流沟床糙率，取值可查表 4.8；m_w 为河床通过系数，可通过查表 4.9 获取；a 为阻力系数，可通过式 $a=(\gamma_s\varphi+1)^{\frac{1}{2}}$ 求得或查表 4.10 获取。

表4.8 稀性泥石流沟床糙率 n

糙率类别	沟槽特征	$1/n$	
		极限值	平均值
大	沟槽中堆积以不易滚动的棱角状孤石、巨漂石为主，并有树木严重阻塞，沟槽纵、横向起伏大	3.9～4.9	4.5
较大	沟槽中堆积以漂石、块石为主，并有树木阻塞，槽内两侧有草木植被，沟槽纵、横向起伏较大	4.5～7.9	5.5
中等	沟槽中堆积以碎石、卵石为主，常因有稠密的灌木丛而被严重阻塞，沟槽纵、横向起伏中等	5.4～7.0	6.6
较小	沟槽中堆积以砾、砂为主，有基岩出露，有树枝阻塞，沟槽纵、横向起伏较小	7.7～10.0	8.8
小	沟槽中堆积以砾、砂为主，局部有基岩出露，河槽阻塞轻微，沟岸有草木及木本植物，沟槽纵、横向起伏小	9.8～17.5	12.9

表4.9 沟床通过系数 m_w 值表

分类	沟床特征	m_w	
		$I_c > 0.015$	$I_c \leqslant 0.015$
大	沟段顺直，沟床平整，卵、砾石或黄土质沟床，平均粒径为1～8cm	7.5	40
较大	沟床较顺直，由漂石、块石组成的沟床，沟床质较均匀，大石块直径40～80cm，平均粒径为20～40cm；或沟段较弯曲不太平整的"大"类沟床	6.0	32
中等	沟床较顺直，由漂石、孤石、卵石组成的沟床，孤、漂石直径100～140cm，平均粒径为10～40cm；或沟段较弯曲不太平整的"较大"类沟床	4.0	25
较小	沟床较顺直，沟槽不平整，由巨石、漂石组成的沟床，大石块直径120～200cm，平均粒径为20～60cm；或沟段较弯曲不太平整的"中等"类沟床	3.8	20
小	沟段严重弯曲，断面很不规则，有树木、植被、巨石严重阻塞沟床	2.4	12.5

表4.10 α 阻力系数值与 γ_c、G_s 值的关系

G_s（比重）	$\gamma_c/(\text{t/m}^3)$					
	1.0	1.1	1.2	1.3	1.4	1.5
2.4	1.00	1.09	1.18	1.29	1.40	1.53
2.5	1.00	1.08	1.18	1.28	1.38	1.50
2.6	1.00	1.08	1.17	1.26	1.37	1.48
2.7	1.00	1.08	1.17	1.26	1.35	1.46

上述三个稀性泥石流流速计算公式是工程中常用公式，可根据不同地区选择使用。

2. 黏性泥石流流速公式

（1）东川泥石流改进公式：

$$v_c = KH^{\frac{2}{3}}I_c^{\frac{1}{5}} \tag{4.7}$$

（2）甘肃武都地区黏性泥石流流速计算公式：

$$v_c = M_cH^{\frac{2}{3}}I_c^{\frac{1}{2}} \tag{4.8}$$

（3）综合西藏古乡沟泥石流流速计算公式（适用于含大漂石的冰川泥石流）：

$$v_c = \frac{1}{n_c} H_c^{\frac{3}{5}} I_c^{\frac{1}{2}}$$

（4.9）

（4）综合西藏古乡沟、东川蒋家沟、武都火烧沟的通用公式：

$$v_c = \frac{1}{n_c} H_c^{\frac{2}{3}} I_c^{\frac{1}{2}}$$

（4.10）

式中：v_c 为泥石流断面平均流速，m/s；H_c 为泥石流平均泥位深度，m；M_c 为泥石流沟床系数，见表 4.11；n_c 为泥石流糙率系数，见表 4.12；I_c 为泥石流水面坡度或沟床纵坡降，‰。

表 4.11　　　　　　　　　　泥石流沟糙率系数 M_c 值表

类别	沟 床 特 征	H_c/m			
		0.5	1.0	2.0	4.0
1	黄土地区泥石流沟或大型黏性泥石流沟，沟床平坦开阔，流体中大石块很少，纵坡为 20‰～60‰，阻力特征属低阻型	29	22	16	
2	中小型泥石流沟，沟谷一般平顺，流体中含大石块较少，沟床纵坡为 30‰～80‰，阻力特征属中阻型或高阻型	26	21	16	14
3	中小型黏性泥石流，沟谷狭窄弯曲，有跌坎；或沟道虽顺直，但含大石块较多的大型稀性泥石流沟；沟床纵坡为 40‰～120‰，阻力特征属高阻型	20	15	11	8
4	中小型稀性泥石流沟，碎石质沟床，多石块，不平整，沟床纵坡为 100‰～180‰	12	9	6.5	
5	沟道弯曲，沟内多顽石、跌坎，床面极不平顺的稀性泥石流沟，沟床纵坡为 120‰～250‰	5.5	3.5		

表 4.12　　　　　　　　　　黏性泥石流沟床糙率 n_c

序号	泥石流流体特征	沟床特征	糙率值	
			n_c	$\dfrac{1}{n_c}$
1	流体呈整体运动，石块粒径大小悬殊，一般在 30～50cm，2～5m 粒径的石块约占 20%；龙头由大石块组成，在弯道或沟床展宽处易停积，后续流可超越而过，龙头流速小于龙身流速，堆积呈龙岗状	沟床极粗糙，沟内有巨石和挟带的树木堆积，多弯道和大跌水，沟内不能通行，人迹罕见，沟床流通段纵坡在 100‰～150‰，阻力特征属高阻型	平均值 0.270	平均值 3.70
			$H_c < 2m$ 时，0.445	2.25
2	流体呈整体运动；石块较大，一般石块粒径 20～30cm，含少量粒径 2～3m 的大石块；流体搅拌较为均匀；龙头紊动强烈，有黑色烟雾及火花；龙头和龙身流速基本一致；停积后称垄岗状堆积	沟床比较粗糙，凹凸不平，石块较多，有弯道、跌水；沟床流通段纵坡 70‰～100‰，阻力特征属高阻型	$H_c < 1.5m$ 时，0.050～0.033，平均值 0.040	20～30，平均值 25
			$H_c > 1.5m$ 时，0.050～0.100，平均值 0.067	10～20，平均值 15

序号	泥石流流体特征	沟床特征	糙率值	
			n_c	$\dfrac{1}{n_c}$
3	流体搅拌十分均匀；石块粒径一般在 10cm 左右，挟有个别 2~3m 的大石块；龙头和龙身物质组成差别不大；在运动过程中龙头紊动十分强烈，浪花飞溅；停积后浆体与石块不分离，向四周扩散，呈叶片状	沟床较稳定，沟床质较均匀，粒径 10cm 左右；受洪水冲刷沟底不平且粗糙，流水沟两侧较平顺，但干面粗糙；流通段沟底纵坡 55‰~70‰，阻力特征属中阻型或高阻型	$0.1\text{m}<H_c<0.5\text{m}$ 时，0.043	23
			$0.5\text{m}<H_c<2.0\text{m}$ 时，0.077	13
			$2.0\text{m}<H_c<4.0\text{m}$ 时，0.100	10
4		泥石流铺床后原沟床黏附一层泥浆体，使干而粗糙沟床变得光滑平顺，利于泥石流流体运动，阻力特征属低阻型	$0.1\text{m}<H_c<0.5\text{m}$ 时，0.022	46
			$0.5\text{m}<H_c<2.0\text{m}$ 时，0.038	26
			$2.0\text{m}<H_c<4.0\text{m}$ 时，0.050	20

上述 4 项黏性泥石流流速计算公式，是工作中的常用公式，可根据不同地区选择使用。

3. 弯道泥位超高法

根据弯道处两岸的泥位高差，可以计算弯道处近似的泥石流流速：

$$v_c=\sqrt{Rg\left[\Delta h/B-\tan\varphi-c/(H\gamma\cos^2\theta)\right]} \tag{4.11}$$

其中
$$\theta=\arctan(\Delta h/B)$$

式中：B 为沟宽，m；Δh 为弯道超高，m；R 为转弯半径，m；H 为平均泥位深，m；c 为黏聚力，kN/m^2；φ 为内摩擦角，(°)；γ 为泥石流密度，g/cm^3。

4. 经验估算公式

$$V_c=a\sqrt{d_{\max}} \tag{4.12}$$

式中：$d_{\max}$ 为沟床中最大的石块粒径，m；a 变动于 3.5~4.5 间，平均为 4.0。

4.2.3　泥石流流量

在泥石流定量研究中，泥石流的洪峰流量值是最重要的特征值之一。它不仅反映了泥石流的强度、规模和泥石流的性质，而且还决定着泥石流防治工程构筑物的类型、结构和规模，是泥石流防治工程设计研究中不可缺少的基本参数。

泥石流流量的计算方法很多，主要有雨洪修正法、形态调查法、配方法和其他经验公式计算。

4.2.3.1　雨洪修正法

1940 年，苏联学者斯里勃内依建议泥石流流量为清水流量和固体流量之和，考虑堵塞因素，另加上附加流量，得到如下公式（简称斯氏公式）：

$$Q_c=Q_B+Q_H+q=Q_B(1+\varphi)+q \tag{4.13}$$

其中
$$\varphi=(\gamma_c-\gamma_w)/(\gamma_H-\gamma_c)$$

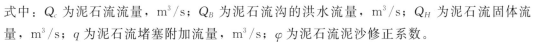

式中：Q_c 为泥石流流量，$\mathrm{m^3/s}$；Q_B 为泥石流沟的洪水流量，$\mathrm{m^3/s}$；Q_H 为泥石流固体流量，$\mathrm{m^3/s}$；q 为泥石流堵塞附加流量，$\mathrm{m^3/s}$；φ 为泥石流泥沙修正系数。

我国学者在对东川、成昆线上的泥石流研究后认为，斯氏公式中的堵塞附加流量 q 不能很好地反映泥石流的堵塞阵流现象。泥石流在通过卡口、急弯、纵坡突然变缓的沟段，常常发生泥石流停积堵塞、累积增大而又开始流动，成为泥石流流量增大的重要原因。按照雨洪修正法原理，建议泥石流流量计算公式（简称东川公式）为：

$$Q_c = Q_B(1+\varphi)D_c \tag{4.14}$$

式中：D_c 为泥石流堵塞系数，取值见表 4.13。

表 4.13　　　　　　　　　　　　堵塞系数 D_c 取值表

堵塞程度	沟道地形特征	物源特征	堵塞系数
特别严重	具有形成大规模堰塞体、堰塞湖或碎屑流严重淤塞的潜在堵溃点时	主要为近现代地震影响强烈地区和巨大崩滑体发育的沟谷，以大规模堰塞体、堰塞湖发育，或高速远程坡面碎屑流淤满沟道为主要特征，存在潜在的高位、高速、远程的崩滑体	3.1～5.0
严重	沟槽弯曲且曲率较大，沟道宽窄不均，纵坡降变化大，卡口、陡坎多，大部分支沟交汇角度大，松散物源丰富且分布较集中；观测到的泥石流流体黏性大，稠度高，阵流间隔时间长	沟岸稳定性差，崩滑现象发育且对沟道堵塞较为严重；沟道松散堆积物源丰富且沟槽堵塞严重，物源集中分布区沟道摆动严重，沟道物源易于启动并参与泥石流活动	2.6～3.0
中等	沟槽弯道发育但曲率不大，沟道宽度有一定变化，局部有陡坎、卡口分布，主支沟交角多小于 60°；观测到的泥石流流体多呈稠浆—稀粥状，具有一定的阵流特征	物源分布集中程度中等；局部沟岸滑塌较发育，并对沟道造成一定程度的堵塞；沟道内聚集的松散堆积物源较丰富，并具备启动和参与泥石流活动的条件，沟床堵塞情况中等	2.0～2.5
一般	沟槽基本顺直均匀，主支沟汇角较小，基本无卡口、陡坎，物源分布较分散；观测到的泥石流物质组成黏度较小，阵流的间隔时间较短	沟岸基本稳定，局部沟岸滑塌，但对沟道的堵塞程度一般；沟道基本稳定，松散堆积物厚度较薄且难于启动	1.5～1.9
轻微	沟槽顺直均匀，主支沟交汇角小，基本无卡口、陡坎，观测到的泥石流物质组成黏度小，阵流的间隔时间短而少	物源分布分散；沟岸稳定，崩滑现象不发育；沟道稳定，沟道见基岩出露，或松散堆积物厚度较薄且难于启动	1.0～1.4

注　堵塞系数与沟道地形条件、物源条件相关，当满足其中一个条件时，可取低值，两个条件同时满足时，可取高值。

泥石流堵塞成因有很多种，与泥石流的规模、组成、流体性质和沟谷地形条件等因素有关。经验表明，在沟谷的卡口、急弯、陡坎等地段常常发生堵塞现象，黏性泥石流比稀性泥石流更容易发生阵流堵塞现象。由于泥石流堵塞后又溃决，使泥石流流量增大，其堵塞变化的大小随泥石流堵塞时间长短而定，其堵塞程度随泥石流流量大小而变化。

4.2.3.2　形态调查法

形态调查法又称泥痕调查法，计算泥石流峰值流量时，按照泥石流在沟槽岸边上遗留的最高泥痕，再测该处沟床横断面积，乘以选用适合的泥石流流速公式计算的相应的流速值。其表达式如下：

$$Q_c = W_c v_c \qquad (4.15)$$

式中：W_c 为泥石流过流断面面积，m^2；v_c 为泥石流流速，m/s。

在泥石流沟道中选择有代表性的过流断面，其断面应处于冲淤变化不大且有泥痕留下顺直沟段，测量这些断面上的泥石流流面比降（若不能由痕迹确定，则用沟床比降代替）、泥位高度 H_c（或水力半径）和泥石流过流断面面积等参数；用相应的泥石流流速计算公式，求出断面平均流速 V_c，计算泥石流断面峰值流量 Q_c。

4.2.3.3　配方法

假定泥石流与暴雨洪水同频率并同步发生，计算断面的暴雨洪水设计流量全部变成泥石流流量，根据这种假定所建立的泥石流流量计算方法，称为配方法。这种方法的计算步骤是，首先按水文方法计算出断面的不同频率的小流域暴雨洪峰流量，再按下述情况计算泥石流流量。

（1）不考虑泥石流土体的天然含水量，其计算式为：

$$Q_c = (1 + \varphi_c) Q_w \qquad (4.16)$$

其中

$$\varphi_c = (\gamma_c - \gamma_w)/(\gamma_s - \gamma_c)$$

式中：Q_w 为某一频率的暴雨洪水设计流量，m^3/s；Q_c 为与 Q_w 同频率的泥石流流量，m^3/s；φ_c 为泥石流流量增加系数。

（2）考虑泥石流土体的天然含水量，其计算式为：

$$Q_c = (1 + \varphi_c') Q_w \qquad (4.17)$$

其中

$$\varphi_c' = (\gamma_c - 1)/[\gamma_s(1 + P_w) - \gamma_c(1 + \gamma_s P_w)]$$

式中：φ_c' 为考虑泥石流土体天然含水量的流量增加系数；P_w 为泥石流土体的天然含水量，%；其他符号意义同前。

表 4.14 列出各种土的实体容重、潮湿程度和天然含水量，这些数值是若干资料的平均值，可供计算 φ_c 和 φ_c' 值时参考，在工作中应对野外土的含水量进行测定。

表 4.14　土的实体容重和天然含水量

土的名称		卵石土	砾石土	砾砂粗砂	中砂	细砂	粉砂	轻黏砂土	重黏砂土	轻中黏砂土	重砂黏土	轻黏土	重黏土
平均实体容重 /(g/cm³)		2.65~2.80	2.65~2.80	2.66	2.66	2.66	2.66	2.70	2.70	2.71	2.71	2.74	2.74
天然含水量	稍湿	<0.09	<0.09	<0.095	<0.095	<0.095	<0.095						
	潮湿	0.09~0.24	0.09~0.24	0.095~0.21	0.095~0.21	0.095~0.21	0.095~0.24						
	饱和	>0.24	>0.24	>0.21	>0.21	>0.21	>0.24						
	半坚硬							<0.095	<0.125	<0.155	<0.185	<0.025	<0.265
	可塑							0.095~0.16	0.125~0.195	0.155~0.325	0.185~0.355	0.225~0.525	0.265~0.865
	流塑							>0.16	>0.195	>0.325	>0.355	>0.525	>0.865

（3）考虑堵塞，其流量计算式为：

$$Q_c = (1 + \varphi_c) Q_w D_u \tag{4.18}$$

$$Q_c = (1 + \varphi_c') Q_w D_u \tag{4.19}$$

式中：D_u 为泥石流堵塞系数；其他符号意义同前。

根据东川地区 40 个观测资料验证，D_u 值在 $1.0 \sim 3.0$ 之间，并与堵塞时间成正比，与泥石流流量成反比，即：

$$D_u = 0.87 t_d^{0.24}；\quad D_u = 5.8 / Q_c^{0.21}$$

在确定堵塞系数时要具体分析，综合考虑，也可按表 4.13 选用。

4.2.3.4 实测法

在经常暴发泥石流的沟谷，对泥石流流量进行实地观测，同时进行雨量观测，利用流量与降雨的关系，并以降雨的频率作为这次泥石流出现的频率进行统计分析，实测当次泥石流流量。甘肃武都火烧沟、云南盈江浑水沟和云南东川蒋家沟都对泥石流流量进行了较长时间的观测，尤其是蒋家沟的观测积累了多年的系列资料。

4.2.3.5 其他经验公式

国内一些单位对某些地区泥石流沟的流量进行了观测和调查，在取得资料的基础上总结出经验公式。这些公式适合于该地区同类型泥石流沟的泥石流流量计算，也可作为类似地区的参考。

1. 西藏古乡沟泥石流流量计算公式

古乡沟泥石流属冰川型泥石流，根据观测资料分析，泥石流流量与三天降雨总和有关：

$$Q_c = \{[0.526(\gamma_s - 1)/(\gamma_s - \gamma_c)](0.58 P_3 - 14) + 0.5\} A_b \tag{4.20}$$

式中：P_3 为发生泥石流前三天降雨量总和，mm；A_b 为流域面积，km^2。

古乡沟的泥石流流域面积 $20km^2$，泥石流设计容重为 $2.08t/m^3$，土体实体容重为 $2.7t/m^3$，据降雨频率统计，100 年一遇的 $P_3 = 213mm$，按式（4.20）计算的 100 年一遇的泥石流设计流量 $Q_c = 170m^3/s$；50 年一遇的 $P_3 = 193mm$，相应的 $Q_c = 2835m^3/s$。

2. 浑水沟泥石流流量计算公式

中国科学院成都山地灾害与环境研究所对云南大盈江浑水沟泥石流进行了实地观测，该沟泥石流流量决定于 10min 降雨量，其计算式为：

$$Q_c = (1.93 R_{10} - 3.37)[(\gamma_s - 1)/(\gamma_s - \gamma_c)] A_b \tag{4.21}$$

式中：R_{10} 为设计频率为 10min 最大降雨量，mm；其他符号意义同前。

浑水沟流域面积 $4.5km^2$，设计泥石流容重 γ_c 为 $2.25t/m^3$；$\gamma_s = 2.7t/m^3$；100 年一遇 $R_{10} = 27.6mm$，按式（4.21）计算 $Q_c = 850m^3/s$；50 年一遇的 $R_{10} = 25.5mm$，$Q_c = 780m^3/s$。

针对以上泥石流流量计算公式，各计算方法的适用条件及优缺点分析见表 4.15：

表 4. 15　　　　　　　　　各种泥石流流量计算方法适用条件及优缺点

泥石流流量计算方法	适用条件	优点	缺点
雨洪修正法	有泥石流沟的洪水流量	考虑了泥石流沟的堵塞因素，能够较好地反映泥石流的堵塞阵流现象。可计算不同频率泥石流流量	堵塞系数获取是建立在宏观判断基础上，主观性较强
形态调查法	有泥石流泥痕	通过已发生泥石流的泥痕计算当次泥石流过过断面，能够较好地反映当次泥石流流量	须有泥石流泥痕残留，且只能计算当次泥石流流量
配方法	假定泥石流与暴雨洪水同频率并同步发生，计算断面的暴雨洪水设计流量全部变成泥石流流量	计算较为简便	由于假定计算断面的暴雨洪水设计流量全部变成泥石流流量，计算出的结果将偏大
实测法	经常暴发泥石流的沟谷，设置有观测测量设备的沟道	准确、真实	需对泥石流沟做长期观测；设备投入较高，且只能测量当次泥石流流量
其他经验公式	同地区有同类型泥石流沟观测和调查数据	能够较好地反映同地区同类型泥石流沟的流量	沟域局限性较强，代表性不强

4. 2. 4　泥石流冲击力

泥石流对遭遇目标的冲击力体现为两种：一种是泥石流的整体冲压力；第二种是泥石流中单块最大冲击力。

4. 2. 4. 1　泥石流的整体冲压力

整体冲击力公式为：

$$F = \lambda \frac{\gamma_c v_c^2}{g} \sin a \tag{4.22}$$

式中：F 为泥石流整体冲压力，kPa；γ_c 为泥石流容重，kN/m³；v_c 为泥石流流速，m/s；α 为受力面与泥石流冲压力方向所夹的角，(°)；λ 为受力体形状系数，方形为 1. 47，矩形为 1. 33，圆形、尖端形、圆端形为 1. 00。

4. 2. 4. 2　单块石的最大冲击力

泥石流对承灾对象的破坏，往往是个别石块所致。对单个石块冲击力的计算方法有很多种，常引用船筏撞击力的计算公式计算：

$$F_s = \gamma v_c \sin\alpha \sqrt{\frac{W}{C_1 + C_2}} \tag{4.23}$$

式中：F_s 为单块的冲击力，N；γ 为动能折减系数，对于圆形属正面撞击，$\gamma = 0.3$；v_c 为泥石流流速，m/s；α 为受力面与泥石流撞击力方向所夹的角，(°)；W 为单块质量，kg；C_1，C_2 为单块与建筑物的弹性变形系数，m/kN，采用船筏与桥墩台的撞击的数值 $C_1 + C_2 = 0.005$。

4. 2. 5　泥石流运动的临界坡度计算

泥石流运动的临界坡度由其组成决定，可以根据以下公式计算。

黏性泥石流运动的临界坡度为：

$$\tan\theta_m = (\gamma_s - \gamma_y)\tan\varphi_m / \gamma_s + \tau_0 / C_p H_c \gamma_s \cos\theta_m \tag{4.24}$$

在这种坡度下，泥石流中的土体是靠其自身的重力沿运动方向的剪切分力维持其运动。

稀性泥石流运动的临界坡度为：

$$\frac{(\gamma_s - \gamma_y)\tan\varphi_m}{\gamma_s} + \frac{\tau_0}{C_v H_c \gamma_s \cos\theta_m} > \tan\theta_m > \frac{C_v H_c (\gamma_s - \gamma_y)\cos\theta_m \tan\varphi_m + \tau_0}{\gamma_c H_c \cos\theta_m} \tag{4.25}$$

在这种坡度下，泥石流中的土体需要水体的剪切力与其自身的剪切分力共同作用才能维持其运动。若临界坡度满足下式：

$$\tan\theta_m < \frac{C_v H_c (\gamma_s - \gamma_y)\cos\theta_m \tan\varphi_m + \tau_0}{\gamma_c H_c \cos\theta_m} \tag{4.26}$$

则一般泥石流中的土体由粗颗粒至细颗粒会相继出现淤积，容重相应减小，颗粒变细，直至成为含沙水流；而容重很高的黏性泥石流，在这种坡度下则会产生整体淤积。

上三式中：θ_m 为泥石流运动的临界坡度角，（°）；τ_0 为泥石流浆体的静剪切强度，g/cm²；H_c 为泥石流深，cm；φ_m 为泥石流中土体的动摩擦角，它应小于松散土体在饱和状态下的内摩擦角 φ_s，但目前尚难直接测定，为了实用，可以 φ_s 值代替 φ_m 值，这种代替，在设计泥石流排导沟时要求较大的坡度，是偏于安全的，各种土体的 φ_s 值列于表4.16；其他符号意义同前。

表 4.16　　　　　　　　各种土在松散饱和状态下 φ_s 的值

土的名称	潮湿程度	密实状态	内摩擦角/(°)	土的名称	潮湿程度	密实状态	内摩擦角/(°)
卵石土（碎石土）	饱和	松散	30	轻黏砂土	流塑	松散	14
砾砂、粗砂	饱和	松散	28	重黏砂土	流塑	松散	14
砾石土	饱和	松散	25	轻中砂黏土	流塑	松散	10
中砂	饱和	松散	26	重砂黏土	流塑	松散	10
细砂	饱和	松散	22	轻黏土	流塑	松散	6
粉砂	饱和	松散	17	重黏土	流塑	松散	6

γ_y 泥石流中土体的容重参数（g/cm³），根据泥石流中的土体体积浓度和土体颗粒大小分配曲线计算而得：

$$\gamma_y = P_c\gamma_s + P_d\gamma_s + \gamma_m(1 - P_c - P_d) \tag{4.27}$$

其中　　　　$\gamma_m = (1 - C_v + C_v P_c\gamma_s)/(1 - C_v + C_v P_c)$

$$D_0 = 60\tau_0/(\gamma_s - \gamma_m) \tag{4.28}$$

式中：P_c 为泥石流中土体的黏土和粉土（小于0.05mm）所占的重量百分比；P_d 为0.05mm 与 D_0 之间的土体颗粒所占的重量百分比，可由泥石流土体样品的颗粒大小分配曲线查得；D_0 为不沉粒径，mm，按式（4.28）计算；γ_m 为泥石流浆体（小于0.05mm）的容重，g/cm³。

4.2.6 泥石流弯道超高和冲起高度计算

泥石流在运动的过程中与山洪一样具有弯道超高现象，其外侧会产生超高（图 4.1），弯道超高与弯道直径、泥石流流速和性质相关。泥石流沿弯曲沟道流动，若突然受陡壁阻挡会产生冲起。

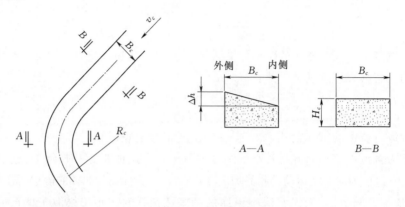

图 4.1 泥石流弯道超高示意图

4.2.6.1 超高计算公式

$$h_\Lambda = 2B_c v_c^2/(R_c g) \tag{4.29}$$

式中：h_Λ 为超高，即弯道外侧泥深超过弯道前的流深 H_c 值，m；B_c 为沟床泥石流表面宽度，m；R_c 为沟流中线处曲率半径，m；其他符号意义同前。

4.2.6.2 根据泥石流运动特征推导的超高计算公式

泥石流沿弯道运动的受力状况见图 4.2。单位泥石流流体沿弯道运动的离心力 F_d 为：

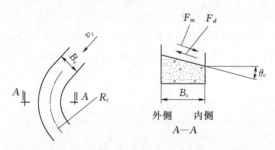

$$F_d = \gamma_c v_c^2/(R_c g) \tag{4.30}$$

图 4.2 泥石流沿弯道运动受力状况

F_d 使泥石流在弯道外侧产生超高，内外侧形成坡面，其倾斜角为 θ_c。泥石流将沿此坡面向内侧流动，所受之合力 F_m 为流体横向剪切力与泥石流中土体的动摩擦力之差：

$$F_m = \gamma_c \sin\theta_c - (\gamma_s - \gamma_y)\cos\theta_c \tan\varphi_m \tag{4.31}$$

由于流体的静剪切强度较小，式中未加以考虑。

当离心力与横向力达到平衡时，超高达到最高值，令式（4.30）和式（4.31）相等，经整理得：

$$\tan\theta_c = v_c^2/(gR_c\cos\theta_c) + [C_v(\gamma_s - \gamma_y)\tan\varphi_m]/\gamma_c \tag{4.32}$$

令

$$\tan\theta_c = \tan\theta_{c1} + \tan\theta_{c2} \tag{4.33}$$

$$\tan\theta_{c1} = v_c^2/(gR_c\cos\theta_c) \tag{4.34}$$

$$\tan\theta_{c2} = [C_v(\gamma_s - \gamma_y)\tan\varphi_m]/[C_v(\gamma_s - \gamma_w) + \gamma_w] \tag{4.35}$$

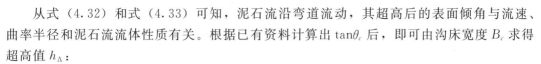

从式（4.32）和式（4.33）可知，泥石流沿弯道流动，其超高后的表面倾角与流速、曲率半径和泥石流流体性质有关。根据已有资料计算出 $\tan\theta_c$ 后，即可由沟床宽度 B_c 求得超高值 h_Λ：

$$h_\Lambda = B_c \tan\theta_c \tag{4.36}$$

4.2.6.3　冲起高度计算公式

$$h_{\Lambda c} = v_c^2 / 2g \tag{4.37}$$

式中：$h_{\Lambda c}$ 为冲起高度，m；其他符号意义同前。

4.2.7　泥石流冲出量计算

泥石流冲出量包括一次泥石流总量和一次泥石流冲出固体物质总量。

4.2.7.1　一次泥石流总量

一般采用预测计算法和堆积物实测反算法。

1. 预测计算法

根据泥石流历时和最大流量，按泥石流暴涨暴落的特点，将其过程线概化为五边形（图 4.3），通过计算断面的一次泥石流总量按下式计算：

$$V_c = 19TQ_c / 72 \tag{4.38}$$

式中：V_c 为一次泥石流总量，m^3；T 为泥石流历时，s；Q_c 为通过计算断面的最大流量，m^3/s。

一次泥石流冲出固体物质总量按下式计算：

$$V_s = C_v V_c = (\gamma_c - \gamma_\omega)V_c / (\gamma_s - \gamma_w) \tag{4.39}$$

式中：V_s 为通过计算断面的固体物质实体总量，m^3；其他符号意义同前。

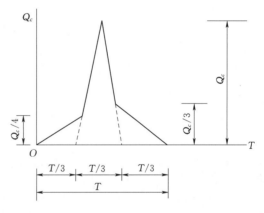

图 4.3　概化泥石流流量过程线

2. 堆积物实测反算法

一次泥石流冲出的固体物质基本上都堆积在扇形地的情况下，可以采用地形测量的方法实测其堆积体积，并同时采样测定泥石流土体和堆积物土体的颗粒大小分配曲线，按下式估算当次泥石流总量：

$$V_c = (a_s V_s \beta_c / \beta_{cs})(\gamma_c - \gamma_\omega) / (\gamma_s - \gamma_w) \tag{4.40}$$

式中：a_s 为堆积物的松散体积系数，一般可取值 0.8；β_c 为堆积物中粗颗粒所占的百分比，从堆积物上体颗粒大小分配曲线查得；β_{cs} 为堆积物粗颗粒在泥石流土体中所占的百分比，由泥石流土休颗粒大小分配曲线查得；其他符号意义同前。

4.2.7.2　年平均泥石流冲出固体物源量计算

从泥石流沟谷中，每年平均可能冲出的固体物源量，是设计拦沙坝、停淤场及预测排导沟沟口可能淤积高度的主要数据，也是进行危险度划分的主要依据。当前对年平均冲出泥沙量一般采用以下几种方法进行估算。

1. **按当年的泥石流淤积量估算**

在以淤积为主的泥石流沟中，可根据大比例尺地形图量取淤积面积及淤积厚度，计算其当年淤积量，加上已经流入大沟的泥沙量，即为当年冲出的泥沙量，再乘以历年平均降雨量与当年降雨量的比值，即为多年平均年冲出泥沙量。

2. **按流域内固体物质的流失量估算**

当泥石流沟的冲出物大部被大沟带走时，可采用调查泥石流形成区补给的泥沙数量，估算其年平均冲出量；当泥沙主要由大型滑坡补给时，则可根据地形图对滑坡体复原的方法，计算泥沙补给量，作为年平均泥石流固体物质冲出量。

3. **按支沟下切深度估算**

当泥石流土体主要由上游一些不稳定边坡段供给时，由干支沟下切，使谷坡平行后退，流域两侧山坡土体的总流失量可按下式计算：

$$V_s = H_{sa}A \tag{4.41}$$

式中：V_s 为两侧山坡土体的总流失量，m^3；A 为直接补给区的面积，m^2；H_{sa} 为年平均下切深度，m。

4. **按一次降雨径流估算**

根据一次典型的泥石流观测资料，推算年平均泥石流冲出泥沙量。

5. **按侵蚀模数估算**

泥石流年冲出泥沙量可按下式估算：

$$V_s = M_r M_e A_b \tag{4.42}$$

式中：V_s 为年平均泥石流冲出泥沙量，万 m^3；M_r 为降雨系数，按表 4.17 选取；M_e 为侵蚀模数，按表 4.18 选取；A_b 为流域面积，km^2。

表 4.17　　　　　　　　　　　　　降 雨 系 数 M_r 值 表

年降水量/mm	400~800	800~1400
M_r	1	2

表 4.18　　　　　　　　　　　　　侵 蚀 模 数 M_e 值 表

沟谷中泥石流作用强度	轻微	一般	严重	特别严重
$M_e/(万\ m^3/km^2)$	0.5~1.0	1.0~2.0	2.0~5.0	5.0~10.0

4.2.8　泥石流冲刷计算

泥石流冲刷和淤积主要决定于沟床坡度与流体及沟床物质特征。实际沟床坡度 θ_b 大于泥石流运动的最小坡度 θ_m，且达到某一临界值时，泥石流将对沟床产生冲刷。沟床坡度 θ_b 小于泥石流运动坡度 θ_m 时，泥石流将在沟床中淤积。沟床坡度一般变化不大，但通过的泥石流流体的土粒组成，容重和流量常常发生较大的变化，因而泥石流运动的最小坡度亦发生较大变化，从而造成沟床冲淤变化无常。

泥石流淤积一般有一个过程，粗颗粒首先淤积，泥石流容重减小，土体颗粒变细，还可继续流动，随着坡度继续变缓，泥石流中的土体颗粒也由粗至细相继淤积，直至变为一般挟沙水流，这种现象在一般泥石流沟床中可以见到，其淤积段沟床的上游沟床质较粗，下游的较细。高容重的黏性泥石流，由于沟床坡度变缓会出现整体淤积，而形成垄岗或舌状体。

泥石流冲刷一般要相继进行，直至不产生冲刷为止。冲刷过程一般由表层到内层，从冲刷上游至下游推移。高容重黏性泥石流，当沟床物质大体与泥石流土体一致时，往往出现整体性冲刷。

一般泥石流沟的流通段坡度，可以作为该沟泥石流运动的平衡坡度。泥石流运动的最小坡度大于水流运动所需的坡度，按泥石流设计的排导沟，通过挟沙水流和清水时会产生严重冲刷，需要采取防冲措施。泥石流沟床坡度受侵蚀基准面控制，修建排导沟时若不能满足泥石流运动的最小坡度，需要在上游适当地段修建拦挡或停淤工程，以减小泥石流中的土体颗粒粒径和容重，使其能在沟床中顺畅流动，防止淤积。处于平衡坡度的泥石流沟床，由于情况发生变化，如侵蚀基准面的下降或上升、流域产沙量减少或增多、上游植被变好或变坏等，也会出现冲刷或淤积。因此，在设计泥石流排导槽或泥石流沟道整治工程时，要考虑到出现这种情况时有采取相应措施的可能性。冲刷计算公式如下。

4.2.8.1　沟床冲刷坡度公式

泥石流沟床受剪切力见图 4.4，泥石流运动剪切力 τ_c 为：

$$\tau_c = \gamma_c H_c \sin\theta_b \tag{4.43}$$

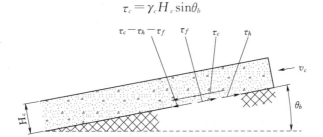

图 4.4　泥石流沟床受剪切力示意图

泥石流运动阻力为：

$$\tau_h = C_v H_c (\gamma_s - \gamma_y) \cos\theta_b \tan\varphi_m + \tau_0 \tag{4.44}$$

沟床质表层土体的抗剪强度 τ_f（不计沟床质的黏结力 C 值）为：

$$\tau_f = f_p \tan\varphi_s \tag{4.45}$$

$$f_p = C_v H_c (\gamma_s - \gamma_y) \cos\theta_b \tag{4.46}$$

式中：f_p 为沟床表层以上的泥石流中土体的压力；φ_s 为沟床物质饱和状态下的内摩擦角。

当泥石流的运动剪切力 τ_c 克服其阻力 τ_h 后的余值，大于沟床物质的抗剪强度 τ_f 时，沟床质产生运动，而形成冲刷，满足下式：

$$\tau_c - \tau_h > \tau_f \tag{4.47}$$

将式（4.43）、式（4.44）、式（4.45）、式（4.46）之值代入式（4.47），经整理后得沟床冲刷坡度 $\tan\theta_b$ 为：

$$\tan\theta_b > \frac{C_v(\gamma_s - \gamma_y)\tan\varphi_s}{\gamma_c} + \frac{C_v(\gamma_s - \gamma_y)\tan\varphi_m}{\gamma_c} + \frac{\tau_0}{\gamma_c H_c \cos\theta_b} \tag{4.48}$$

当式（4.48）第三项非常小时，可以忽略，得：

$$\tan\theta_b > \frac{C_v(\gamma_s-\gamma_y)\tan\varphi_s}{\gamma_c} + \frac{C_v(\gamma_s-\gamma_y)\tan\varphi_m}{\gamma_c} \tag{4.49}$$

4.2.8.2　越坝洪流冲刷公式

越坝跌落洪流对下游沟床会产生严重的局部冲刷,一些冲刷深度和长度的计算公式列举如下。

1. 常用的冲刷深度计算公式

冲刷深度见图 4.5,其计算公式如下。

(1) 利地格(Riediger)公式:

$$h_s = h_{t0}[\rho_{c1}/(3\rho_{c2}-2\rho_{c1})] \tag{4.50}$$

式中:h_s 为跌落洪流贯入深度或称冲刷深度;h_{t0} 为上下游流体密度相等时的贯入深度,$h_{t0}=2h_d$;h_d 为上、下游水位差;ρ_{c1} 为贯入流体的密度;ρ_{c2} 为下游侧流体的密度。

(2) 克里特希实验公式:

$$h_s = (4.75/D_s^{0.32})h_d^{0.32}q_c^{0.57} \tag{4.51}$$

式中:D_s 为沟床砂石的标准粒径,mm,即 90% 的颗粒小于该粒径,10% 的颗粒大于该粒径;q_c 为单宽流,m³/(s·m);其他符号意义同前。

(3) 伏谷伊一氏实验公式:

$$h_s = (0.095/D_s^{0.2})[102.04q_c v_{w0}-0.0139(G_s-G_w)D_s^{1.65}]^{0.42} \tag{4.52}$$

式中:v_{w0} 为下游水面的流速,m/s;G_s 为砂石的比重;G_w 为水的比重;其他符号意义同前。

(4) 德市简化式:

$$h_s = 0.6h_d + 3H_c - 1.0 \tag{4.53}$$

式中:h_s 为冲刷深度,m。

(5) 越坝跌落石块冲击深度见图 4.6,落石块的动能计算冲刷坑深度公式见式 (4.54)。

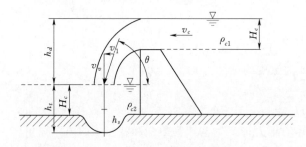

图 4.5　越坝洪流冲刷示意图

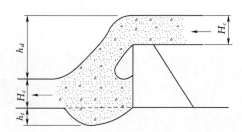

图 4.6　越坝跌落石块冲击示意图

$$H_s = 0.815\gamma_s h_d H_c/[\sigma_s] \tag{4.54}$$

式中:H_s 为下游沟床的冲刷深度,m;$[\sigma_s]$ 为下游沟床质或垫层的允许承载力,t/m²;其他符号意义同前。

2. 冲刷长度公式

冲刷长度见图 4.7,其计算公式如下。

(1) 利地格公式:

$$L_s = L_1 + L_2 + L_3 + L_4$$
$$= v_t \sqrt{\frac{2(h_d - H_c)}{g}} + h_t \frac{v_t}{\sqrt{2g(h_d - H_c)}} + \frac{H_c}{\cot\arctan \sqrt{\frac{2g(h_d - H_c)}{}}} + n(h_s - H_c) \quad (4.55)$$

式中：L_s 为冲刷长度，m；v_t 为越坝洪流水平流速，m/s；n 为冲刷坑边坡坡度比；其他符号意义同前。

（2）安格荷尔兹（Angerholzen）公式：

$$L_s = (v_c + \sqrt{2gH_c}) \sqrt{\frac{2h_d}{g}} + H_c \quad (4.56)$$

式中：v_c 为坝上游流体接近坝的流速，m/s；其他符号意义同前。

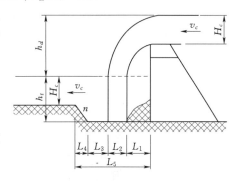

图 4.7　冲刷长度示意图

4.2.9　泥石流堵塞主河分析

当泥石流同时满足一次泥石流规模、主河堵塞临界流量和沟床坡度三个条件时，可能会造成主河道的堵塞。

4.2.9.1　堵塞主河的一次泥石流规模

假设泥石流沟与主河正交（图 4.8），堵塞主河需要土体方量 V_{cs} 可用下式计算：

$$V_{cs} = \left(\frac{1}{2\tan 14°} + \frac{1}{2\tan\varphi_s} \right) B_w H_w^2 \quad (4.57)$$

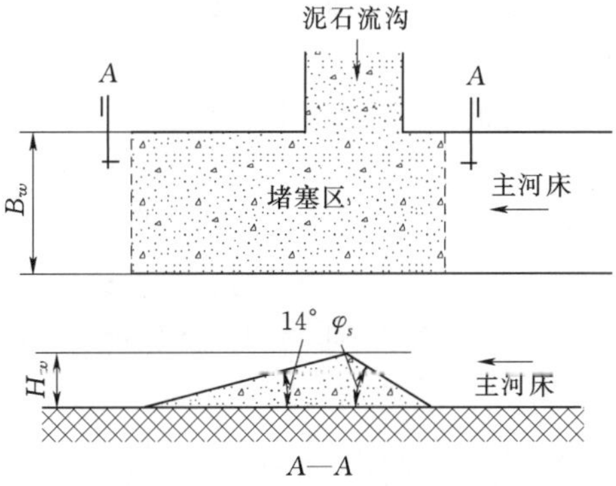

式中：B_w 为主河宽度；H_w 为主河水深，主河底坡一般很小，可视为水平。

堵塞体上游坡度较陡，应满足该种土体在饱和状态下的内摩擦角 φ_s。堵塞体下游坡度可采用河床物质发生泥石流的起始坡度，取 14°。

高容重的黏性泥石流，水土不易分离，其堵塞体的方量，即可作为一次泥石流在汇口断面堵塞主河的规模 V_c。

低容重的稀性泥石流，由于水土易分离，砂粒及其以下的细颗粒被主河水流带走，堵塞体仅为砂粒以上的粗颗粒，取虚、实方体积折

图 4.8　泥石流堵塞主河示意图

算系数为 0.7，则一次泥石流在汇口断面堵塞主河的规模为：

$$V_c = 0.7 V_{cs} / (C_n - p_s C_n) \quad (4.58)$$

式中：V_c 为一次泥石流在汇口断面堵塞主河所需的总量，m³；p_s 为泥石流中砂粒及其以下的土体颗粒重量百分比，由泥石流土体颗粒大小分配曲线查得。

4.2.9.2　主河堵塞临界流量

当输入主河的泥石流土体的剪切阻力大于主河水体的剪切分力时，便会产生淤积堵塞。满足下式：

$$Q_w = Q_c [C_v(\gamma_s - \gamma_y)\tan\varphi_m - \tan\theta_{b1}\gamma_c] / \gamma_w \tan\theta_{b1} \quad (4.59)$$

式中：Q_w 为主河汇流断面的清水流量，m^3/s；Q_c 为汇入主河的泥石流流量，m^3/s；$\tan\theta_{b1}$ 为主河纵坡；其他符号意义同前。

4.2.9.3 堆积扇地形坡度

扇形地的泥石流沟床坡度应大于黏性泥石流运动坡度，使泥石流能够有较大的速度进入主河才能造成淤积堵塞，应满足下式：

$$\tan\theta_b \geqslant \tan\theta_m$$

其中
$$\tan\theta_m = \frac{(\gamma_s - \gamma_y)\tan\varphi_m}{\gamma_s} + \frac{\tau_0}{C_v\gamma_s H_c\cos\theta_m} \tag{4.60}$$

式中：$\tan\theta_b$ 为泥石流沟床坡度；其他符号意义同前。

式中右边第二项一般很小，可以忽略不计。

扇形地泥石流沟床与主河正交，甚至向主河上游斜交，易于堵塞；而向下游斜交，泥石流汇入主河后利于流动不易堵塞。

4.3 小结

（1）泥石流运动特征主要包括流量、流速、直进性、漫流改道以及冲击力，这些运动特征均可用表征参数进行描述，同时也是泥石流治理工程设计所必需的关键参数。据观测调查资料，泥石流弯道超高可达 3~5m，遇阻爬高可达泥深的 3~5 倍。

（2）泥石流容重获取有以下方法：①现场调查试验法；②形态调查法；③综合分析法。在计算设计泥石流容重时，应考虑不同频率下的泥石流容重，设计泥石流容重和泥石流暴发频率之间存在一定的关系。第一类公式将泥石流的容重与沟谷流域面积、沟床比降、松散物质储量等宏观物理量建立统计关系，第二类公式将泥石流容重与泥石流中不同粒组的百分含量建立统计关系，即认为泥石流容重主要由泥石流固体物质组成所决定。

（3）国内外泥石流流速确定方法很多，就其计算方法而言，有理论的、半理论的和经验的，得出的计算公式不下数十种。由于所在区域的差异很大，不同类型的泥石流流体性质各异，在具体计算时应考虑不同地区、不同类型和不同性质的泥石流特点，结合现场调查和历史资料，确定选用适当的计算公式与相关参数。

（4）泥石流流量的计算方法主要有雨洪修正法和形态调查法，前者依据水文资料认为泥石流流量为雨洪流量与固体流量之和；而泥痕调查法则根据泥石流泥痕和沟槽形态断面调查计算泥石流流量。如果泥痕调查和降雨资料获取准确，以此获得的流量就可以校核雨洪修正法获得的流量是否合理可靠。

（5）泥石流对遭遇目标的冲击力包括两种：一种是泥石流的整体冲压力；第二种是泥石流中单块最大冲击力。目前这两种力的算法引用船筏撞击力的计算公式，有一定的可靠性。

（6）泥石流冲出量包括一次泥石流冲出总量和一次泥石流冲出固体物质总量，主要是采用预测法和堆积物实测反算法进行计算。

（7）泥石流堵河与一次泥石流规模、主河堵塞临界流量和沟床坡度等条件有关，同时满足三个条件时，可能造成主河道堵塞。

第5章 水电工程泥石流统计研究

由于水电工程大多处于高山峡谷地带，是泥石流高发区，泥石流常制约水电工程的选址与布置，同时也威胁着水工建筑的安全和人员安全。为了更好地研究泥石流的活动规律，本章对水电工程开发过程中研究的近百条泥石流沟的基本情况和动力学特征进行了统计研究，典型泥石流见表5.1。这些泥石流沟分布在雅砻江及支流、金沙江及支流、大渡河及支流、岷江及支流等数十条河流。

5.1 泥石流沟基本特征统计研究

为了更好地统计分析泥石流沟的基本特性，在对上述泥石流沟进行全面调查工作的基础上，选择通过实地调查已经确定在近十年发生过泥石流的沟谷共55条作进一步的统计分析，详见表5.2。统计分析表明，多年平均年降雨量最小值为593mm，最大值为1300mm，平均值为764mm；$H_{1/6}$最小值为7.4mm，最大值为14mm，平均值为9.0mm；H_1最小值为12.5mm，最大值为35.0mm，平均值为19.9mm；H_6最小值为18.8mm，最大值为60mm，平均值为34.5mm；H_{24}最小值为28.1mm，最大值为74.0mm，平均值为49.2mm；坡降最小值为7.9%，最大值为72.9%，平均值为24.9%；面积最小值为0.9km²，最大值为331.7km²，平均值为41.7km²；沟长最小值为1.7km，最大值为26.1km，平均值为9.5km；不稳定物源量最小值为1.0万m³，最大值为655.4万m³，平均值为63.1万m³；单位长度不稳定物源量最小值为0.1万m³/km，最大值为76.9万m³/km，平均值为8.0万m³/km。

5.2 泥石流沟年降雨量指标统计分析

对已经发生过泥石流沟的年降雨量进行统计，年降雨量频率分布见图5.1和表5.3。统计表明，发生泥石流的沟谷的年降雨量在593～1300mm，主要集中在600～900mm。

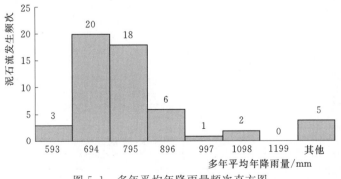

图5.1 多年平均年降雨量频次直方图

表5.1 水电工程典型泥石流沟基本特征统计表

序号	流域	沟名	位置	面积 /km²	主沟长 /km	平均纵比降 /‰	易发程度评分	发育概况	多年平均年降水量 /mm	最大单日降水量 /mm	降雨时段	暴雨强度均值	物源总量 /万 m³	稳定物源量 /万 m³	潜在不稳定源量 /万 m³	不稳定量 /万 m³	概率 P /%	选取容重 γc	堵塞系数 Dc	概率 P /%	流速 vc /(m/s)	峰值流量 Qc /(m³/s)	泥石流总量 Q /万 m³	固体物质总量 Qs /万 m³
1	大渡河	野人谷沟	CSJ水电站	447.4	41.81	34.92	74	近期未发生	755	62.6	$H_{1/6}$	7.5	无	无	2.85	2.6	10	1.50	1.5	10	2.05	251.35	8.27	2.48
											H_1	13					5			5		364.33	17.31	5.18
											H_6	25					3.33			3.33		437.81	27.74	8.31
											H_{24}	33					2			2		494.62	39.17	11.73
																	1			1		593.55	56.41	16.89
																	0.5			0.5		686.79	76.15	22.80
																	0.2			0.2		809.17	102.5	30.70
2	大渡河	响水沟	CHB水电站施工区	50.92	14.26	246.2	89	2009年7月23日暴发	600.1	49.8	$H_{1/6}$	7.5	1337.77	无	967.13	370.64	10	1.45	1.5	10	8.8	544.3	9.88	4.49
											H_1	15					5	1.56	1.6	5	11.6	1213.7	22.02	10.68
											H_6	25					2	1.67	1.7	2	12.0	1694.4	30.74	16.77
											H_{24}	39					1			1				
3	大渡河	野坝沟	CHB水电站	27.7	8.37	304	85	1945年发生	642.9	72.3	$H_{1/6}$	7.5	176.14	75.91	50	50.23	10	1.51	1.4	10	3.31	74.44	未算	未算
											H_1	15					5	1.59	1.4	5	3.12	95.70	未算	未算
											H_6	26.5					2	1.76	1.4	2	3.23	130.10	未算	未算
											H_{24}	36.5					1	1.87	1.4	1	3.16	158.48	未算	未算
4	大渡河	磨子沟	CHB水电站	89.1	16.2	113	88	1987年6月发生	642.9	72.3	$H_{1/6}$	7.5	402.05	109.51	175.94	116.64	10	1.42	1.4	10	2.28	170.06	未算	未算
											H_1	15					5	1.46	1.4	5	2.21	215.84	未算	未算
											H_6	26.5					2	1.54	1.4	2	2.42	287.85	未算	未算
											H_{24}	36.5					1	1.59	1.4	1	2.47	343.32	未算	未算

续表

序号	流域	沟名	位置	面积/km²	主沟长/km	平均纵比降/‰	易发程度评分	发育史概况	多年平均降水量/mm	最大单日年降水量/mm	降雨时段	暴雨强度均值/mm	物源总量/万m³	稳定物源量/万m³	潜在不稳定物源量/万m³	不稳定量/万m³	概率P/%	选取容重γc	堵塞系数Dc	概率P/%	流速vc/(m/s)	峰值流量Qc/(m³/s)	泥石流总量Q/万m³	固体物质总量QH/万m³
5	大渡河	叫吉沟	HJP水电站坝址区	19.41	12.916	257.97	104	1956年农历4—5月间暴发	642.9	72.3	$H_{1/6}$	—	3926.67	3884.71	24.599	17.36	10	1.76	1.5	10	未算	66.766	7.108	3.833
											H_1	13					5	1.83	1.5	5	未算	88.106	9.38	5.545
											H_6	25					2	1.91	1.5	2	2.569	112.5	12.584	8.148
											H_{24}	39					1	1.99	1.5	1	未算	150.065	15.975	11.326
6	大渡河	扯索沟	YLB水电站	19.4	7.41	225.7	92	1957年、2005年暴发	1300	100	$H_{1/6}$	8	2000	1620	90	290	10	1.5	1.5	10	3.43	112.53	3.70	1.06
											H_1	19					5	1.65	1.7	5	3.75	174.61	8.30	3.10
											H_6	39					2	1.96	2.5	2	5.35	388.02	30.73	17.02
											H_{24}	65					1	1.96	2.5	1	6.20	597.66	66.80	31.46
7	大渡河	加郡沟	YLB水电站施工区	67.23	14.4	91.7	60	早期曾有一定规模泥石流发生	1300	100	$H_{1/6}$	8	无	无	无	无	10	1.05	1.0	10	3.11	173.35	—	—
											H_1	19					5	—	—	5	—	—	—	—
											H_6	39					2	—	—	2	—	—	—	—
											H_{24}	65					1	—	—	1	—	—	—	—
8	大渡河	磨子沟（右岸）	YLB水电站坝下游	29.94	8.96	193.1	90	1957年、2005年、1982年、1998年发生	1300	100	$H_{1/6}$	8	1700	无	无	230	10	1.41	1.5	10	3.22	509.51	44.03	10.89
											H_1	19					5	1.3	1.2	5	3.55	196.54	6.23	1.09
											H_6	39					2	1.78	1.8	2	3.87	356.48	14.12	4.10
											H_{24}	65					1	1.85	2.0	1	10.20	703.84	33.45	15.23
																					11.35	971.51	53.86	26.62
9	大渡河	磨房沟	YLB水电站营地区	2.77	3.68	432.1	90	1975年、2011年暴发	1300	100	$H_{1/6}$	7.5	62	无	无	16	10	1.3	1.2	10	6.20	24.20	1.15	0.21
											H_1	17					5	1.5	1.5	5	6.93	40.05	2.54	0.76
											H_6	30					2	1.8	2.0	2	8.28	84.48	8.03	3.85
											H_{24}	51					1	1.9	2.3	1	8.92	126.12	13.98	7.54

续表

序号	流域	沟名	地理、地形属性 位置	流域特征 面积/km²	主沟长/km	平均纵比降/‰	发育特征 易发程度评分	发育史概况	降雨 多年平均年降水量/mm	最大单日降水量/mm	降雨强度 降雨时段	暴雨强度均值/mm	物源量/万m³ 物源总量	稳定物源量	潜在不稳定物源量	不稳定量	主要计算参数取值 概率P/%	选取容重γc	堵塞系数Dc	概率P/%	动力学特性 流速vc/(m/s)	主要计算结果 峰值流量Qc/(m³/s)	泥石流总量Q/万m³	固体物质总量Qs/万m³
10	大渡河	大海尔沟	LTS水电站新民集镇迁建场址	24.842	10.096	249.21	89	近期未发生	801.3	108.6	$H_{1/6}$	12.5	839.812	666.98	112.774	60.110	10	1.626	1.05	10	2.59	175.168	19.68	9.473
											H_1	28					5	1.688	1.05	5	2.61	228.744	25.70	13.599
											H_6	52					2	1.755	1.05	2	2.67	301.720	33.90	19.686
											H_{24}	74					1	1.783	1.05	1	2.69	357.055	40.11	24.171
11	大渡河	大沟	PBG水电站库区	1.71	2.6	373	121	近年多次发生	730.4	93.5	$H_{1/6}$	12.5	735.4	无	无	199.9	10	1.94	1.2	10	4.61	45.73	2.90	1.60
											H_1	35					5	2.01	1.5	5	5.35	78.26	6.20	3.68
											H_6	60					2	2.05	2.0	2	6.37	138.51	13.28	8.20
											H_{24}	70					1	2.11	2.5	1	7.32	223.90	24.83	16.21
12	雅砻江	张家沟	JB水电站	4.4	3.85	436.4	93	2003年、1998年发生	900.6	无	$H_{1/6}$	11.2	490.85	无	无	129.60	10	—	—	10	5.2	55.184	未算	0.453
											H_1	22					3.33	—	—	3.33	5.2	66.783	未算	1.410
											H_6	45					2	1.95	—	2	3.23	139.816	未算	8.660
											H_{24}	55					1			1	3.23	153.619	未算	11.997
13	雅砻江	印把子沟	JP水电站施工区	25.2	9.5	227.9	75	2012年8月30日发生	792.8	无	$H_{1/6}$	11	276	无	无	24.3	10	1.29	1.2	10	5.03	87.06	2.07	0.35
											H_1	25					5	1.45	1.5	5	5.01	132.33	4.19	1.12
											H_6	43					2	1.56	1.6	2	5.15	208.68	8.26	2.70
											H_{24}	56					1	1.67	1.7	1	5.29	303.30	14.41	5.69

续表

序号	流域	沟名	位置	面积/km²	主沟长/km	平均纵比降/‰	易发程度评分	发育史概况	多年平均年降水量/mm	最大单日降水量/mm	降雨时段	暴雨强度均值	物源总量	稳定物源量	潜在不稳定物源量	不稳定定量	概率P/%	选取容重γc	堵塞系数Dc	概率P/%	流速vc/(m/s)	峰值流量Qc/(m³/s)	泥石流总量Q/万m³	固体物质总量Qs/万m³
14	雅砻江	大桥沟	GD水电站施工区	170.1	26.12	97.1	112	1998年、2005年暴发	1300.4	135.7	$H_{1/6}$	12.5	4934.65	2733.1	1546.19	655.36	10	1.63	1.2	10	2.04	329.02	60.2	28.97
											H_1	27.5					5	1.69	1.5	5	2.08	418.00	76.48	40.47
											H_6	56.0					2	1.76	1.6	2	2.11	544.01	99.53	57.80
											H_{24}	71.0					1	1.78	1.7	1	2.12	640.67	117.2	70.63
15	雅砻江	黑水河	GD水电站近坝库内	331.79	9.5	227.9	75	2012年8月30日发生	1300.4	135.7	$H_{1/6}$	14.0	6021.45	912.6	88.65	20.15	10	1.29	1.2	10	5.03	87.06	2.07	0.35
											H_1	30.0					5	1.45	1.5	5	5.01	132.33	4.19	1.12
											H_6	33.3					2	1.56	1.6	2	5.15	208.68	8.26	2.70
											H_{24}	45.4					1	1.67	1.7	1	5.29	303.30	14.41	5.69
16	美姑河	柳洪沟	PT水电工程	24.13	7.2	283.5		2004年6月和2005年7月发生	814.3	70.2	$H_{1/6}$	12.5	2892.72	707.5	95	90.2	10	—	—	10	3.91	274.478	30.684	18.833
											H_1	30					5	—	—	5	4.30	343.4	38.389	24.44
											H_6	55					2	—	—	2	5.06	437.724	48.934	32.312
											H_{24}	70					1	—	—	1	5.39	531.313	59.396	41.419
																	0.5	—	—	0.5	5.69	642.717	71.85	52.906
17	黑水河	垮沟	四川省地震灾区	1.01	2.73	291～436.8	106	2007年以来多次发生	620.2	66.8	$H_{1/6}$	7.6	4.72	无	无	0.83	10	未算	未算	10	未算	7.64	0.48	0.21
											H_1	20					5	未算	未算	5	未算	6.95	0.44	0.20
											H_6	30					2	未算	未算	2	未算	6.02	0.38	0.17
											H_{24}	40					1	未算	未算	1	未算	5.32	0.33	0.15

续表

序号	流域	沟名	地理、地形属性 位置	流域特征 面积/km²	主沟长/km	平均纵比降/‰	发育背景 易发程度评分	发育史概况	降雨 多年平均年降水量/mm	最大单日降水量/mm	降雨时段	暴雨强度均值/mm	物源量/万 m³ 物源总量	稳定物源量	潜在不稳定物源量	不稳定量	主要计算参数取值 概率P/%	选取容重γc	堵塞系数Dc	动力学特性 概率P/%	流速vc/(m/s)	主要计算结果 峰值流量Qc/(m³/s)	泥石流总量Q/万 m³	固体物质总量Qs/万 m³
18	雅砻江	张牙沟	MDG水电站	89.4	14.6	10.9	76	近期未发生	781	40	H₁/₆	9.2	706.5	610	62.1	34.4	10	1.40		10	4.29	149.53	4.74	1.15
											H₁	15					5	1.47	1.6	5	4.4	193.08	6.12	1.74
											H₆	30					2	1.6		2	5.21	269	12.78	4.65
											H₂₄	40					1	1.70		1	5.49	339	18.82	7.99
19	岷江	太平驿沟	YXW电站	20	8.8	16.7	100	"5·12"地震后发生	781	40	H₁/₆	9.2	1008	804.5	—	203.5	10	1.60		10	未算	149.53	4.74	1.15
											H₁	15					5		3.0	5	未算	193.08	6.12	1.74
											H₆	30					2			2	未算	269	12.78	4.65
											H₂₄	40					1			1	未算	339	18.82	7.99
20	岷江	红椿沟	MDG水电站	89.4	14.6	10.9	76	"5·12"地震后发生	781	40	H₁/₆	9.2	706.5	610	62.1	34.4	10	1.40		10	4.29	149.53	4.74	1.15
											H₁	15					5	1.47	1.6	5	4.4	193.08	6.12	1.74
											H₆	30					2	1.6		2	5.21	269	12.78	4.65
											H₂₄	40					1	1.70		1	5.49	339	18.82	7.99
21	岷江	烧房沟	MDG水电站	89.4	14.6	10.9	76	"5·12"地震后发生	781	40	H₁/₆	9.2	706.5	610	62.1	34.4	10	1.40		10	4.29	149.53	4.74	1.15
											H₁	15					5	1.47	1.6	5	4.4	193.08	6.12	1.74
											H₆	30					2	1.6		2	5.21	269	12.78	4.65
											H₂₄	40					1	1.70		1	5.49	339	18.82	7.99

注　表中降雨强度和暴雨强度主要通过当地水文手册查出。

表 5.2 泥石流沟基本特性统计表

统计值	多年平均年降雨量/mm	$H_{1/6}$/mm	H_1/mm	H_6/mm	H_{24}/mm	坡降/%	面积/km²	沟长/km	不稳定物源量/万 m³	单位长度不稳定物源量/(万 m³/km)
平均值	764	9.0	19.9	34.5	49.2	24.9	41.7	9.5	63.1	8.0
最大值	1300	14.0	35.0	60.0	74.0	72.9	331.7	26.1	655.4	76.9
最小值	593	7.4	12.5	18.8	28.1	7.9	0.9	1.7	1.0	0.1

表 5.3 年降雨量频率分布表

多年平均年降雨量/mm	频率	累积/%	多年平均年降雨量/mm	频率	累积/%
593	3	5.45	997	1	87.27
694	20	41.82	1098	2	90.91
795	18	74.55	1199	0	90.91
896	6	85.45	其他	5	100.00

5.3 泥石流沟 H_1 指标统计分析

对已经发生过泥石流沟的 H_1 进行统计，频率分布统计见图 5.2、图 5.3 和表 5.4。统计表明，发生泥石流沟的 H_1 在 12.5～35mm，主要集中在 12.5～22.1mm。

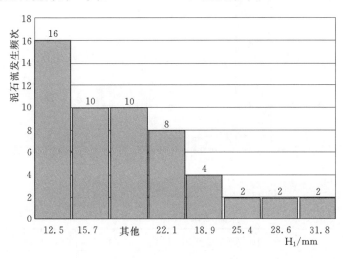

图 5.2 H_1 直方图

表 5.4 H_1 频率分布表

H_1/mm	频率	累积/%	H_1/mm	频率	累积/%	H_1/mm	频率	累积/%
12.5	16	29.63	22.1	8	70.37	31.8	2	81.48
15.7	10	48.15	25.4	2	74.07	其他	2	100.00
18.9	8	55.56	28.6	2	77.78			

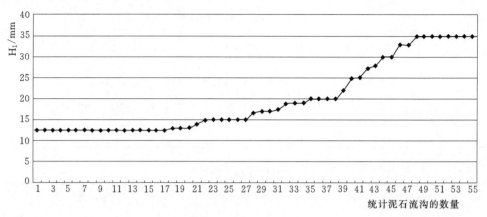

图 5.3 H_1 分布图

5.4 泥石流沟流域面积指标统计分析

对已经发生过泥石流沟的流域面积进行统计，特征参数统计见图 5.4 和表 5.5。统计表明，发生泥石流沟的流域面积在 0.9～331.7km²，主要集中在 0.87～95.39km²。

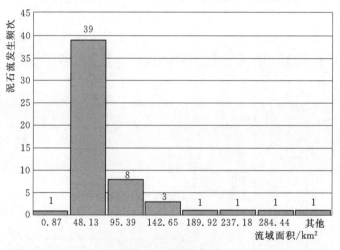

图 5.4 面积直方图

表 5.5　　　　　　　　　　　　　流域面积频率分布表

流域面积/km²	频率	累积/%	流域面积/km²	频率	累积/%	流域面积/km²	频率	累积/%
0.87	1	1.85	142.65	3	94.44	284.44	1	98.15
48.13	39	74.07	189.92	1	96.30	其他	1	100.00
95.39	8	88.89	237.18	1	98.15			

5.5 泥石流沟沟长指标统计分析

对已经发生过泥石流沟的沟长进行统计，特征参数统计见图 5.5、图 5.6 和表 5.6。

统计表明，发生泥石流沟的沟长在 1.7~26.1km，主要集中 1.73~15.67km。

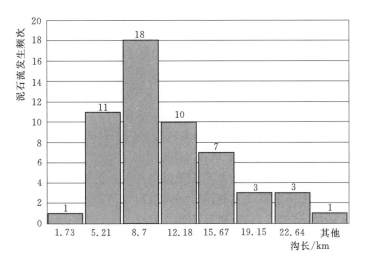

图 5.5　沟长直方图

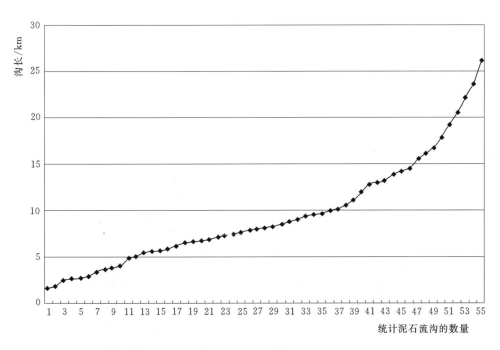

图 5.6　沟长分布图

表 5.6　　　　　　　　　　泥石流沟沟长频率分布表

沟长/km	频率	累积/%	沟长/km	频率	累积/%	沟长/km	频率	累积/%
1.73	1	1.85	12.18	10	74.07	22.64	3	98.15
5.21	11	22.22	15.67	7	87.04	其他	1	100.00
8.70	18	55.56	19.15	3	92.59			

5.6　泥石流沟坡降指标统计分析

对已经发生过泥石流沟的坡降进行统计，特征参数统计见图 5.7、图 5.8 和表 5.7。统计表明，发生泥石流沟的坡降为 7.9％～72.9％，主要集中在 7.88％～35.75％。

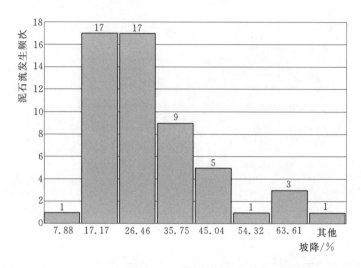

图 5.7　坡降直方图

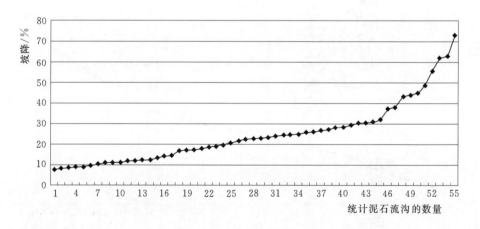

图 5.8　坡降分布图

表 5.7　　　　　　　　　　　泥石流沟坡降频率分布表

坡降/%	频率	累积/%	坡降/%	频率	累积/%	坡降/%	频率	累积/%
7.88	1	1.85	35.75	9	81.48	63.61	3	98.15
17.17	17	33.33	45.04	5	90.74	其他	1	100.00
26.46	17	64.81	54.32	1	92.59			

5.7　单位长度不稳定物源量指标统计分析

对已经发生过泥石流沟的单位长度不稳定物源量进行统计，特征参数统计见图 5.9、图 5.10 和表 5.8。统计表明，发生泥石流沟的单位长度不稳定物源量在 0.1 万～76.9 万 m^3/km，主要集中在 0.1 万～6.13 万 m^3/km。

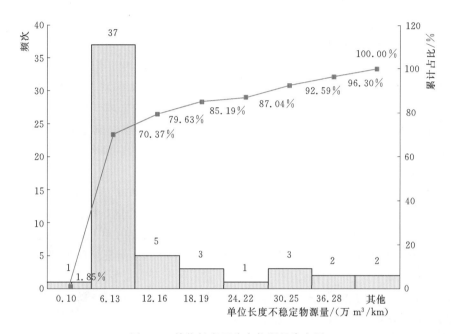

图 5.9　单位长度不稳定物源量直方图

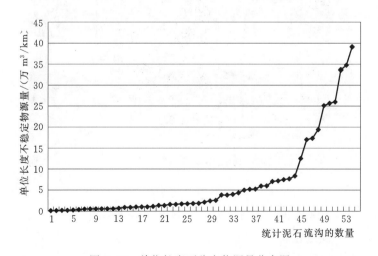

图 5.10　单位长度不稳定物源量分布图

表 5.8   泥石流沟单位长度不稳定物源量频率分布表

单位长度不稳定物源量 /(万 m³/km)	频率	累积/%	单位长度不稳定物源量 /(万 m³/km)	频率	累积/%
0.10	1	1.85	24.22	1	87.04
6.13	37	70.37	30.25	3	92.59
12.16	5	79.63	36.28	2	96.30
18.19	3	85.19	其他	2	100.00

5.8 泥石流对水电工程的危害

泥石流具有暴发突然、来势凶猛，季节性强、冲淤变幅大等特点，对环境、生态和社会（包括各种基础设施、人民生命财产）造成直接的破坏和影响。由于水电工程大多处于山区地带，山区是泥石流高发区，泥石流常对枢纽建筑物、施工辅助建筑物和移民安置建筑的选址、布置形成制约因素。泥石流对水电工程的危害作用主要表现为冲毁、淤埋、水毁等。

（1）冲毁。泥石流具有强大的动压力、撞击力，其原因在于流体容重值高、块石粒径大，流速较大，泥石流动能的沿程积累造成越来越大的破坏作用，据推算泥石流行进中大石块的冲击力可高达 $10t/m^2$ 以上，使得泥石流从正面以巨大的冲击力撞毁建筑物。2012年 6 月 27 日 20 时至 28 日 6 时许，四川省凉山彝族自治州宁南县矮子沟遭受局部特大暴雨，降雨量达 236mm，导致某水电站前期工程施工区矮子沟处发生特大山洪泥石流灾害。矮子沟沟长 13km，泥石流在中上游启动，中下游汇流，冲毁沟口一栋三层民居楼房，造成人员伤亡，见图 5.11。

图 5.11 泥石流造成建筑损毁

（2）淤埋。淤埋主要发生在沟道下游，尤其在泥石流堆积扇附近，大量泥石流堆积物淤埋建（构）筑物和设施设备，造成建筑物的破坏人员伤亡。2012 年 8 月 30 日晚至 31日凌晨，凉山某水电站施工区因强降雨发生泥石流灾害，导致施工区内外道路、隧洞、桥梁淤埋，建筑物受到严重破坏，导致人员伤亡，见图 5.12 和图 5.13。

图 5.12 某水电站泥石流灾害

图 5.13 某水电站泥石流现场

（3）水毁。泥石流堵塞自身流路或汇入主河，形成堰塞坝，上游水位增高，使上游建构筑物和设施设备遭淹没、损毁。如岷江某水电站厂房下游 1.5km 的红椿沟、烧房沟暴发大—巨型暴雨型沟谷型泥石流，进入岷江河道堆积体分别为 40 万～50 万 m^3，堰塞岷江河道，造成岷江改道，映秀—汶川公路多处中断。特别是烧房沟泥石流堰塞体抬高岷江河水位，致使该电站地下厂房机电设备被淹，造成巨大损失。

5.9 小结

（1）通过近 10 年发生过泥石流的 55 条沟谷统计分析，泥石流的发生主要与降雨量、流域面积、沟长、坡降及物源等因素有关。

（2）统计表明，发生泥石流的沟谷的年降雨量在 593～1300mm，主要集中在 600～900mm；其 1 小时雨强在 12.5～35mm，主要集中在 12.5～22.5mm。

（3）发生泥石流沟的沟长在 1.7～26.1km 之间，主要集中 1.73～15.67km；其坡降在 7.9％～72.9％之间，主要集中在 7.88％～35.75％。

（4）统计表明，发生泥石流沟的单位长度不稳定物源量在 0.1 万～76.9 万 m^3/km 之间，主要集中在 0.1 万～6.13 万 m^3/km。

（5）泥石流灾害对水电工程危害较大。对水电工程规划选址和布置造成危害，形成潜在险情；对已有水工建筑物、移民安置点等造成危害，形成灾情，危害作用主要表现为冲毁、淤埋、水毁等。

第6章 水电工程泥石流勘察与评价

6.1 勘察阶段划分

考虑到水电水利行业泥石流勘察特点，并与水电水利主体工程勘察设计阶段工作内容基本匹配，将水电水利工程泥石流勘察阶段划分为初步调查、专门勘察和防治工程勘察3个阶段。

初步调查主要是对可能危害规划建设场地及建（构）筑物、人员安全的泥石流沟进行调查，通过调查与判别，区分是否是泥石流沟，初步确定泥石流发生的危险性、可能危害情况，并对是否需要加深泥石流研究提出初步意见。初步调查主要是在工程规划和预可行性研究阶段进行，适用于主体工程场址初选。

专门勘察是在泥石流初步调查的基础上，查明泥石流发育的自然地理、地质环境、泥石流的形成条件、泥石流的发育特征，分析计算泥石流特征参数，预测泥石流危害，阐明泥石流防治的必要性，为主体工程选定场地、选址、选线、枢纽布置进行地质评价，并提出泥石流防治措施建议，了解泥石流防治工程基本地质条件，对泥石流防治工程进行初步评价。专门勘察主要在工程预可行性研究阶段或可行性研究阶段进行，适用于主体工程选址及枢纽布置。

防治工程勘察是对泥石流防治工程方案进行的勘察，查明基本地质条件，提供设计所需的泥石流特征参数和有关岩土体物理力学参数，进行工程地质条件和分析评价，在工程可行性研究阶段及以后进行。

6.2 勘察内容与方法

6.2.1 勘察内容

6.2.1.1 泥石流初步调查阶段

初步调查阶段的主要内容包括以下几点：

（1）主要收集区域范围气象水文、区域地质、区域地震、区域泥石流发生的历史记录、前人调查研究成果、已有泥石流的勘察设计治理等资料。

（2）在资料收集的基础上，初步调查了解区域地形地貌、地层岩性、地质构造、物理地质现象等基本地质条件，泥石流沟地理位置、流域形状、流域面积、支沟发育情况，泥石流形成区和流通区以及堆积区的地形特征、泥石流沟的坡降、高差等，泥石流沟地层岩性、地质构造、物理地质现象、水文地质等基本地质条件，重点对易崩、易滑和破碎地松散物源的位置、分布、方量、稳定状况等。

（3）需要对泥石流活动历史及其危害性，伐木、垦荒、耕植、采石（矿）弃渣、灌渠建设、修路等人类活动对形成泥石流的影响情况，以及建筑物、居民分布和泥石流防治措施现状进行调查。

6.2.1.2　泥石流专门勘察阶段

专门勘察阶段的勘察内容是在初步调查的基础上，详细搜集当地水文、气象资料，包括年降雨量及其分配、暴雨时间和强度、一次最大降雨量及径流模数、最大流量模数以及冰川、积雪的分布与消融期等。查明泥石流沟的汇水面积，水补给类型与条件，地下水露头和流量、沟域内岩性、构造和物理地质现象，新构造活动迹象与地震情况，泥石流形成区、流通区、堆积区的范围、平剖面形态，沟坡的稳定性，形成泥石流的固体物质来源、物质组成、颗粒级配及其启动条件，不稳定及潜在不稳定物源量，以及泥石流沟口堆积区堆积物的分布形态、堆积形式、厚度、分层结构、分选特征、颗粒级配等；并对历史泥石流活动情况、类型、冲淤、危害性及防治情况、人类活动等对形成泥石流的影响进行调查访问，对泥石流危害进行评价。

6.2.1.3　泥石流防治工程勘察阶段

防治工程勘察阶段的勘察内容是在复核泥石流专门研究成果的基础上，对防治工程建筑进行勘察，主要是查明治理工程各建筑物部位的地形地貌、地层岩性、地质构造、物理地质现象、水文地质、岩土体物理力学性质等基本地质条件，并对治理工程进行工程地质评价，提出相关泥石流监测和预警建议。

6.2.2　勘察方法

6.2.2.1　3S 技术及其他新技术

泥石流通常发生于山区，流域面积大，相对高差大，物源分布较为广泛，交通条件差，使得实地勘查较为困难。考虑到泥石流勘察以调查为主，以 3S 技术（RS 遥感技术、GIS 地理信息系统技术、GPS 全球定位系统）为代表的新技术、新方法已成为泥石流调查的重要手段。

针对泥石流的特点及泥石流勘察工作的难点和盲区，RS（遥感影像、卫星图片等）主要用于泥石流分布、流域内不良地质体分布、泥石流形成区植被覆盖率、流域土地利用特征等方面的调查；GIS 技术泥石流信息系统是将有关该泥石流的各种信息搜集、整理、分类，在计算机软硬件支持下，把各种信息按空间分布或地理坐标，以一定的格式输入、编辑、存储、查询、统计和分析的应用系统。它主要由图像库、图形库和数据库组成，是有关整个泥石流的全部信息的累积，是各种因子的叠加结果，可以提供泥石流的动态和实时环境评价、危险性区划等灾害预警信息成果，为有关相关部门提供决策服务。此外，近年来，小型无人机、三维激光扫描也在泥石流物源调查、植被调查等方面发挥重要作用。

6.2.2.2　工程地质测绘

工程地质测绘是泥石流调查的基础工作之一，其测绘范围应包括全流域（形成区、流通区、堆积区）和可能受泥石流影响的地段，测绘比例尺可按规模、重要性、地形地质条件综合确定确定，一般来讲，工程地质测绘的比例尺全流域可采用 1：10000～1：50000，形成区、流通区和堆积区及工程治理区可采用1∶500～1∶5000，工程治理区可进行大比例尺工程地质测绘。

6.2.2.3 勘探

勘探工作应在地质测绘的基础上分阶段进行，勘探方法应根据勘探目的、岩土特性和综合利用的原则确定。对于影响主体工程选址、选线和危害性较大的泥石流沟，可根据需要布置物探、坑探和钻探。泥石流初步调查宜以地面地质调查为主，必要时可考虑适量勘探工作。专门勘察针对主要物源区、堆积扇区和可能采取防治工程的地段，以坑、槽、井、物探为主，必要时布置钻孔。为查明泥石流堆积厚度的钻孔，进入基岩的深度应超过沟内最大块石直径的3～5m。泥石流形成区、流通区和堆积区均宜布置不少于1条的勘察横剖面。拦挡工程勘察主勘探线勘探点间距为30～50m，每条勘探线的勘探点一般不低于2个。钻孔孔深应深入持力层以下5～10m。

6.2.2.4 测试与试验

泥石流勘察测试工作主要包括泥石流流体试验和岩土试验，泥石流流体试验主要包括：泥石流流体重度、颗粒级配分析、黏度和静切力试验等。岩土试验项目主要包括密度、容重、颗分、含水量、压缩系数、渗透系数、抗压强度、抗剪强度等；此外，还可进行注水试验、水质简分析等。

在初步调查阶段可进行颗粒级配分析。专门勘察应在主要的松散物形成区和泥石流堆积区取代表性样品进行流体试验或岩土试验，形成区土样采集数量不应少于3组，对堆积区控制性土层的物性试验每层不应小于6组。防治工程勘察宜针对拦挡坝、排导工程进行现场原位测试或室内试验，主要岩（土）体物理性质试验组数不少于6组；防治工程勘察还应对泥石流沟水及地下水应进行水质分析，试验组数不应少于3组，并针对拦挡工程进行现场水文地质试验。

6.3 泥石流形成条件勘察

6.3.1 地形地貌勘察

流域的地形地貌为泥石流启动和运动提供能量条件。泥石流流域沟坡是暴雨、山洪、泥石流汇集的区域，其特征既影响泥石流流体的性质、类别、规模、危害程度，也影响着防治工程设计、施工与管理。地形地貌勘察主要是对泥石流沟的地貌类型、流域面积、沟谷形态、沟道堵塞情况等要素进行勘察，以查清泥石流的地形地貌条件。

6.3.1.1 地貌调查

地貌调查的任务在于确定流域内最大地形起伏高差（可以相对说明位能大小），上、中、下游各沟段沟床与山脊的平均高差，山坡最大、最小及平均坡度，各种坡度级别所占的面积比率，并编制地貌图、坡度图、沟谷密度图、切割深度图，同时研究它们与泥石流活动之间的内在联系。在此基础上，可进一步分析地貌发育演变历史及泥石流活动所处的发育阶段。

6.3.1.2　流域面积调查

分水脊线和泥石流活动范围线内的面积为泥石流流域面积。泥石流流域面积是清水汇流面积和泥石流堆积扇（在大河峡谷区缺失）面积之和。流域面积在地形图（不小于 1：10 万）上算得。当泥石流调查比较清楚之后，还可进一步计算形成区、形成流通区、流通堆积区和堆积区的面积。一沟流域内主沟长度与流域面积之间存在如下关系：

$$L_w = 1.27 A_b^{0.6} \tag{6.1}$$

式中：L_w 为主沟长度，km；A_b 为流域面积，km^2。

在无地形图的情况下，可用该式估算。

6.3.1.3　沟谷形态调查

（1）沟谷横剖面形态。泥石流沟谷的横剖面形态通常有 V 形和 U 形。通常 U 形谷与冰川侵蚀有关，主要分布在海拔高的山区；而 V 形谷为河流侵蚀性河谷，分布广泛。

（2）沟床比降。沟床比降是泥石流势能转化为动能的基础，影响着泥石流形成和运动。一般来说，沟床比降越大，越有利于泥石流的形成和运动；沟床比降越小，沟床中的松散堆积物越难以启动。但如果沟床比降太大，则不利于松散固体物质积累，发生泥石流的可能性也减小。根据统计，我国西南山区泥石流沟的平均沟床比降可分为如下几类：比降小于 50‰的小沟床，该类沟床不易发生泥石流；比降 50‰～100‰的中小沟床，此类沟床发生泥石流可能性较小；比降 100‰～300‰的较大沟床，此类沟床发生泥石流可能性较大；比降300‰～500‰的大沟床，此类沟床发生泥石流可能性大。泥石流沟的沟床比降在整个流域的不同区段变化较大。以主沟比降的变化为指标，可以将泥石流流域划分为不同沟段，即形成沟段、流通沟段和堆积沟段。

泥石流主沟平均比降是泥石流形成和运动的重要影响因素，其数值可通过在地形图上量算获得。具体做法为：首先量出自出口断面沿主河道至分水岭的河流长度，包括主河槽及其上游沟形较明显部分和沿流程的坡面直至分水岭的全长 L 和河道各转折点的高度 h_i 和间距 l_i，见图 6.1。通过量算各段距离和高差，用下列公式进行计算沟床比降：

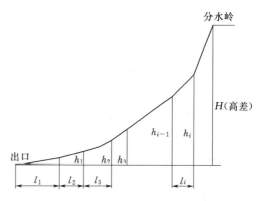

图 6.1　泥石流平均比降计算示意图

$$J = \frac{(H_0 + H_1) l_1 + (H_1 + H_2) l_2 + (H_2 + H_3) l_3 + \cdots + (H_{i-1} + H_i) l_n - 2 H_0 \sum l_i}{(\sum l_i)^2}$$

$$= \frac{\sum (H_{i-1} + H_i) l_i - 2 H_0 L}{L^2} \tag{6.2}$$

如令出口断面处高程 $H_0 = 0$，其余各转折点的相对高度 $h_i = H_i - H_0$，各点间距 l_i 不变，式（6.2）变为

$$J = \frac{h_1 l_1 + (h_1 + h_2) l_2 + (h_2 + h_3) l_3 + \cdots + (h_{i-1} + h_i) l_n}{(\sum l_i)^2}$$

$$= \frac{\sum (h_{i-1} + h_i) l_i}{L^2} \tag{6.3}$$

式中：H_i、h_i 以 m 计；L、l_i 以 km 计；J 值以千分率‰计。

式（6.3）中纵断面转折点一般不宜少于 8 个。流域有两条以上较大支流时，用一个流域比降不准确，应选出影响较大的数个小流域用面积加权平均。一般地，一条大支沟的面积不超过 40%，或两条支沟的面积各超过 25%时，需使用此方法确定平均比降。

（3）沟长调查。泥石流沟长既可以从野外测量和实地填图来获得，也可以在 3S 技术成果图上获得。

（4）泥石流流域坡度类型。依据坡度值的大小，泥石流流域坡地可分为平地、缓坡地、斜坡地、陡坡地和崖坡地（表 6.1）。

表 6.1　坡地与平地分级值

坡地级别	平地	坡地			
坡度临界值/(°)	<2	缓坡	斜坡	陡坡	崖坡
		2～15	15～25	25～55	≥55

在我国山区泥石流流域中，小于 2°的区域往往为主河区；2°～15°缓坡为泥石流流通和堆积地段；15°～25°斜坡段为泥石流流通沟段；25°～55°为重力侵蚀陡坡，是泥石流主要物质补给地。

6.3.1.4　沟道堵塞与沟床粗糙程度调查

泥石流流动时常因种种原因发生堵塞现象，致使泥石流流量增大，影响泥石流勘察成果，故必须详细调查、观察分析形成原因及其可能增强的限度，以便正确选择泥石流的堵塞系数。泥石流堵塞程度调查主要包括以下几方面的内容：①沟道弯曲情况调查，在沟道弯曲地段，颗粒直径特别粗大时，流动不畅，易堵塞而形成阵流；②沟床断面调查，沟床断面时宽时窄时，河床坡度忽陡忽缓，流速忽高忽低，冲淤变化剧烈，易发生堵塞而形成阵流；③泥石流主、支沟汇流交角调查，交角越大，坡陡势猛，泥石流容重差异性大，固体物质下沉而导致堵塞；④历史上流域内是否有崩塌滑坡活动，崩塌滑坡发生的时间、地点、规模，是否堵塞主沟，堵塞主沟时间，是否形成堰塞湖，堰塞湖的面积深度，堰塞湖是否溃决，溃决的原因和时间等。

泥石流沟床的粗糙程度影响着泥石流的运动，根据其特征可以分为极粗糙、粗糙、中等粗糙和光滑等 4 级（表 6.2）。

表 6.2　沟床粗糙程度特征表

沟床粗糙程度	沟床粗大颗粒	沟床树木植被	河段弯曲形态	沟床形态
极粗糙	粗大颗粒很多（直径大于 1m）	生长树木被砍倒的多	河段弯曲	凹凸不平
粗糙	河道有部分粗大颗粒（直径大于 1m）	生长部分树木或草被	河段较弯曲	局部凹凸
中等粗糙	河段以中小颗粒为主，罕见粗大颗粒	河道基本没有树木植被	河段较顺直	沟床平整
光滑	基岩沟床或混凝土沟床	无树木植被	河段顺直	河床平整

6.3.2　物源条件勘察

沟谷分布有大量松散物源是泥石流形成的基本条件之一，泥石流沟物源的多少，与区域的地质构造、地层岩性、地震活动强度、不良地质现象发育程度以及人类工程活动强度等有直接关系。泥石流物源根据其稳定条件可分为稳定物源、潜在不稳定物源及不稳定物源 3 类（表 6.3）。稳定物源系指沟谷流域内早期堆积的冰水（源）堆积、泥石流堆积块碎石土及部分崩塌堆积扇，冰水（源）及泥石流堆积物表现为固结好、密实程度高、具有一定的弱胶结性，现状条件下稳定性好，在流水冲刷作用下，其整体仍保持稳定；而崩塌堆积是指那些形成时代早、堆积部位高、块石间及整体稳定、不受沟水冲刷影响的部分块石崩积扇。潜在不稳定物源系指沟谷流域内堆积的崩坡积、坡残积块碎石土，这些堆积物现状条件下稳定性较好，但在暴雨和沟水冲刷下，其稳定性变差，局部会失稳，是泥石流的主要补给物源。不稳定物源系指沟谷流域内堆积的崩坡积、坡残积块碎石土，这些堆积物现状条件下已表现出失稳下滑的变形迹象，在暴雨和沟水冲刷下，其稳定性更差，直接失稳堆积于沟谷中，是泥石流的最主要补给物源。

表 6.3 泥 石 流 物 源 分 类 表

稳定性分类	物源稳定性特征
稳定物源	沟谷流域内早期堆积的冰川（水）堆积、阶地堆积、崩积、坡残积块碎石土，这些堆积物一般表现为密实程度高、具有一定的弱胶结性，同时堆积部位远高于沟床，不易受沟谷水流冲刷影响。现状条件下稳定性好，即便在暴雨及沟谷流水冲刷作用下，其整体仍保持稳定
潜在不稳定物源	沟谷内堆积的崩积、现状基本稳定的滑坡堆积物，坡残积块碎石土以及早期洪流或泥石流堆积的块碎石土，现状条件下整体稳定性较好，在暴雨和沟水冲刷下，其稳定性变差，局部会失稳，是泥石流主要补给物源
不稳定物源	沟谷流域内新近堆积的风积、崩积、坡残积、近期泥石流堆积、地滑堆积的块碎石土，这些堆积物现状条件下因结构松散已出现变形破坏迹象，在暴雨和沟水冲刷，其稳定性更差，可局部或整体失稳堆积于沟谷中，是泥石流的最主要补给物源

查清松散物源分布特征、规模、稳定性等是泥石流勘察的重要内容。物源条件勘察主要包括沟谷地形地貌、地层岩性、物理地质现象、水文地质条件、植被条件、人类工程活动影响等内容。

6.3.2.1 地形地貌调查

物源条件勘察中的地形地貌调查主要是对沟底及沟谷两岸物源点进行调查，以了解泥石流沟沟底及两岸松散物源的地形地貌条件，包括物源的位置、高程、坡度等。

6.3.2.2 地层岩性勘察

某沟流域或一个地区的地层形成时代及分布与泥石流活动关系密切。形成时代古老的地层经历很长地质历史时期的成岩及构造变动作用，一般质地都很坚硬。但正因为形成时代古老，经历构造变动期次多，部分岩石相当破碎。泥石流流体固体颗粒粒径大小和级配与所在沟谷地层的软硬特点、破碎程度和风化难易密切联系。

某沟流域的岩石性质，尤其是所占比例最高的那一种或几种岩石成分的性质，对泥石流流体性质起着控制作用。例如，我国北方黄土区出现泥流，西南地区多为泥石流，秦岭北坡多为水石流，这些都是岩性控制的结果。在泥石流流域考察和调查中，岩性可从前人工作成果中分析判知一部分，更需从实地观测记录、岩性填图、沟道卵砾石、岩块统计分析和采样分析中得知，应重点关注软弱地层、易风化地层和易塌地层。

6.3.2.3　地质构造勘察

分析某沟流域或一个地区的地质构造，首先要仔细查阅前人论著和各种公开出版的地质构造图件，查清工作地点或者地区在地质构造图上所处的位置；其次是分析1∶20万或更大比例尺的区域地质测量报告、图件，或矿区、矿点勘测报告及图件；第三是做进一步的勘测填图工作，查清一沟流域或一个地区、地段的构造系统，并分析它与泥石流活动的关系。

6级以上强地震与泥石流活动关系最为密切。山区强地震导致地表土石松动、危岩崩落、崩塌连片、滑坡丛生、泉水涌流或断流、土体震动液化、堵河成湖、湖库溃决成灾等。地震对泥石流有触发和诱发作用，但不论是旱季发生的强地震还是雨季发生的大地震，触发作用均占主导地位，勘察过程中需收集区域内地震资料。

6.3.2.4　水文地质条件

水文地质条件调查主要是研究分析其与物源活动的关系，沟内常见的滑坡、崩塌等物源与水的活动密切相关，在野外调查过程中，对地下水活动情况、泉水出露位置、流量等开展重点调查，分析地下水对物源稳定情况的影响。

6.3.2.5　物理地质现象勘察

在崩塌、滑坡、雪崩、冰崩等一系列自然地质作用过程中，固结坚硬的岩块被破碎或粉碎，为泥石流提供大量松散固体物质，而且其中许多在发生过程中就直接转变成了泥石流，如崩塌泥石流、滑坡泥石流、融雪雪崩泥石流等。因此，在泥石流流域调查中，查明各种自然地质作用类型及过程特点、阐明它们与泥石流活动的关系十分重要，工作开展可以和第四纪地质历史调查结合进行。

6.3.2.6　植被条件调查

流域的植被类型和覆盖率等特征往往影响泥石流的形成。在实地勘察中一般将植被类型分为乔木、灌木和草被三大类。泥石流流域植被覆盖率是指植被覆盖区域面积占流域总面积的百分比，并可以分为裸地、低覆盖率、中覆盖率和高覆盖率4类（表6.4）。泥石流形成区的植被勘查需要确定不同类型植被的覆盖率与分布，可做出植被分布图，泥石流源区植被覆盖率变化也是勘查的重要内容，影响植被变化的事件主要有大规模砍伐和森林火灾。目前植被覆盖率及其变化的调查主要借助3S手段进行。

表 6.4　　　　　　　　　　　　　植被覆盖率分级

植被覆盖率/%	<5	5～30	30～50	>50
分级	裸地	低覆盖率	中覆盖率	高覆盖率

6.3.2.7　人类工程活动调查

人类活动调查的任务在于通过座谈访问、查阅文献资料、查看有关工程建设情况等，查清坡地上各种弃渣的分布，弃置场地是否合理，工程建设项目有无为泥石流发生设下隐患的可能和痕迹；分析当地自然环境、生态系统是向良性循环方向发展，还是向恶化方向演进。根据这些问题对泥石流发展趋势是增强还是减弱做出预测，并提出相应对策，反映到泥石流防治规划中。具体做到以下几点：

（1）调查因人为活动而增加的松散固体物质和水源的情况，如筑路、修渠、开矿、采砂石等工程不恰当的弃渣；山坡滚石、溜木，陡坡不合理开垦、耕种和牧放，导致植被破坏、水土流失；水库水渠崩溃和渗漏而增加的水量等。

（2）调查泥石流沟既有建筑物情况。调查泥石流沟上既有建筑物使用情况，这是复核、验证泥石流计算成果和拟定防治方案设计的重要参考。

（3）人类活动引发斜坡失稳形成的物源。调查筑路、修渠、开矿等人类活动引起的沟内斜坡变形失稳以及不恰当弃渣形成的不稳定物源。

6.3.2.8 泥石流松散物源估算

参与泥石流活动的松散固体物质是泥石流发生的基本条件之一，也是估计单沟泥石流发展趋势的主要依据之一。松散固体物质一般分为不稳定、潜在不稳定和稳定的三种，即使是不稳定的物质，也不是一次全都能参与泥石流发生的，而是随泥石流发生年际间的波动变化多少不等地逐渐加入到泥石流中去的。某一沟流域内松散固体物质储量估算包括流域中上游坡地、沟床和下游扇形地三个部分。

（1）流域中上游坡地松散固体物质储量估算。坡地上的松散固体物质大多来源于崩塌、滑坡、坡积或残坡积。在野外填图中，这些自然地质作用类型在大比例尺地形图上圈定其平面形状；在室内也可用3S技术成果转绘到地形图上。难于确定的是松散固体物质的平均厚度，许多矩形或近于矩形堆积体的平均厚度在野外填图中可用简易的手持水准仪测高（厚）法、气压高度计快速测高差（厚）法求得，也可在分析物源成因的基础上，根据其类型、范围估算厚度和体积。除此之外，还可以用以下两种方法求平均厚度。

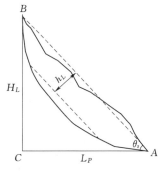

图 6.2 求滑坡平均厚度的弓形均高示意图

1）弓形均高法。此法见图 6.2，坡地上的滑坡其底部大多数是一个比较规则的弧形滑动面，A 为坡脚滑动面剪出口，B 为滑坡后壁顶点，C 为 B 在地形图上的投影并与 A 等高。

$$h_L = \frac{L_P}{4\sin\theta_s}\left(\frac{0.0175\theta_s}{\sin\theta_s\cos\theta_s} - 1\right) \tag{6.4}$$

式中：h_L 为滑坡的最大高差，m；L_P 为滑坡前缘与后壁间的水平距离，m；θ_s 为坡度角，（°）。

2）三棱柱体法。除滑坡外，坡地上的松散固体物质主要为残坡积物、坡积物、崩塌撒落物等。一般说来，坡地上的松散固体物质自分水脊向沟床边缘逐渐变厚，其剖面为三角形。求坡地上松散固体物质储量时，只要能求得这个斜坡三角形面积，再与这种坡形沿沟谷方向的长度相乘即可。

（2）沟床松散固体物质储量估算。沟床上、中、下游松散固体物质的断面具有不同形状，上游可能为 V 形，中游可能为梯形，下游可能为矩形。根据勘测资料或剖面量测数据确定了断面形状和尺寸之后，应分别乘以沟段长度予以估算。有时沟床被清水下切，两岸出现砂砾石台地，这时台地物质储量也应仔细估算。当沟床局部地段出露基岩时，沟床松散沉积物厚度就更容易确定，当坡面支沟切穿主沟堆积台地时，应量测堆积层厚度。

（3）流域下游泥石流扇形地固体物质堆积量估算。在沟谷泥石流扇形地发育充分或比较完整的情况下，有以下两种方法估算扇形地上固体物质堆积量。

1）剖面法。如图 6.3（a）所示，在大比例尺泥石流扇形地地形图上，作等距离直线 F_0F_0'，F_1F_1'，…斜切扇形地，直线两端为泥石流堆积前的冲积扇（锥）地面。然后作出每条剖面线上的地形起伏线，这条线与原地面线之间的面积便是泥石流堆积层剖面［图 6.3（b）］。两相邻剖面面积的平均值乘以间距 l 便得到两剖面间泥石流固体物质的堆积量 V_{si}，最后累计便得全扇形地上的泥石流物质堆积量 V_s：

$$V_{si} = \frac{A_{si} + A_{si+1}}{2} l \tag{6.5}$$

$$V_s = \sum_{i=1}^{n} V_{si} \tag{6.6}$$

式中：V_{si} 为等间距剖面间扇形地上泥石流固体物质堆积量，m^3；A_{si} 和 A_{si+1} 为相邻两个断面上泥石流堆积物断面面积，m^3；l 为等间距，m，V_s 为全扇形地泥石流固体物质堆积量，m^3。

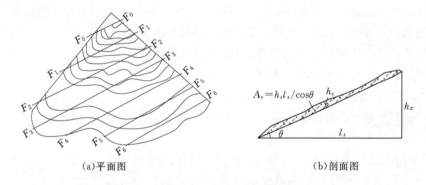

(a)平面图　　　　　　　　　　(b)剖面图

图 6.3　泥石流扇形地固体物质堆积量的剖面法

2）纵切圆锥体法。如图 6.4 所示，$\triangle OAA'$ 为一泥石流扇形地，α 为扇形地在平面上的投影角，也是地形图上的扇顶张角，R_s 为扇形地半径，m；h_s 为扇顶泥石流淤积厚度，m；h_x 为原冲积扇扇顶高度，m；H 为扇形地全高，m。泥石流扇形地上固体物质堆积量为

$$V_s = \frac{1}{3}\pi R_s^2 (H - h_x)\alpha_f = \frac{1}{3}\pi R_s^2 h_s \alpha_f \tag{6.7}$$

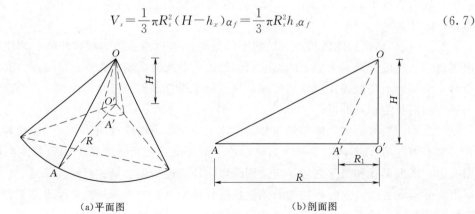

(a)平面图　　　　　　　　　　(b)剖面图

图 6.4　泥石流扇形地固体物质堆积量的纵切圆锥体法

其中

$$\alpha_f = \frac{\alpha}{360°}$$

式中：α_f 为角度系数；h_s 可从 1：2000～1：10000 地形图上判读出或经过调查后实测确定。

6.3.3　水文气象勘察

水体条件是泥石流发生的外部条件，泥石流的水体主要由大气降水提供，降雨、冰川积雪融水能为泥石流形成提供足够水体，地下水、泉水、冰湖和堵塞湖溃决也能造成泥石流，调查泥石流沟谷水文气象条件是泥石流勘察的重要内容之一。

6.3.3.1　降雨资料收集与调查

泥石流的发生与降雨密切相关。降雨量主要包括年降雨量、季节性降雨量、日降雨量、雨强。一般来说，年降雨量越大，泥石流活动越强，但不同地区的泥石流对年降雨量的要求差别很大，同一地区降雨的年际变化对泥石流的活动也具有很大影响，泥石流活动主要分布在雨季。日降雨量对泥石流的影响主要表现在一天之中的分配和量级对泥石流的作用方面，泥石流发生所需要的日降雨量大小取决于流域的自然环境条件。对于雨强，大多数学者一致认为，雨强是激发泥石流的一个不可忽略的因素，大量的泥石流发生与 H_1 和 $H_{1/6}$ 密切相关。

降雨条件调查应根据历史泥石流活动调查及当地水文气象资料，分析泥石流活动的水源类型。对降雨型应主要收集当地暴雨强度、前期降雨量、一次最大降雨量等，对冰川型主要调查收集冰雪可融化的体积、融化的时间和可产生的最大流量等。应收集工程区及附近区域的水文、气象资料以及当地中小流域水文手册等，有条件时还应收集已知泥石流活动时的降水资料。

6.3.3.2　沟域历史洪水调查

1. 泥石流洪痕调查

在尽可能调查到的时期内，调查总共发生泥石流的次数，并排列其大小顺序，归纳泥石流发生规律以及发生的最早、最晚时间和涨落过程、运动特征等。对于用作泥石流计算的典型年洪水情况应分别确定其高度、坡度、日期、周期及其可靠性等。泥石流洪（泥）痕调查位置，应选在流通区、多年河床冲淤变化不大之处，只有这样的洪痕，才能与现时的河床断面相吻合，计算结果方为可靠。泥石流洪（泥）痕最好在两岸同时进行调查，在弯曲河段尤应注意泥石流泥位的弯道超高，其高差一般都较洪水水流为大。对黏性泥石流，还应注意由于其黏稠性大，有侧向收缩而形成的水拱现象，其高差也比一般洪水流为大。由于泥石流河床冲淤变动大，还必须了解泥石流暴发时的流向，是否铺及全河。注意主流冲向一岸的泥位常高于另一岸的特点，由于泥石流河床变动大，泥位不够准确，可调查河宽、泥深的情况来加以佐证。泥石流洪（泥）痕调查，应尽可能在沟边村庄附近进行，询问居住久、记忆力强、概念清楚、亲眼看见、关心泥石流暴发和经受泥石流危害的老居民。

在无人烟或老居民所指认泥位不可靠的情况下，可根据泥石流固体物杂质多、杀伤破坏力强的特点，用所留下来的痕迹确定泥石流的高泥位时，现场痕迹有下列几种现象可借以判识：①沉积在石缝中、树皮上、杂草间的泥石流冲淤物；②滞留在树枝、岩石、杂草及河岸上的漂流物（如小枝、杂草、碎片、污泥、沙石等）；③在石质岸壁上的擦伤痕条带、泥浆涂迹等；④非岩质陡岸上被泥石流淘刷的痕迹；⑤河岸边坡处残留泥石流堆积物；⑥泥石流洪水对两岸引起的物理、化学及生物作用的标志；⑦植物生长分界线及其颜色变化的分界线等。

由洪（泥）痕确定的泥石流高泥位，对于泥石流发生的年代及其发生频率的大小，可结合访问老居民的年龄，分析不同年代的高泥位发生率，或者用附近特大暴雨降落资料来分析，抑或在上、下游较远处去了解分析水情，相互比较印证而求得泥石流洪水的大概年份和发生频率。

2. 泥石流洪水历时过程情况调查

可调查走访当地老居民，对受灾时间长短、次数、危害程度等情况加以回忆。例如，何时开始降雨，泥石流暴发时间，何时最大，何时结束，有无阵性流现象，有无撞击声响，夜间有无火花，白天有无烟尘，每阵间隔时间，共约多少次阵流等，均可粗略调查到梗概，或者以近年代的情况去比较远年代的情景，也可大致类比。

3. 降雨过程调查

降雨是发生泥石流的主动力条件，调查搜集降雨过程的特征值，如前期降雨、短历时降雨及其过程、强度与空间分布（平面与垂直分布），对分析研究泥石流洪水大小、涨落快慢、危害作用与周期分析均能起到校核与印证的比较作用。

4. 汇口区主河道调查

主要调查泥石流沟汇入主河流洪水位的涨落幅度，河槽的演变势态，冲淤变化速度、侵蚀基面、高低水位时排泄泥石流基面幅度以及影响泥石流发展的周边地势，如出口河段的弯曲、顺直、浅滩、深槽和冲淤变异特征，对泥石流沟出口可能的影响等。

6.3.3.3　泥石流沟洪水频率分析

（1）调查泥石流沟洪水位分析。

1）通过向居民所调查的泥石流高水位和发生过的特大泥石流频率，应与已有的记述的有关文献资料进行核对，并在上、下游相应广泛的老居民中得到佐证。

2）凡在河岸两侧的台地、岩洞、树穴、石壁上留有接近于水平的层状淤积物，并在上、下游各处具有与河底坡降约略相同倾斜坡度时，可以判定为泥石流洪水淤积物。

3）泥石流洪水泥位对两岸引起的物理化学及生物作用标志，通常是较为明显的，具有特殊的颜色和形态特征，如根据从淤积物中生长起来的树木、杂草的数量与树干年轮等推断其年代。

上述泥痕只有在沟床冲淤变化不大的条件下方为可靠，反之，则不能机械地套用，以免误判。

（2）假设雨量与泥石流同频率。雨量与雨洪是否同频率，目前尚无定论。不过一般泥石流沟的流域面积都比较小，在小流域面积上雨量的大小与雨洪的大小有直接相应的关系，雨洪与泥石流又仅差泥石因素。因此，当沟内松散泥石物质储备充沛时（也是设计中最危险的情况），根据东川、成昆线等全国各地多年暴雨泥石流观测资料分析也表明，雨大则泥石流大、雨小则泥石流小的关系是很明确的。在实际应用中，可假定雨量与泥石流频率相同。当然，如果泥石流储量不充沛，而汇水区又超过小流域全面积汇流的计算范围时，是不能这样假定的。假定降雨和泥石流流量同频率的资料，可根据该地区最近的气象站、雨量站所记录的资料来分析确定。

（3）在计算分析泥石流洪水频率时，还应研究分析下列情况的影响和作用。

1）泥石流洪水频率与该地区的地震强度和地震频率有关系。在一定地质和水文气象条件下，泥石流发生的大小和次数与地震的强度、频度密切相关。历史调查和现今观测资料均表明泥石流的发生与发展过程，都与大地震、大洪水年度有关。常常在大震之后，供给的松散固体物质特别丰富。因此，可以判定地震越强、频数越多之处，泥石流发生率越高。所以大震之后的丰水之年，必有大泥石流发生，而且将在一段时期内形成泥石流的活动高潮，如2008年汶川地震后，震中附近的岷江河段支流发生多次泥石流。

2）泥石流洪水频率与泥石流暴发的间歇时间长短有关。一般是间歇时间越长，积蓄的储量越多，形成的泥石流量也越大、频率也越高。间歇期与年际、雨季、洪水年度、地震频度、泥石流的发育阶段有关。分析泥石流洪水频率要综合考虑，方为稳妥可靠。

6.3.4　泥石流分区调查

典型泥石流分为形成区、流通区、堆积区等3个区，沟谷也相应具备3种不同形态。形成区多处于沟谷上游，多三面环山、一面出口的漏斗状或树枝状，地势比较开阔，周围山高坡陡，植被生长不良，有利于水和碎屑固体物质聚集；流通区位于沟谷中部，地形多为狭窄陡深的狭谷，沟床纵坡降大，泥石流能够迅猛直泻；堆积区多位于沟谷下游，地形为开阔平坦的山前平原或较宽阔的河谷，碎屑固体物质有堆积场地。不同分区的泥石流勘察的内容与侧重点也有一定的区别。

6.3.4.1　形成区勘察

形成区调查以水源汇集条件、物源条件调查为主，主要包括以下几个方面内容。

（1）地形地貌调查。地形完整程度，切割程度，冲沟发育程度，坡度、地面冲刷、植被发育情况等。

（2）地层岩性与构造调查。调查松散覆盖层组成特征、岩体节理、裂隙发育程度与岩体破碎情况；评价泥石流形成的地质背景，断层与沟谷的位置关系，断层活动性质及断层破碎带宽度，以及新构造运动特点、地震活动情况。

（3）松散固体物质储量。查明流域内崩塌、滑坡、冲沟等不良地质体的位置、发展趋势及参与泥石流活动的过程和可能的数量；调查沟床内不同沟段堆积物形态，物质组成及厚度、分布范围、最大粒径和平均粒径，估算其可能搬运的距离和数量；调查沟坡上松散堆积物成因特征，物质组成，散布范围，评估其可能参与泥石流活动的数量；查明形成区物质组成成分，黏粒含量，并评估泥石流流体的性质；在主体工程附近，对泥石流影响较大的不良地质体，应分析其整治的可能性。查明地下水露头的分布与流量及其对岸坡稳定性的影响，预计形成潜在泥石流的范围和数量。查明人类活动可能引起坡面自然平衡的破坏，预计可能由此而引发的泥石流固体物质量。

6.3.4.2 流通区勘察

流通区是泥石流搬运通过的区段，通常有较显著的河床与较稳定的山坡，沟槽较顺直、坡度较大，冲淤变化相对稳定，一般是通过线路与修筑拦渣坝的理想区段。有的流通区与形成区、堆积区相互穿插，呈串珠状河段。山坡型泥石流的流通区很短或不单独存在。流通区随着泥石流沟的发育阶段不同，可向上下游进退。因此，流通区勘察以沟道纵向、横向特征为主，水源、物源为辅。调查重点是河沟的纵、横剖面形态，应调查此区段的地形地貌特征以及与形成、堆积区段的可能互动范围的界线，选择泥石流计算断面位置，为泥石流计算提供依据。

6.3.4.3 堆积区勘察

泥石流堆积区往往形成泥石流堆积扇，泥石流堆积扇常是水电工程施工场地或移民安置场地。因此，查明泥石流扇的形态特征和周边环境十分重要。泥石流堆积区的勘察包括：查明泥石流扇的地缘条件和周边环境、泥石流堆积物的形态特征、纵横坡度、散布范围与规模以及沟道的演化情况、堆积物质组成成分、粒径沿剖面的沉积特征，最大粒径及其散布特点；查明泥石流扇发育状况与主河的关系，以及扇缘被主河切割或泥石流扇堵江的可能性。

（1）堆积区特征调查。泥石流堆积物含有泥石流活动的丰富信息，对泥石流堆积物特征的观察、量测、记录、摄影、勘探和取样、试验等可以获得泥石流形成、运动、沉积过程的许多资料。泥石流堆积物特征调查主要通过现场剖面观察、测量，揭露泥石流的物质来源、形成原因及运动过程中的变化、堆积特征与运动力学间的关系。如有需要可进行试样，泥石流堆积物特征调查指标和方法见表6.5。

表6.5 泥石流堆积物特征调查指标和方法

项目	指 标	方 法
平面分布形态	扇形地和沟内两岸堆积物的长、宽、厚变化，堆积量	测绘，填图、计算、勘探
粒度	粒度曲线	采样，粒度分析
粒态	棱角、磨圆度	砾石测量
砾向组构	砾石排列玫瑰图或等密度图	砾石排列产状量测、统计
层和层理	剖面颜色、结构、形态、成分、厚度	观察，量测，采样，记录、勘探
矿物颜色	岩矿组合、成分、颜色	岩矿分析
砾石擦痕	形态，长、宽、深，排列方向	在漂砾上寻找、量测
年代学	剖面上各层位的生成年代	访问老人，查阅志书，考古，树木年轮法

（2）泥石流堆积量估算。泥石流堆积量是判断泥石流规模的重要参数，通常用堆积区的面积乘以平均堆积厚度得到。泥石流堆积扇面积可以通过测量的方法确定，将分布区域填绘在大比例尺地形图上，在图上量算堆积扇面积。堆积物的平均厚度是最重要也是最难确定的参数，目前常采用估算法、勘探或物探的方法来获取。

6.4　泥石流评价与预测

6.4.1　泥石流危险性评价方法

6.4.1.1　泥石流危险性评价三要素法

彭仕雄、陈卫东等利用已发生过泥石流的 55 条泥石流沟（表 6.6）评判出易发程度分值，与泥石流沟的坡降、沟内不稳定物源量、降雨量等进行相关性分析，发现相关性不强，分析结果详见图 6.5。事实上降雨量越大、坡降越大、沟内不稳定物源越多，发生泥石流的危险性就越大，已经成为大家的共识，因此有必要对泥石流发生的危险性大小提出新的评判方法。

表 6.6　　　　　　　　　　　　55 条泥石流沟情况统计一览表

序号	泥石流沟编号	年降雨量/mm	历年单日最大降雨量/mm	$H_{1/6}$/mm	H_1/mm	H_6/mm	H_{24}/mm	面积/km²	坡降/%	沟长/km	不稳定物源量/万 m³	单位长度不稳定物源量/(万 m³/km)
1	1	1300	100	8	19	39	65	19.4	22.57	7.41	290	39.1
2	3	1300	100	8	19	39	65	29.94	9.17	8.96	230	25.7
3	4	1300	100	8	19	39	65	10.15	17.03	6.46	110	17.0
4	5	1300		11	25	43	56	9.61	30.26	7.99	19.5	2.4
5	6	792.5		11	25	43	56	25.2	22.79	9.5	24.3	2.6
6	7	642.9	100	7.5	17	30	51	52.76	24.45	14.42	55	3.8
7	8	593		7.5	12.5	24	40	100.49	14.23	17.92	150	8.4
8	10	1300	100	7.5	17	30	51	2.77	43.21	3.68	16	4.3
9	11	593		7.5	12.5	25	37	2.84	72.9	2.62	18.5	7.1
10	12	593		7.5	12.5	25	37	10.93	25.97	6.14	5.43	0.9
11	15	600.1	49.8	7.5	12.5	25	37	50.92	24.62	14.26	370.6	26.0
12	16	600.1	49.8	7.5	12.5	25	37	16.95	30.74	7.9	153.4	19.4
13	17	1000.4	135.7	12.5	27.5	56	71	170.1	9.71	26.12	655.4	25.1
14	18	1000.4	135.7	14	30	33.3	45.4	331.7	22.79	20.15	42	2.1
15	21	730.4	93.5	12.5	35	60	70	1.71	37.3	2.6	199.9	76.9
16	24	642.9	72.3	7.5	13	25	39	19.41	25.797	12.92	17.36	1.3
17	25	642.9	72.3	7.5	13	25	39	14.43	44.54	6.639	6.53	1.0
18	26	642.9	72.3	7.5	13	25	39	78.58	20.696	16.67	87.5	5.2
19	27	642.9	72.3	7.5	17.5	40	62	15.95	27.1	12.92	21.9	1.7
20	28	642.9	72.3	7.5	20	40	60	3.5	38	4	30	7.5
21	29	705.2		7.5	12.5	25	40	17.13	23.235	6.8	26	3.8

续表

序号	泥石流沟编号	年降雨量/mm	历年单日最大降雨量/mm	$H_{1/6}$/mm	H_1/mm	H_6/mm	H_{24}/mm	面积/km²	坡降/%	沟长/km	不稳定物源量/万 m³	单位长度不稳定物源量/(万 m³/km)
22	34	705.2		7.5	12.5	25	40	119.2	9.07	23.6	13	0.6
23	35	705.2		7.5	12.5	25	40	0.87	55.68	1.9	9.5	5
24	36	815.7	49.4	7.5	12.5	25	41	1.953	62.59	2.86	4.55	1.6
25	37	815.7	49.4	7.5	12.5	25	41	11.885	29.3	3.47	18	5.2
26	38	748.4	168.2	12.5	35	50	70	108.24	8.654	13.95	107	7.7
27	39	748.4	168.2	12.5	35	50	70	37.887	12.395	7.521	5	0.7
28	40	748.4	168.2	12.5	35	50	70	89.579	7.884	11.989	6.5	0.5
29	41	748.4	168.2	12.5	35	50	70	7.758	11.045	5.878	102	17.4
30	42	748.4	168.2	12.5	35	50	70	11.761	14.436	4.959	2.5	0.5
31	43	748.4	168.2	12.5	35	50	70	7.43	13.311	5.57	10	1.8
32	44	748.4	168.2	12.5	35	50	70	20.382	11.968	8.876	3.1	0.3
33	46	835.3		7.5	12.5	25	40	1.456	62	1.725	60	34.8
34	49	730.8	85.9	12.5	33	50	70	5.07	19.5	5.59	1	0.2
35	51	814.3	70.2	12.5	33	55	70	54.25	12.5	10	39.85	4.0
36	52	642.9	72.3	7.5	15	26.5	36.5	27.7	30.4	8.37	50.23	6.0
37	53	642.9	72.3	7.5	15	26.5	36.5	89.1	11.3	16.2	116.64	7.2
38	54	801.3	108.6	12.5	28	52	74	24.842	24.921	10.1	60.11	6.0
39	55	814.3	70.2	12.5	30	55	70	24.13	28.35	7.2	90.2	12.5
40	56	733.4	56.2	7.5	20	30	35	121.95	11.2	20.427	2.1	0.1
41	57	733.4	56.2	7.5	20	30	35	80.2	12.1	19.4	5	0.3
42	59	650		8.5	15	18.8	28.1	217.615	8.462	22.23	19.5	0.9
43	60	750		7.5	14	25	40	17.49	24.043	10.5	19.4	1.8
44	65	618		7.5	12.5	25	32.5	80.9	10.5	15.6	27.2	1.7
45	66	618		7.5	12.5	25	32.5	13.94	18.61	8.04	8.1	1.0
46	69	618		7.5	12.5	25	32.5	24.8	19	9.7	15.5	1.6
47	70	618		7.5	12.5	25	32.5	17.65	17.82	7.24	9.8	1.4
48	71	593.8	43.4	7.4	12.5	24	34	1.73	48.62	2.71	1.28	0.5
49	74	642.9	72.3	7.5	15	30	45	5.58	28.17	4.98	5	1.0
50	75	642.9	72.3	7.5	15	30	45	13.2	26.78	13.2	2.4	0.2
51	76	642.9	72.3	7.5	15	30	45	19.14	31.79	11.09	12.4	1.1
52	78	760.9	70.3	7.6	20	30	35	15.11	17.1	5.62	3	0.5
53	81	755.8	62.6	7.5	17	25	33	23.03	21.646	8.43	1	0.1
54	82	618.4		7.5	12.5	25	32.5	11.36	17.2	6.7	3.6	0.5
55	84	900.6		11.2	22	45	55	4.4	43.64	3.85	129.6	33.7

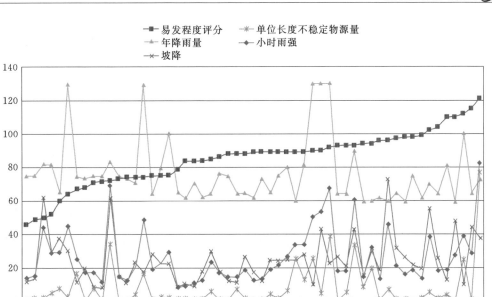

图 6.5 易发程度与降雨量、坡降、单位长度不稳定物源量关系图

近年来，中国电建成都院开展了上百条泥石流沟的研究，通过多年研究，泥石流发生的三个条件分别是要具备适当的地形条件、丰富的物源条件、充足的水（降雨）源条件等，三者缺一不可，早就已经成为共识。彭仕雄、陈卫东等认为可采用简化的评判方法评价泥石流发生的危险性大小，地形条件可以采用坡降来代表，因地貌类型、相对高差、山坡坡度等均是其表现形式之一；物源条件可以用单位长度不稳定物源量（万 m^3/km）来代表，人类活动、植被条件、松散堆积物、地质构造等最终表现出来的就是不稳定物源量的多少；水源条件是触发因素，有大量研究成果证明，泥石流的发生与 H_1 大小关系最为密切，因此可以用 H_1 来表述水源条件。通过小时雨强、坡降、单位长度不稳定物源量等因素来评价泥石流发生的危险性大小评判方法，作者称为三要素法。为了客观得出各种因子的影响权重，分别对西南地区已经发生过泥石流的 55 条泥石流沟的三要素因素进行统计分析，假定泥石流发生的危险性大小与坡降大小、单位长度不稳定物源量多少、小时雨强大小等均成线性正相关关系，首先对单因素影响泥石流危险性大小进行分级，采用反分析的方法，调整各项因子权重，使之三要素评分总和分别与这三项因子成正比例关系，从而再确定各项因子的分值。

1. 影响泥石流发生危险性大小三要素分级研究

从统计的已经发生过泥石流沟的 H_1 来看（图 6.6），其发生区间为 12.5～35mm。这与《泥石流灾害防治工程勘查规范》（DZ/T 0220—2006）提出的可能发生泥石流的界限值基本相当，主要是低值要略低，在此基础上适当调整低值，提出 H_1 的单因素分级标准见表 6.7。从统计的已经发生过泥石流沟的年降雨量来看（图 6.7），其发生区间为 593～1300mm。这与《泥石流灾害防治工程勘查规范》（DZ/T 0220—2006）提出的可能发生泥石流的界限值相比略有提高。

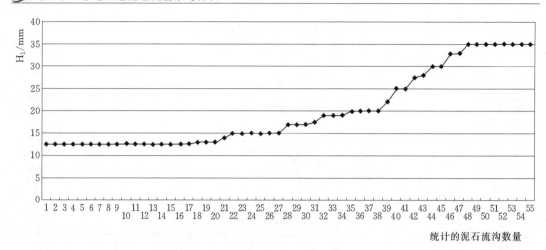

图 6.6　各泥石流沟小时雨强关系图

表 6.7　　　　　　　　　　　　　降雨量单因素分级标准表

分　级		很　大	大	中	小
年降雨量/mm	标准	>1200	1200～800	800～600	<600
小时雨强/mm	标准	>40	40～20	20～12	<12

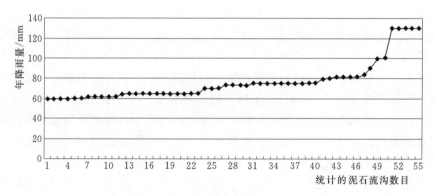

图 6.7　各泥石流沟年降雨量关系图

2. 坡降对泥石流发生大小影响分级研究

根据相关资料，我国西南山区泥石流沟的平均沟床比降可分为如下几类：小于 5% 的小沟床比降，该类沟床不易发生泥石流；5%～10% 的中小沟床比降，此类沟床发生泥石流可能性较小；10%～30% 的较大沟床比降，此类沟床发生泥石流可能性较大；30%～50% 的大沟床比降，此类沟床发生泥石流可能性大。

从统计的已经发生过泥石流沟的坡降来看（图 6.8），其发生区间为 7.9%～72.9%，这与上述情况基本相同，纵坡坡降单因素分级标准见表 6.8。

表 6.8　　　　　　　　　　　　　纵坡坡降单因素分级标准表

分　级		很　大	大	中	小
纵坡坡降/%	标准	>50	50～30	30～10	<10

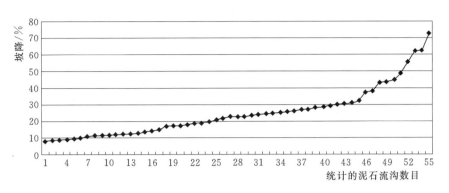

图 6.8　各泥石流沟坡降关系图

3. 单位长度不稳定物源对泥石流发生大小影响分级研究

从统计的已经发生过泥石流沟内堆积的单位长度不稳定物源来看（图 6.9），其发生区间为 0.1 万～39.14 万 m³/km，单位长度不稳定物源分级标准见表 6.9。

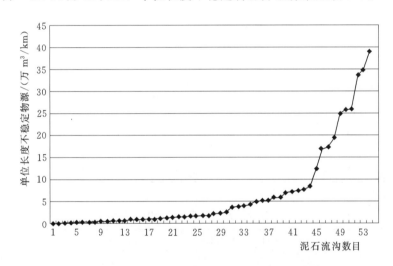

图 6.9　各泥石流沟单位长度不稳定物源关系图

表 6.9　　　　　　　　　　　　　单位长度不稳定物源分级标准表

分　　级		很大	大	中	小
不稳定物源量 /（万 m³/km）	标准	＞25	25～10	10～1	＜1

4. 泥石流考虑小时雨强的三要素评价方法（简称三要素 XPD 法）

在确定小时雨强、坡降、单位长度不稳定物源量单因素分级基础上，将其汇总成表 6.10。对不同的分级进行权重赋值，赋值的原则是三要素评分总和与小时雨强、坡降、单位长度不稳定物源量等均成线性正相关，需要反复研究调整，结果见图 6.10。在此基础上确定各界限分值见表 6.10。按下式计算评分值总和，修正系数见表 6.11，并根据表 6.12 评判泥石流发生的危险性大小，共将泥石流发生的危险性大小分为危险性很大、危险性大、危险性中等、危险性小 4 档。危险性小也可理解为该沟基本无泥石流发生的条件，可以不判定为泥石流沟。

表 6.10　泥石流发生的危险性大小单因素评分标准表

评价要素		标准与分值	危险性			
			很大	大	中	小
小时雨强 H_1 /mm	年降雨量分区/mm	标准	>60	60~40	40~20	<20
	1200 以上					
	800~1200		>40	40~30	30~20	<20
	小于 800		>35	35~20	20~12	<12
	—	分值	40~28	28~15	15~10	10~0
不稳定物源量 /（万 m³/km）	—	标准	>25	25~10	10~1	<1
	—	分值	40~30	30~17.5	17.5~10	10~0
纵坡坡降 /‰	—	标准	>500	500~300	300~100	<100
	—	分值	40~30	30~20	20~10	10~0

表 6.11　修正系数 K 取值表

堵塞程度	特征	修正系数 K
严重	河槽弯曲，河段宽窄不均，卡口、陡坎多。大部分支沟交汇角度大，形成区集中，松散物源丰富。	1.25~1.35
中等	河槽较平直，河段宽窄较均匀，陡坎、卡口不多。主支沟交角大多数小于60°。形成区不太集中，松散物源较丰富。	1.05~1.25
轻微	沟槽顺直均匀，主支沟交汇角小，基本无卡口、陡坎，形成区分散	1.0~1.05

注　当 $Y<30$ 分时不修正，当 $Y>30$ 分时需进行修正。

表 6.12　泥石流发生的危险性大小三要素（XPD 法）评价标准表

评价条件	不稳定物源量、坡降和雨强三个单因素都大于 10 分			三因素中任意一个单因素小于 10 分
总分	>85	85~55	55~30	
评价结果	危险性很大	危险性大	危险性中等	危险性小

$$Y = K\sum(P_1 + P_2 + P_3) \tag{6.8}$$

式中：Y 为泥石流危险性大小三要素评分总和；P_1 为小时雨强评分值；P_2 为纵坡坡降评分值；P_3 为不稳定物源量评分值；K 为修正系数，与泥石流沟道堵塞有关，取 1.0~1.3。

当 $Y<30$ 分时不修正，当 $Y>30$ 分时需进行修正，详见表 6.11。

笔者还对三要素评分总和与小时雨强、坡降、单位长度不稳定物源量之间建立了回归分析。

$$Y = K(16.3406 + 0.6522X_1 + 0.5000X_2 + 0.8333X_3) \tag{6.9}$$

式中：Y 为危险性大小三要素评分总和；X_1 为小时雨强，mm；X_2 为纵坡坡降，‰；X_3 为不稳定物源量，万 m³/km；K 为修正系数，与泥石流沟道堵塞有关，当 $Y<30$ 分时不修正，当 $Y>30$ 分时需进行修正，详见表 6.11。

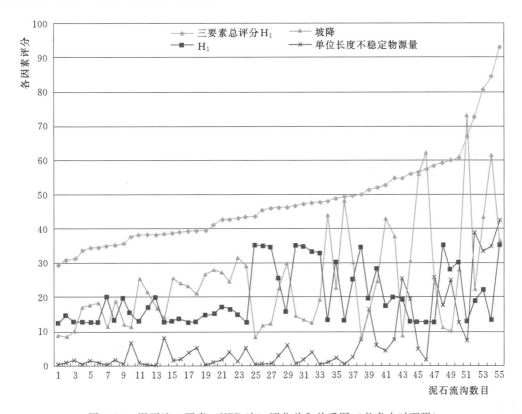

图 6.10　泥石流三要素（XPD 法）评分总和关系图（考虑小时雨强）

5. 泥石流考虑年降雨量的三要素评价方法（简称三要素 NPD 法）

笔者还研究了年降雨量、坡降、单位长度不稳定物源量三要素评价方法，在单因素分级基础上，将其汇总成表 6.13。对不同的分级进行权重赋值，赋值的原则是三要素评分总和与年降雨量、坡降、单位长度不稳定物源量等均成线性正相关，需要反复调整，结果见图 6.11。在此基础上确定各界限分值（表 6.13），并提出综合评分标准（表 6.13），按式（6.10）计算评分值总和，修正系数见表 6.11，并根据表 6.14 评判泥石流发生的危险性大小，共将泥石流发生的危险性大小分为危险性很大、危险性大、危险性中等、危险性小 4 档。危险性小也可理解为该沟基本无泥石流发生的条件，可以不判定为泥石流沟。

表 6.13　　　　　　　　泥石流发生的危险性大小三要素（NPD 法）评分标准表

评　分　因　素		很大	大	中	小
年降雨量 /mm	标准	＞1200	1200～800	800～600	＜600
	分值	40～30	30～16.5	16.5～10	＜10
不稳定物源量 /(万 m³/km)	标准	＞25	25～10	10～1	＜1
	分值	40～30	30～17.5	17.5～10	10～0
纵坡坡降 /‰	标准	＞500	500～300	300～100	＜100
	分值	40～30	30～20	20～10	10～0

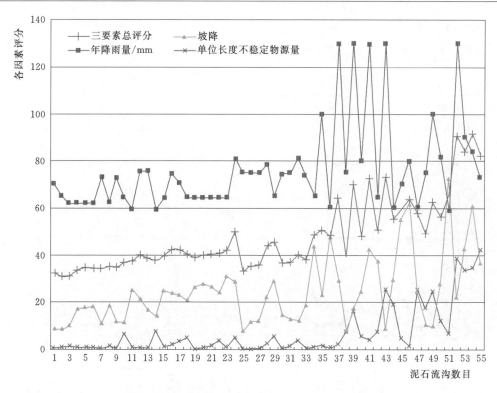

图 6.11　泥石流三要素（NPD 法）评分总和关系图（考虑年降雨量）

表 6.14　　　　　泥石流发生的危险性大小三要素（NPD 法）评价标准表

评价条件	当雨强、不稳定物源量、坡降均满足中等以上时会发生泥石流			发生泥石的可能性小
总分	＞85	85～55	55～30	＜30
评价结果	危险性很大	危险性大	危险性中等	危险性小

$$Y = K\sum(P_1 + P_2 + P_3) \tag{6.10}$$

式中：Y 为泥石流危险性大小三要素评分总和；P_1 为年降雨量分值；P_2 为纵坡坡降评分值；P_3 为不稳定物源量评分值；K 为修正系数，与泥石流沟道堵塞有关，取 1.0～1.3。

当 Y＜30 分时不修正，当 Y＞30 分时需进行修正，详见表 6.13。

6. 三要素 XPD 法与三要素 NPD 法相关性分析

根据两种方法评分结果，进行相关性分析，见图 6.12，两种方法评判结果成正相关性，表明两种评判方法的相关性较好。

7. 关于降雨权重调整的讨论

在考虑泥石流的坡降、单位长度松散固体物源和小时雨强三个要素分值时，坡降、单位长度松散固体物源相对固定，但小时雨强可能存在变化。笔者研究了不同降雨权重下三要素评分与各影响因素的关系，绘制了不同降雨权重分值的相关关系曲线，小时雨强为 12mm 时，其界限分值按 5～15 分考虑，小时雨强为 35mm 时，其界限分值按 20～40 分考虑，不同权重的相关关系见图 6.13～图 6.19。从分布来看，小时雨强为 12mm 时、界限分值为 10 分与小时雨强为 35mm、界限分值为 25 分的关系图最为协调。

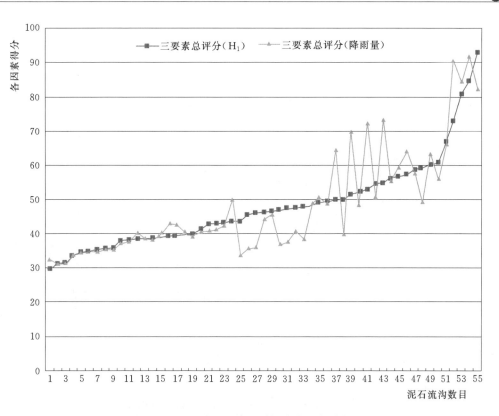

图 6.12　泥石流三要素两种评判方法相关性图

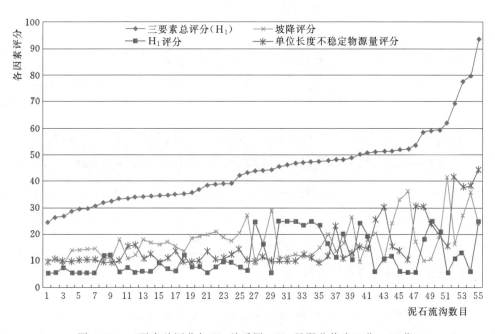

图 6.13　三要素总评分与 H_1 关系图（H_1 界限分值为 5 分、25 分）

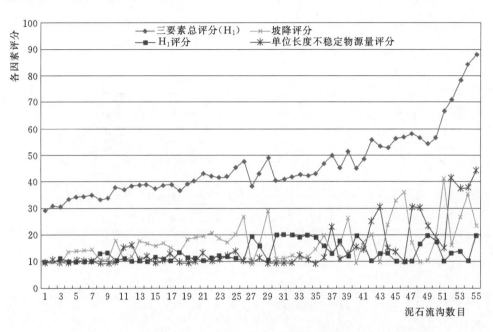

图 6.14　三要素总评分与 H_1 关系图（H_1 界限分值为 10 分、20 分）

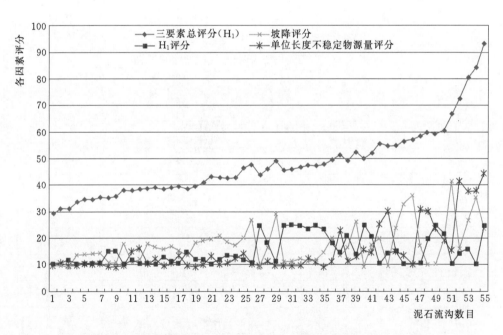

图 6.15　三要素总评分与 H_1 关系图（H_1 界限分值为 10 分、25 分）

6.4.1.2　泥石流易发程度评价方法

由于受当前测试水平的限制，目前泥石流的形成和运动机理仍然没有完全揭开。直接和间接参与泥石流形成或运动的各种自然因素众多，组合机制多样。中铁西南科学研究院有限公司谭炳炎等学者选择了 3 部分和 15 项因素对泥石流沟进行数量化综合评分，以研

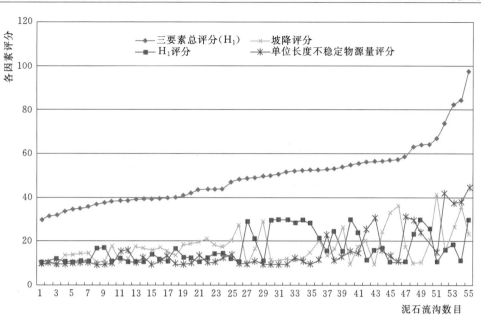

图 6.16　三要素总评分与 H_1 关系图（H_1 界限分值为 10 分、30 分）

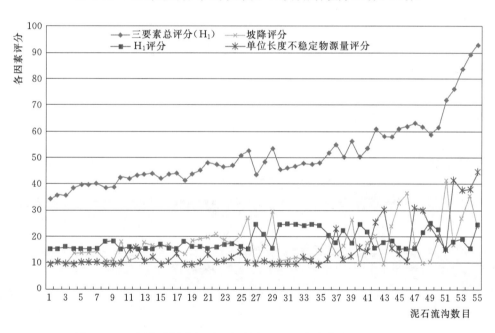

图 6.17　三要素总评分与 H_1 关系图（H_1 界限分值为 15 分、25 分）

究泥石流运动的潜在易发程度。

（1）流域地表基本特征。泥石流活动使流域微地貌发生较显著的侵蚀、堆积、生态环境恶化，因此地貌变化程度的强弱，在一定程度上反映了流域内是否存在泥石流活动以及泥石流活动的规模和强度。沟口泥石流扇形地貌发展变化，是直观现象之一，在现场调查时往往凭沟口泥石流扇形地貌发展变化、新老扇的叠置关系、挤压大河的程度、扇面堆积

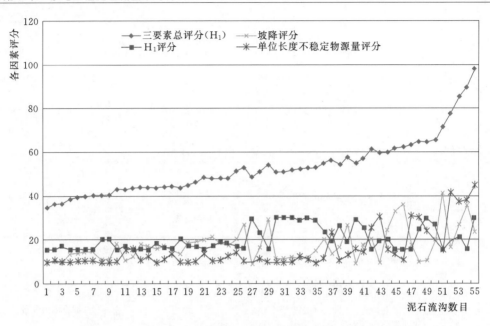

图 6.18 三要素总评分与 H_1 关系图（H_1 界限分值为 15 分、30 分）

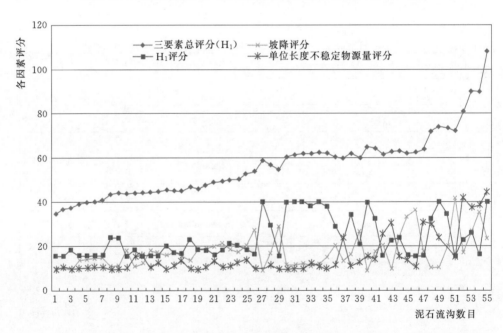

图 6.19 三要素总评分与 H_1 关系图（H_1 界限分值为 15 分、40 分）

物组构特征等的详细调查分析，就能基本上确定泥石流活动的频率、规模。属于流域地表因素的还有流域植被覆盖率、河沟两岸山坡坡度、流域面积和相对高差。

（2）流域内松散固体物质的产生和存在状态。有无充分的松散物和存在状态是决定是否为泥石流沟的重要条件，因此流域内崩塌、滑坡、水土流失（自然的和人为的）等现象的发育程度具有决定性的作用，其次是流域内及区域地质构造的影响、岩石类型、沿沟松散物储量及稳定性。

（3）泥石流运动的河槽条件。沟槽沿岸泥沙的补给河段长度比直接反映了泥沙的汇流特征，其次是河沟纵坡，河沟近期一次变形幅度，以及产沙区横断面特征和堵塞程度。

（4）数量化综合评判标准。泥石流沟数量化的综合评判包括两个内容：一是根据泥石流的客观条件（变量），即泥石流沟的判别因素判别其是否为泥石流沟；二是对判定属于泥石流的河沟，依据判别因素的量级，评定其在一定的暴雨激发下泥石流活动的规模和强度，即易发（严重）程度。泥石流沟的易发程度数量化综合评判，据谭炳炎的研究，选用有代表性的15项因素进行计分，按总分值来评判。

泥石流易发（严重）程度数量化评分见表6.15，数量化综合评判分级表见表6.16。

表6.15　泥石流易发程度数量化评分

序号	影响因素	量级划分							
		严重（A）	得分	中等（B）	得分	轻微（C）	得分	一般（D）	得分
1	崩塌、滑坡及水土流失（自然和人为的）的严重程度	崩塌、滑坡等重力侵蚀严重，多深层滑坡和大型崩塌，表土疏松，冲沟十分发育	21	崩塌、滑坡发育，多浅层滑坡和中小型崩塌，有零星植被覆盖，冲沟发育	16	有零星崩塌和滑坡发育，冲沟存在	12	无崩塌、滑坡、冲沟或发育轻微	1
2	泥沙沿程补给长度比	>60%	16	60%～30%	12	30%～10%	8	<10%	1
3	沟口泥石流堆积活动程度	河形弯曲或堵塞，大河主流受挤压偏移	14	河形无较大变化，仅大河主流受迫偏移	11	河形无变化，大河主流在高水位不偏移，低水位偏移	7	河形弯无变化，主流不偏移	1
4	河沟纵坡	>12°（21.3%）	12	12°～6°（21.3%～10.5%）	9	6°～3°（10.5%～5.2%）	6	<3°（5.2%）	1
5	区域构造影响程度	强抬升区，6级以上地震区，断层破碎带	9	抬升区，4～6级地震区，有中小支断层或无断层	7	相对稳定区，4级以下地震区有小断层	5	沉降区，构造影响小或无影响	1
6	流域植被覆盖率	<10%	9	10%～30%	7	30%～60%	5	>60%	1
7	河沟近期一次变幅	2m	8	2～1m	6	1～0.2m	4	0.2m	1
8	岩性影响	软岩、黄土	6	软硬相间	5	风化和节理发育的硬岩	4	硬岩	1
9	沿沟松散物储量	>10万 m³/km²	6	10万～5万 m³/km²	5	5万～1万 m³/km²	4	<1万 m³/km²	1
10	沟岸山坡坡度	>32°（>625‰）	6	32°～25°（625‰～466‰）	5	25°～15°（466‰～286‰）	4	<15°（<286‰）	1
11	产砂区沟槽横断面	V形谷、谷中谷、U形谷	5	拓宽U形谷	4	复式断面	3	平坦型	1

序号	影响因素	量 级 划 分							
		严重（A）	得分	中等（B）	得分	轻微（C）	得分	一般（D）	得分
12	产砂区松散物平均厚度	>10m	5	5～10m	4	5～1m	3	<1m	1
13	流域面积	0.2～5km²	5	5～10km²	4	0.2km²以下或10～100km²	3	>100km²	1
14	流域相对高差	>500m	4	500～300m	3	300～100m	2	<100m	1
15	河沟堵塞程度	严重	4	中等	3	轻微	2	无	1

注　数据来源于《泥石流灾害防治工程勘查规范》（DZ/T 0220—2006）。

表6.16　　　　　　　　　　　　泥石流易发程度数量化综合评判分级

是与非的判别界限值		划分易发程度界限值	
等级	得分范围	等级	得分范围
是	44～130	极易发	116～130
		易发	87～115
		轻度易发	44～86
否	15～43	不发生	15～43

注　数据来源于《泥石流灾害防治工程勘查规范》（DZ/T 0220—2006）。

6.4.1.3　三要素评价方法对比

根据上述三要素评价方法分别对前述55条泥石流沟进行了量化评分（表6.17），并与易发程度判别结果进行分析对比，分析结果如下：

（1）三要素法判别危险性很大沟1条（大沟），易发程度也判别该沟为极易发，两者相同。

（2）三要素法判别危险性大的沟共14条，易发程度对这14条沟判别有12条沟为易发，两者评判结果相同率85.7%。实地调查表明，这些沟在历史上均发生过大至较大规模泥石流，部分短暂堵河。

（3）其余40条泥石流沟三要素法判别危险性中等，易发程度对这40条沟判别结果有19条为易发，两者判别结果相同率为52.5%。

研究泥石流的样本中：大沟、上寨沟、张家沟、扯索沟、索龙沟、柳洪沟、大桥沟等7条沟危险性很大，实地调查表明，这些沟在历史上均发生过较大规模泥石流，且暴发泥石流的频率较高。样本中23条沟评价结果为危险性大，历史上亦发生过较大规模泥石流。样本中25条沟为危险性中等，历史上亦发生过一定规模泥石流。综上，三要素法有较强的适宜性和实用性。

6.4.1.4　泥石流危险度评价方法

泥石流危险度是指泥石流对环境的威胁及危害程度，以刘希林等提出的单沟泥石流危险度评价方法目前应用最为广泛，共采用7个评价因子，除主要内在因子泥石流规模m和发生频率f外，其他次要环境因子已经进一步减少至5个，它们是流域面积s_1、主沟长度s_2、流域相对高差s_3、流域切割密度s_6、不稳定沟床比例s_9。这5个次要因子均可从流

表 6.17　泥石流沟危险性判别结果

序号	三要素评分	编号	沟名	位置	自然属性				发育特征	降雨量		降雨强度		物源量			
					流域特征			易发程度评分	发育史概况	多年平均年降水量/mm	历年最大单日降水量/mm	降雨时段	暴雨强度均值/mm	松散物源总量/万m³	稳定源量/万m³	潜在不稳定源量/万m³	不稳定量/万m³
					面积/km²	主沟长/km	平均纵比降/‰										
1	93.07	21	大沟	瀑布沟水电站库区（四川省汉源县）	1.71	2.6	373.0	121	1992年大沟发生了泥石流。2003年夏天，大沟发生泥石流，淤埋了由县城通往乌斯河的公路。2004年夏天大沟暴发泥石流。2010年7月17日和24日、25日，大沟连续发生了3次泥石流	730.4	93.5	$H_{1/6}$ H_1 H_6 H_{24}	12.5 35 60 70	735.4	无	无	199.9
2	84.48	46	上寨沟	四川黑水县毛尔盖水电站	1.456	1.725	620.0		根据洪积物堆积浅表层结构特征，近百年来上寨沟没有发生大规模泥石流或山洪的迹象。洪积扇自下游向上游逐次移动堆积的特点，显示出上寨沟沟道堆积量逐渐减小，并向沟口淤积形成堆顶，使后期少量依次移动的特征。黑水河上游依次移动向黑水河	835.3	无	H_{24}	46	540	400	80	60
3	80.56	84	张家沟	雅砻江江边水电站	4.4	3.85	436.4	93	据调查，张家沟一般10年左右爆发一次较大的洪流。除2003年爆发大规模泥石流外，历史上曾发生过一次大规模泥石流，规模较大。堆塞九龙河数分钟。1982年、1993年及1999年发生较大规模的泥石流。此外，在1904年亦发生一次规模较大的泥石流，堵塞河流数小时	900.6	无	$H_{1/6}$ H_1 H_6 H_{24}	11.2 22 45 55	490.85	无	无	129.60

续表

序号	三要素评分	编号	沟名	位置	面积/km²	主沟长/km	平均纵比降/‰	易发程度评分	发育史概况	多年平均降水量/mm	历年最大单日降水量/mm	降雨时段	暴雨强度均值/mm	松散物源总量/万m³	稳定物源量/万m³	潜在不稳定物源量/万m³	不稳定量/万m³
4	72.63	1	扯索沟	硬梁包水电站库区	19.4	7.41	225.7	92	1957年、2005年暴发过较大规模泥石流，短暂堵塞大渡河，1961年暴发过一次规模相对较小的泥石流	1300	100	$H_{1/6}$	8	2000	1620	90	290
												H_1	19				
												H_6	39				
												H_{24}	65				
5	66.83	11	索龙沟	猴子岩水电站库区（丹巴县）	2.84	2.62	729.0	96	1965年暴发过泥石流，初估冲出固体物质近2万m³	无	无	$H_{1/6}$	7.5	280	无	无	18.5
												H_1	12.5				
												H_6	25				
												H_{24}	37				
6	64.52	55	柳洪沟	美姑河牛牛坝水电站工程（美姑）	24.13	7.2	283.5		柳洪沟近期已暴发了两次较大规模的泥（水）石流，分别是2004年6月13日和2005年7月18日泥石流，尤其是后者规模最大	814.3	70.2	$H_{1/6}$	12.5	2892.7	2707.5	95	90.2
												H_1	30				
												H_6	55				
												H_{24}	70				
7	60.04	17	大桥沟	官地水电站（西昌市）	170.1	26.12	97.1	112	1998年暴发近80年来最大规模泥石流，2005年暴发中等规模泥石流	1000.4	135.7	$H_{1/6}$	12.5	4934.65	2733.1	1546.19	655.36
												H_1	27.5				
												H_6	56.0				
												H_{24}	71.0				

序号	三要素评分	编号	沟名	自然属性				易发程度评分	发育特征	降雨量		降雨强度		物源量			
				位置	流域特征				发育史概况	多年平均降水量/mm	历年最大日降水量/mm	降雨时段	暴雨强度均值/mm	松散物源总量/万m³	稳定物源量/万m³	潜在不稳定物源量/万m³	不稳定量/万m³
					面积/km²	主沟长/km	平均纵比降/‰										
8	59.15	41	老太庙沟		7.758	5.878	110.45	67	该沟在1957年以前，由于沟域内植被良好，在暴雨季节一般以洪水为主，基本无泥石流活动。而自1958年以来，由于大量砍伐树林，导致植被破坏严重，特别是在同年老太庙沟源附近修建东大堰（渠）后，主要下雨就有石头、树枝或一般情况下，只要下雨沟中冲出，老太庙在1974年左右（1975年复修东大堰之前），老太庙发生丁迄今为止最大一次泥石流			$H_{1/6}$：12.5 H_1：35 H_6：50 H_{24}：70		322	220	0	102
9	58.46	15	响水沟	长河坝水电站施工区（康定县）	50.92	14.26	246.2	89	2009年"7·23"泥石流导致大渡河的堰塞湖，形成库容达300万m³的堰塞湖，造成人员伤亡	600.1	49.8	$H_{1/6}$：7.5 H_1：15 H_6：25 H_{24}：39		1337.77	无	967.13	370.64
10	57.11	36	红岩窝沟	瓦斯河龙洞水电站（康定县）	1.953	2.86	625.9	50	红岩窝沟在最近50多年以来没有发生过泥石流。自1966年以来，即1968年和1995年夏天发生	815.7	49.4	$H_{1/6}$：7.5 H_1：12.5 H_6：25 H_{24}：41		769.55	765	4.55	无
11	56.5	35	瓦支沟取水口前左支沟	两河口水电站炸药库（雅江县）	0.87	1.9	556.8	102	取水口前左支沟为沟谷型泥石流沟，在2010年与2011年汛期均暴发过中小规模泥石流	705.2	无	$H_{1/6}$：7.5 H_1：12.5 H_6：25 H_{24}：40		57	无	无	9.5

续表

序号	三要素评分	编号	沟名	位置	面积/km²	主沟长/km	平均纵比降/‰	易发程度评分	发育史概况	多年平均年降水量/mm	历年最大单日降水量/mm	降雨时段	暴雨强度均值/mm	松散物源总量/万m³	稳定物源量/万m³	潜在不稳定物源量/万m³	不稳定量/万m³
12	56.04	16	牛棚子沟	长河坝水电站施工区(康定县)	16.95	7.9	307.4	94	1988年泥石流短暂堵塞大渡河	600.1	49.8	$H_{1/6}$	7.5	397.67	无	无	153.37
												H_1	15				
												H_6	25				
												H_{24}	39				
13	54.71	3	磨子沟(右岸)	硬梁包水电站坝下游(泸定县)	29.94	8.96	193.1	90	1957年、2005年暴发过较大规模泥石流、均半幅堵塞大渡河；1982年和1998年暴发过规模相对较小的泥石流	1300	100	$H_{1/6}$	8	1700	无	无	230
												H_1	19				
												H_6	39				
												H_{24}	65				
14	54.63	28	唐房沟	泸定水电站(泸定县)	3.5	4	380		1911年7月、1944年4月特大暴雨泥石流(山洪)冲毁沟床两侧农田一两百亩。山洪(或泥石流)至大渡河边。1956年农历六月特大暴雨冲毁沟床两侧农田一二十亩。1981年8月21—23日的特大暴雨泥石流	642.9	72.3	$H_{1/6}$	7.5	230	120	80	30
												H_1	20				
												H_6	40				
												H_{24}	60				
15	52.66	10	磨房沟	硬梁包水电站营地(泸定县)	2.77	3.68	432.1	90	1975年暴发的泥石流初估冲出固体物质近3万m³；2011年泥石流初测冲出固体物质约2万m³	1300	100	$H_{1/6}$	7.5	62	无	无	16
												H_1	17				
												H_6	30				
												H_{24}	51				

序号	三要素评分	编号	沟名	自然属性 位置	流域特征 面积/km²	主沟长/km	平均纵比降/‰	易发程度评分	发育特征 发育史概况	降雨量 多年平均降水量/mm	历年最大日降水量/mm	降雨强度 降雨时段	暴雨强度均值/mm	物源量 松散物源总量/万m³	稳定物源量/万m³	潜在不稳定物源量/万m³	不稳定量/万m³
16	52.02	54	海尔沟	大渡河龙头石水电站新民集镇迁建场址（石棉）	24.842	10.096	249.21	89	海尔沟只在迄今为止为在1960年和1992年夏天发生过石头冲出的两次水，但均有少量石头冲出，而从未发生过大规模泥石流。随着海尔沟流域相继修建小康、长安、双军、红岩、庙子坎1和2级等共6级水电站导水明渠及为修建水电站的配套和路堑边坡、开挖形成的大量弃渣和路堑边坡，对沟域内植被破坏非常明显，形成了大量松散物源，且稳定性差	801.3	108.6	$H_{1/6}$	12.5	839.812	666.98	112.774	60.110
												H_1	28				
												H_6	52				
												H_{24}	74				
17	51.44	4	磨子沟（左岸）	硬梁包水电站坝下游（泸定县）	10.15	6.46	170.3	74	1974年暴发过一次泥石流，持续20余分钟，近沟床局部耕地被毁	1300	100	$H_{1/6}$	8	3987	无	无	110
												H_1	19				
												H_6	39				
												H_{24}	65				
18	49.89	38	田嘴河	大渡河瀑布沟水电站（汉源县）	108.24	13.95	86.54	71	田嘴河近30年以来，形成较大规模的泥石流有2次。即1982年雨季暴发了中等一大规模的泥石流。发生在1998年一次大规模泥石流形成规模明显小于1982年泥石流	748.4	168.2	$H_{1/6}$	12.5	4143.9	3154.2	882.7	107
												H_1	35				
												H_6	50				
												H_{24}	70				
19	49.81	5	普斯罗沟	锦屏坝前（木里县）	9.61	7.99	302.6	64	1995年、1998年和2004年均发生泥石流，2004年规模最大，流冲出固体物质总量达近3万m³	1300	无	$H_{1/6}$	11	356	无	无	19.5
												H_1	25				
												H_6	43				
												H_{24}	56				

续表

序号	三要素评分	编号	沟名	位置	自然属性 流域特征 面积/km²	主沟长/km	平均纵比降‰	易发程度评分	发育特征 发育史概况	降雨量 多年平均年降水量/mm	历年最大单日降水量/mm	降雨强度 降雨时段	暴雨强度均值/mm	物源量 松散物源总量/万m³	稳定源量/万m³	潜在不稳定物源量/万m³	不稳定源量/万m³
20	49.2	71	进水口沟	双江口电站（丹巴）	1.73	2.71	486.2	110	经现场调查访问，2009年8月发生过一次小规模的泥石流，由于2009年内沟内堆积了一些丢弃的原木，暴雨后就由于水土流失和原木一起阻塞沟道形成了堰塞体，溃后引发了泥石流	593.8	43.4	$H_{1/6}$	7.4	无	无	0.75	1.28
21	49.07	18	黑水河	官地水电站库内（西昌市）	331.79	9.5	227.9	75	2005年在少量施工弃渣参与下形成小规模泥石流，2012年"锦屏8·30地质灾害"中，冲出近固体物质近3万m³	1000.4	135.7	$H_{1/6}$ H_1 H_6 H_{24}	14.0 30.0 33.3 45.4	6021.4	5912.6	88.65	20.15
22	47.91	25	孙家沟	黄金坪水电站坝址区（康定县）	14.43	6.639	445.4	115	近50年以来，孙家沟大规模暴发泥石流只有2次，即1960年农历6月间暴发孙家沟公路桥及民房数间，并冲垮姑咱—丹巴公路，死亡数人，造成很大危害。其后在1995年农历6月6日，孙家沟又普暴暴发过泥石流	642.9	72.3	$H_{1/6}$ H_1 H_6 H_{24}	— 13 25 39	732.258	210.506	515.222	6.53
23	47.76	49	龙潭沟	汉源县城新址一萝卜岗场地	5.07	5.59	195	68	最近50多年以来，龙潭沟没有发生过泥石流	730.8	85.9	$H_{1/6}$ H_1 H_6 H_{24}	12.5 33 55 70	438.5	412	25.5	1.0

续表

序号	三要素评分	沟名	编号	自然属性 流域特征 位置	面积/km²	主沟长/km	平均纵降/‰	易发程度评分	发育特征 发育史概况	降雨量 多年平均降水量/mm	历年最大单日降水量/mm	降雨强度 降雨时段	暴雨强度均值/mm	物源量 松散物源总量/万m³	稳定物源量/万m³	潜在不稳定物源量/万m³	不稳定量/万m³
24	47.43	连渣依木支沟	51	美姑河牛牛坝水电站移民防护工程（美姑县）	54.25	10.072	125.0	110	近50年以来，连渣依木支沟形成较大规模的泥石流只有1次，即2005年7月15日下午16—18时暴发	814.3	70.2	$H_{1/6}$	12.5	1006	531.5	434.65	39.85
												H_1	33				
												H_6	55				
												H_{24}	70				
25	47.32	瓦厂沟	43		7.43	5.57	133.11	49	近100年以来，瓦厂沟形成较大规模泥石流只有1次，即1932年7月13日发生的泥石流。该次泥石流造成重大的人员伤亡和财产损失			$H_{1/6}$	12.5	2065.2	2050.2	5	10
												H_1	35				
												H_6	50				
												H_{24}	70				
26	46.81	马家沟	42		11.761	4.959	144.36	73	近50年以来，只发生过两次较大规模的泥石流，分别是1953年和1974年雨季发生。除1953年泥石流属自然因素成的外，1974年形成泥石流与沟自然属于沟内主要由于工程活动成的松散物源所致			$H_{1/6}$	12.5	832.5	425	405	2.5
												H_1	35				
												H_6	50				
												H_{24}	70				
27	46.32	野坝沟	52	长河坝水电站（四川康定）	27.7	8.37	304	85	野坝沟沟内每年7月份暴发洪水，并且1961年6—7月野坝沟暴发过一次大规模的泥石流，这次泥石流携带出沟内大量松散物源，导致大渡河被堵，形成堰塞坝后溃决	642.9	72.3	$H_{1/6}$	7.5	176.14	75.91	50	50.23
												H_1	15				
												H_6	26.5				
												H_{24}	36.5				

续表

序号	编号	三要素评分	沟名	自然属性 位置	面积/km²	主沟长/km	平均纵降比/‰	易发程度评分	发育特征 发育史概况	多年平均年降水量/mm	历年最大单日降水量/mm	降雨时段	暴雨强度均值/mm	松散物源总量/万m³	稳定物源量/万m³	潜在不稳定物源源量/万m³	不稳定定量/万m³
28	6	46.17	印把子沟	锦屏水电站施工区（木里县）	25.2	9.5	227.9	75	2005年在少量施工弃渣参与下形成小规模泥石流。2012年"锦屏8·30地质灾害"中，冲出近固体物质近3万m³	792.8	无	H₁/₆	11	276	无	无	24.3
												H₁	25				
												H₆	43				
												H₂₄	56				
29	39	45.92	火烧寺沟		37.887	7.521	123.96	88	自1958年曾经发生过较大规模泥石流外，1978—1980年只发生过洪水，一直到2003年农历7月，因人为因素暴发了自1958年以来唯一一次一定规模的泥石流			H₁/₆	12.5	14672	14557	110	5
												H₁	35				
												H₆	50				
												H₂₄	70				
30	44	45.44	向阳河		20.382	8.876	119.68	46	向阳河仅1932年发生较大规模泥石流，据对堆积扇测量，此次泥石流应属中等以上规模，自从1932年的泥石流后，再未发生过较大规模的泥石流。向阳河1932年7月13日发生较大规模泥石流			H₁/₆	12.5	3135.6	3116	16.5	3.1
												H₁	35				
												H₆	50				
												H₂₄	70				

域地形图上准确获取。次要因子选取的原则和方法是：从与单沟泥石流危险度有关的 14 个候选因子中，采用双系列关联度分析方法，即分别将 14 个候选因子与泥石流规模和发生频率进行关联度分析，再根据每个候选因子与泥石流规模和发生频率得出的两个关联度的平均值来确定是否与主要因子关系密切，从而决定其取舍。根据邓聚龙教授设定的判别条件：关联度大于 0.85 为相关关系好；关联度在 0.85～0.5 之间为相关关系中等；关联度小于 0.5 为相关关系差。选择相关关系好的环境因子作为泥石流危险度的次要评价因子，由此得到单沟泥石流危险度评价的以上 5 个次要因子（表 6.18）。

表 6.18　　　　　14 个候选环境因子与泥石流规模和发生频率的关联度

候选因子	符号	与规模 M 的关联度 R_m	与发生频率 F 的关联度 R_f	平均关联度 $R=(R_m+R_f)/2$	相关程度
流域面积	s_1	0.89	0.86	0.88	好
主沟长度	s_2	0.88	0.85	0.86	好
流域相对高差	s_3	0.88	0.85	0.86	好
主沟床坡度	s_4	0.85	0.83	0.84	中等
形成区山坡平均密度	s_5	0.86	0.83	0.84	中等
流域切割密度	s_6	0.88	0.86	0.87	好
主沟床弯曲系数	s_7	0.86	0.83	0.84	中等
松散固体物质储量	s_8	0.84	0.82	0.83	中等
不稳定沟床比例	s_9	0.87	0.85	0.86	好
24h 最大降雨量	s_{10}	0.86	0.83	0.84	中等
年平均降雨量	s_{11}	0.86	0.83	0.84	中等
植被覆盖率	s_{12}	0.93	0.82	0.82	中等
垦殖指数	s_{13}	0.85	0.83	0.84	中等
人口密度	s_{14}	0.85	0.83	0.84	中等

注　样本数为 37 个，原始资料见《泥石流危险性评价》（作者刘希林、唐川，科学出版社 1995 年出版）一书。

现将单沟泥石流危险度评价中的主要因子和次要因子分述如下：

（1）泥石流规模 m。用一次泥石流冲出物堆积方量来表示，单位为 10^3m^3。泥石流规模越大，遭到泥石流损害的可能性就越大。泥石流规模是影响泥石流危险度最直接的指标之一，属主要因子。

（2）泥石流发生频率 f。用历史上泥石流发生次数除以统计年数来表示，单位为次/100 年。对泥石流危害对象来说，当泥石流规模不大时，对其造成的损害可能较轻。但若泥石流发生频率很高，对其造成的累积损害仍然可能很大；当规模很大且发生频率很高时，那么遭到泥石流损害的可能性就很大。泥石流发生频率也是影响泥石流危险度最直接的指标之一，属主要因子。

（3）流域面积 s_1。流域面积指分水岭包围下的汇水面积，不包括泥石流堆积扇部分，单位为 km^2。流域面积反映流域的产沙和汇流状况。一般来说，流域面积与流域的产沙量成正相关，产沙量的多少影响到流域内松散固体物质的储量，松散固体物质储量又影响到泥石流冲出物方量，因此它与泥石流规模和发生频率关系密切，对危险度评价有显著影响。

（4）主沟长度 s_2。主沟长度指主沟沟头到沟口的平面投影长度，单位为 km，它决定着泥石流的流程和沿途接纳松散固体物质的能力。泥石流的流程越远，其动能和破坏力越大，因此它与泥石流规模和发生频率关系密切，对危险度评价有显著影响。

（5）流域相对高差 s_3。流域相对高差指流域内海拔最高点与最低点之差，单位为 km，它反映流域的势能和泥石流的潜在动能。一般来说，流域相对高差越大，山坡稳定性越差，崩塌、滑坡等越发育，水流的汇流速度也越快，发生泥石流的动力条件就越充分，因此它与泥石流规模和发生频率关系密切，对危险度评价有显著影响。

（6）流域切割密度 s_6。用流域内切沟和冲沟的总长度除以流域面积来表示，单位为 km^{-1}。为减少工作量，纹沟和细沟不计在内。流域切割密度综合反映流域的地质构造、岩性、岩石风化程度以及产沙和汇流状况。一般来说，流域切割密度越大，沟道侵蚀越发育，固体和液体径流可能越大，泥石流潜在破坏力就越大，因此它与泥石流规模和发生频率关系密切，对危险度评价有显著影响。

（7）不稳定沟床比例 s_9。用不稳定沟床长度除以主沟长度来表示。不稳定沟床比例反映泥沙补给的范围和可能补给量的大小。比值越大，表明泥沙补给条件越有利于泥石流形成，因此它与泥石流规模和发生频率关系密切，对危险度评价有显著影响。

各评价因子的权重数和权重系数的确定方法与前期研究文献中的相同，结果见表 6.19。

表 6.19　　　　　　　　　　单沟泥石流危险度评价因子的权重系数

项目	m	f	s_1	s_2	s_3	s_6	s_9
权重数	10	10	5	3	2	4	1
权重系数	0.29	0.29	0.14	0.09	0.06	0.11	0.03

最新的单沟泥石流危险度计算公式如下：

$$H_{单}=0.29M+0.29F+0.14S_1+0.09S_2+0.06S_3+0.11S_6+0.03S_9 \qquad (6.11)$$

式中：M，F，S_1，S_2，S_3，S_6，S_9 分别为 m，f，s_1，s_2，s_3，s_6，s_9 的转换值（表 6.20）。

表 6.20　　　　　　　　单沟泥石流危险度评价因子的转换值（1996 年）

规模 m /$10^3 m^3$	发生频率 f/%	流域面积 s_1/km^2	主沟长度 s_2/km	流域相对高差 s_3/km	流域切割密度 s_6/km^{-1}	不稳定沟床比例 s_9	转换值
<1	<0.1	>50，<0.5	<0.5	<0.2	<0.2	<0.1	0
1~10	0.1~1	0.5~2	0.5~1	0.2~0.5	0.2~0.5	0.1~0.2	0.2
10~100	1~10	2~5	1~2	0.5~0.7	0.5~1	0.2~0.3	0.4
100~500	10~50	5~10	2~5	0.7~1	1~1.5	0.3~0.4	0.6
50~1000	50~100	10~30	5~10	1~1.5	1.5~2	0.4~0.6	0.8
>1000	>100	30~50	>10	>1.5	>2	>0.6	

对单沟泥石流危险度评价最新的改进是将表中评价因子的转换值由表格改为公式化，这样能使每一项评价因子在其取值范围内的转换值连续变化于0~1之间，不至于像表中在评价因子分级临界点上出现转换值的跳跃式变化，见表6.21。

表6.21　　　　　　　　　单沟泥石流危险度评价因子的转换函数

转换值（0~1）	转换函数（m, f, s_1, s_2, s_3, s_6, s_9 为实际值）
M	$M=0$，当 $m \leqslant 1$ 时； $M = \lg m / 3$，当 $1 < m \leqslant 1000$ 时； $M=1$，当 $m > 1000$ 时
F	$F=0$，当 $f \leqslant 1$ 时； $F = \lg f / 2$，当 $1 < f \leqslant 100$ 时； $F=1$，当 $f > 100$ 时
S_1	$S_1 = 0.2458 s_1^{0.3495}$，当 $0 \leqslant s_1 \leqslant 50$ 时； $S_1 = 1$，当 $s_1 > 50$ 时
S_2	$S_2 = 0.2903 s_2^{0.5372}$，当 $0 \leqslant s_2 \leqslant 10$ 时； $S_2 = 1$，当 $s_2 > 10$ 时
S_3	$S_3 = 2 s_3 / 3$，当 $0 \leqslant s_3 \leqslant 1.5$ 时； $S_3 = 1$，当 $s_3 > 1.5$ 时
S_6	$S_6 = 0.05 s_6$，当 $0 \leqslant s_6 \leqslant 20$ 时； $S_6 = 1$，当 $s_6 > 20$ 时
S_9	$S_9 = s_9 / 60$，当 $0 \leqslant s_9 \leqslant 60$ 时； $S_9 = 1$，当 $s_9 > 60$ 时

泥石流危险度分级目前还没有统一的标准，使用者可以根据自己的工作需要或繁或简地对危险度在 [0, 1] 闭区间范围内作任意等级的划分。数值分级目前也没有统一的方法，无论采用简单的等差分级或等比分级，还是采用略为复杂的指数分级，均存在着等级间的临界值问题。例如，0.36 和 0.6 仍处于一个等级内，而 0.6 和 0.61 则可能处于两个不同的等级。问题的关键是能否确定数值 0.6 即为从量变到质变的一个飞跃点，如果是发生质变的飞跃点，当然可以以此作为分级的临界值。但在对泥石流这一复杂现象的许多本质还不十分清楚的情况下，要找到这样一些质变点较为困难。因此，传统的布拉德福定律中的区域分析方法，即将一定范围内的数值作等分划分成若干区域的方法，仍是目前处理数值分级的简单而又常用的方法。为与单沟泥石流易损度和风险度分级接轨，本书以 0.2 为公差将单沟泥石流危险度在 [0, 1] 范围内等分为五级。最新的单沟泥石流危险度分级标准及实际意义见表6.22。

6.4.2　泥石流活动强度评估

6.4.2.1　泥石流发展阶段的判别

就泥石流发育阶段而言，目前对其划分大致可归为以下几个阶段：形成期（青年期）、发展期（壮年期）、衰退期（老年期）和间歇或终止期。各阶段从沟道演变、与主沟道之间的相互交接关系等诸方面都有其典型特征，具体见表6.23。

表 6.22　　　　　　　　　单沟泥石流危险度和泥石流活动特点及其防治对策

单沟泥石流危险度	危险度分级	泥石流活动特点	灾情预测	防治原则	防治对策
0.0～0.2	极低危险	基本上无泥石流活动	基本上没有泥石流灾难	防为主，无须治	维持生态环境的良性循环
0.2～0.4	低度危险	各因子取值较小，组合欠佳，能够发生小规模低频率的泥石流或山洪	一般不会造成重大灾难和严重危害	防为主，治为辅	加强水土保持，保护生态环境，搞好群策群防；必要时辅以一定的工程治理
0.4～0.6	中度危险	个别因子取值较大，组合尚可，能够间歇性发生中等规模的泥石流，较易由工程治理所控制	较少造成重大灾难和严重危害		实施生物工程和土木工程综合治理即可抑制泥石流的发生发展；必要时可建立预警避难系统，避免不必要的灾害损失
0.6～0.8	高度危险	各因子取值较大，个别因子取值甚高，组合亦佳，处境严峻，潜在破坏力大，能够发生大规模和高频率的泥石流	可造成重大灾难和严重危害		加强预测预报和预警避难等软措施，同时施以生物工程和土木工程综合治理等硬措施；确保危害对象安全无恙
0.8～1.0	极高危险	各因子取值极大，组合极佳，一触即发，能够发生巨大规模和特高频率的泥石流	可造成重大灾难和严重危害		尽量绕避，不能绕避的建立预警避难系统；必要时采取生物工程和土木工程综合治理，将可能的灾害损失减少到最低程度

表 6.23　　　　　　　　　　　　　泥石流发展各阶段判别特征

识别标记		形成期（青年期）	发展期（壮年期）	衰退期（老年期）	间歇或终止期
主支流关系		主沟侵蚀速度不大于支沟侵蚀速度	主沟侵蚀速度大于支沟侵蚀速度	主沟侵蚀速度小于支沟侵蚀速度	主支沟侵蚀速度均等
主河	河型	堆积扇发育逐步挤压主河，河型间或发生变形，无较大变形	主河河型受堆积扇发展控制，河形受迫弯曲变形，或被暂时性堵塞	主河河型基本稳定	主河河型稳定
	主流	仅主流受迫偏移，对对岸尚未构成威胁	主流明显被挤偏移，冲刷对岸河堤、河滩	主流稳定或向恢复变形前的方向发展	主流稳定
沟口地段	堆积扇	沟口出现扇形堆积地形或扇形地处于发展中	沟口扇形堆积地形发育，扇缘及扇高在明显增长中	沟口扇形堆积在萎缩中	沟口扇形地貌稳定
	新老扇	新老扇置不明显或为外延式叠置，呈叠瓦状	新老扇叠置覆盖外延，新扇规模逐步增大	新老扇呈后退式覆盖，新扇规模逐步变小	无新堆积扇发生
	扇面变幅/m	0.2～0.5	＞0.5	≤±0.2	无或成负值
支沟变形	纵	中强切蚀，溯源冲刷，沟槽不稳	强切蚀、溯源冲刷发育，沟槽不稳	中弱切蚀、溯源冲刷不发育，沟槽趋稳	平衡稳定
	横	纵向切蚀为主	纵向切蚀为主，横向切蚀发育	横向切蚀为主	无变化
	沟坡	变陡	陡峻	变缓	缓
	沟形	裁弯取直、变窄	顺直束窄	弯曲展宽	自然弯曲、展宽、河槽固定

续表

识别标记		形成期（青年期）	发展期（壮年期）	衰退期（老年期）	间歇或终止期
松散物状态	高度/m	$H=10\sim30$	$H>30$ 高边坡堆积	$H<30$ 边坡堆积	$H<5$
	坡度/(°)	$32\sim25$	>32	$15\sim25$	$\leqslant15$
	塌方率	$1\sim10$	>10	$10\sim1$	<1
	泥沙补给	不良地质现象在扩展中	不良地质现象发育	不良地质现象在缩小控制中	不良地质现象逐步稳定
	植被	覆盖率在下降，为$30\%\sim10\%$	以荒坡为主，覆盖率小于10%	覆盖率在增长，为$30\%\sim60\%$	覆盖率较高，为大于60%
触发雨量		逐步变小	较小	较大并逐步增大	

6.4.2.2　区域泥石流活动性判别

根据区域内泥石流的评判要素，调查内容分综合雨情、所在地形地貌、构造活动影响、地震、岩性、松散物储量、植被覆盖率及人类不合理活动等9个方面的统计资料，按表6.24中的项目进行区域性泥石流活动综合评判量化分析，确定泥石流活动性分区。

表6.24　　　　　　　　　　　区域内泥石流活动性判别特征

地面条件类型	极易活动区	评分	易活动区	评分	轻微活动区	评分	不易活动区	评分
综合雨情	$R>10$	4	$R=4.2\sim10$	3	$R=3.1\sim4.2$	2	$R<3.1$	1
阶梯地形	两个阶梯的连接地带	4	阶梯内中高山区	3	阶梯内低山区	2	阶梯内丘陵区	1
构造活动影响	大	4	中	3	小	2	无	1
地震	6级以上地震区	4	4~6级地震区	3	4级以下地震区	2	无	1
岩性	软岩、黄土	4	软、硬相间	3	风化和节理发育的硬岩	2	质地良好的硬岩	1
松散物储量/(万 m³/km²)	很丰富（>10）	4	丰富（10~5）	3	较少（5~1）	2	少（<1）	1
植被覆盖率/%	<10	4	10~30	3	30~60	2	>60	1
泥石流沟分布点密度	>0.15	4	0.15~0.10	3	0.10~0.05	2	<0.05	1
发生频率	高频	4	中频	3	低频	2	极低频	1

区域性泥石流活动量化分级标准：①极易活动区：总分大于32分；②易活动区：总分23～32分；③轻微活动区：总分14～22分；④不易活动区：总分小于14分。

综合上述各因素调查评判后，还可按表6.25对泥石流活动强度进行判别。

表6.25　　　　　　　　　　　泥石流活动强度判别表

活动强度	堆积扇规模	主河河型变化	主流偏移程度	泥沙补给/%	松散物贮量/(万 m³/km²)	松散体	小时雨强/mm
很强	很大	被逼弯	弯曲	>60	>10	很大	>10
强	较大	微弯	偏移	60~30	10~5	较大	4.2~10
较强	较小	无变化	大水偏	30~10	5~1	较小	3.1~4.2
弱	小或无	无变化	不偏	<10	<1	小或无	<3.1

6.4.3　水电工程泥石流危害程度评价

根据水电工程自身特点及泥石流对主体建筑、施工建筑物和集中居住区的冲毁、水毁作用等次生作用的研究成果，泥石流可能导致工程失事、功能损伤和人员伤亡等灾情及潜在险情，以及泥石流危害对象及可能造成的危害后果进行水电工程泥石流危害程度划分，危害等级分为四级，见表6.26。

表 6.26　　　　　　　　　　　水电工程泥石流危害程度表

危害等级	危害对象						
	主体建筑物	施工（临时）建筑物					集中居住区
	水工建筑物级别	渣场		临时生产作业区域人数/人	仓库		临时导流建筑物级别	安置人数/人
		永久	临时		永久	临时		
Ⅰ	1～3级	特大型		501～1000				201～600
Ⅱ	4级	大型	特大型	100～500	大型		3级	≤200
Ⅲ	4级	中型	大型	<100	中型	大型	5级	
Ⅳ	5级	小型	中—小型			小型	中型	5级

6.4.4　泥石流危险区范围预测

泥石流是威胁山区集镇、城市、铁路及公路交通、水利水电工程安全的主要自然灾害之一，提高对山区泥石流的防灾减灾能力的关键是泥石流危险区范围的预测。对于泥石流危险范围预测，国外有的专家从统计学、水力学等不同角度进行研究，建立了泥石流危险范围预测数学模型；有的则强调感性认识，凭经验通过实地勘测，现场确定泥石流危险范围。中国较早的泥石流危险范围研究是配合泥石流地区公路选线开展的，随后提出流域面积单因子预测泥石流危险范围的简易方法。近年经过不断摸索，开展泥石流堆积的模型实验并探讨泥石流堆积过程中各因素间的相互关系，使得泥石流危险范围预测有了新的进展。李阔、唐川在前人研究基础上，结合泥石流危险范围模型实验数据，运用多元回归分析方法建立了泥石流危险范围预测模型，分析东川城区后山泥石流的危险范围。

6.4.4.1　泥石流危险范围定义

泥石流危险范围是指有可能遭到泥石流损害的区域。泥石流危险范围有广义和狭义之分，广义的危险范围指泥石流全流域，包括泥石流形成区、流通区和堆积区。狭义的危险范围仅指泥石流堆积区，即堆积扇部分。由于堆积扇较为平坦开阔，多成为山区人类活动最频繁、工农业生产最集中和村寨城镇最密集的场所，同时也是我国山区扇形地开发利用的主要对象。泥石流堆积扇不仅是泥石流与人类社会生存发展相互斗争的焦点，也是泥石流具有最后"杀伤"作用的地带，泥石流堆积扇是山区人类社会最为关注的区域，因此通常泥石流危险范围主要指堆积扇部分。

狭义的泥石流危险范围即泥石流可能堆积的区域是一个明确的空间概念，它可以由若干线条图画出其周围界限，从而计算出该区域的面积。

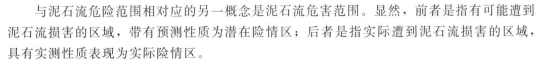

与泥石流危险范围相对应的另一概念是泥石流危害范围。显然，前者是指有可能遭到泥石流损害的区域，带有预测性质为潜在险情区；后者是指实际遭到泥石流损害的区域，具有实测性质表现为实际险情区。

6.4.4.2　泥石流危险范围研究现状

泥石流危险范围的预测即泥石流灾害的空间预测，是泥石流预测预报研究中的一项重要内容。泥石流危险范围的确定，对山区铁路公路选线、桥梁涵洞选址、水电水利工程定位、城镇村寨设置布局以及泥石流预警避难路线的选择和综合防治规划的制定等都具有极为重要的实际意义和科学价值。相对于泥石流灾害的时间预测来说，空间预测会容易一些，预测的准确率也高一些，但同样有个预测尺度问题，预测尺度越小，难度就越大，准确率就越低。泥石流危险范围的确定并非想象的那样简单和一目了然，对于泥石流这种突发性山地灾害来说，其复杂多变的流路、反复无常的特性，大大增加了确定其堆积泛滥区域的困难。可以说，泥石流危险范围的预测仍是目前泥石流研究中的薄弱环节和难点所在，特别是对于某一条泥石流沟和某一次泥石流这样小尺度的空间预测来说更是如此。自20世纪80年代以来，国内外研究泥石流的学者一直在这一领域努力探索，取得了一系列可喜的成果，但由于泥石流本身和堆积下界面的不确定性，这一领域的研究尚需继续深入，并在实践中臻于完善。

日本是国际上较早也较多地涉及泥石流危险范围预测的国家之一。1979年，池谷浩等就初步开展了这一工作，他根据流域面积推算泥石流冲出量，根据冲出量来推算泥石流堆积长度和堆积宽度，率先从统计学角度探讨了这一问题。1980年，高桥保和水山高久等开展了泥石流堆积过程和堆积范围的模型实验，开始从水力学角度探讨这一问题。1985年，水山高久等又通过改进的模型实验，在先进的计算机设备支持下。采用连续流基础方程式建立了泥石流（主要是水石流）危险范围预测的数学模型。1987年，高桥保等又对上述模型作了修正，他们将泥石流分为泥流型和石砾型两类，再运用连续流基础方程式分别建立了两种不同类型的泥石流危险范围预测模型。该模型与水力学实验结果吻合较好，但与实际验证差距较大，且不适用于黏性泥石流。随着这一研究的进一步深入，石川芳治等用模型实验模拟堆积区具有沟槽和隆起等微地貌时，泥石流堆积范围应如何修正以及泥石流流体中细粒物质对泥石流堆积扩散的影响等。尽管这些探索刚刚起步，但意义深远，是今后努力的方向。与此同时，统计学在这一领域的应用仍在发展。山下佑一等提出用流域面积和堆积区坡度双因子预测泥石流危险范围的方法，得出了一些有益的结果。

欧美国家也比较重视泥石流危险范围的研究。奥地利很早就进行了泥石流危险范围的预测工作，并引用交通信号中红、黄、绿三色的特定含义，将泥石流危险区分为三类：红区——泥石流危险区；黄区——泥石流潜在危险区；绿区——无泥石流危险区。欧洲许多国家，包括瑞士、德国和意大利等至今仍沿用这一方法，但该方法并未以某一理论作基础，区域界限的确定带有很大的人为性。加拿大O. Hungr等虽然认为泥石流危险范围的确定应以相应的理论作基础，但却认为目前尚未有这样合适的理论。因此，他们强调感性认识，即凭经验通过实地勘测，现场确定泥石流危险他围。但这项工作只有由经验丰富的泥石流专家才能完成，且工作量大，耗时长，费用高，不便于大规模作业。因此只有从感性认识上升到理性认识，在感性认识的基础上建立某种相关理论作依托，才是圆满解决这一问题的正确途径。

我国较早与泥石流危险范围研究有关的工作主要是配合泥石流地区的公路选线而开展的。当时为预测泥石流堆积扇发展趋势可能对公路营运带来的影响，也开展过有关泥石流堆积的模型实验。近年来，这一领域的研究有了进一步发展。刘希林等首先提出了用流域面积单因子预测泥石流危险范围的简易方法，并进行了初期的泥石流堆积模型实验，现已取得了一系列研究成果。例如通过泥石流流域背景因素的多因子统计分析，建立了泥石流危险范围预测的统计模型。采用泥石流新鲜泥样，进行现场堆积模型实验，探讨了影响泥石流堆积过程的各种因素及其相互关系，建立了泥石流危险范围预测的实验模型。随着研究的不断深入，又开展了泥石流危险范围内危险度的评价研究，进一步丰富了泥石流危险范围的研究内容。2006年，李阔、唐川结合泥石流危险范围模型实验数据，运用多元回归分析方法探讨了泥石流危险范围预测。2010年，张晨，王清，张文等通过对云南金沙江流域的各类泥石流进行深入调查分析，提取出对泥石流危险范围有主要影响的几种因素的指标值，利用改进BP神经网络的学习能力分析几种影响因素对泥石流危险范围的敏感程度，对传统预测模型进行修正。2011年，谢谟文、刘翔宇、王增福等结合三维遥感影像解译提出一种定量的泥石流土石量计算方法，以数字高程模型（DEM）与降雨所搬运土石总量作为影响范围模拟的基础，利用GIS空间分析功能分析泥石流汇水区的横截面面积及区域平面面积等地形参数，判别土石产出量与地形参数关系，实现泥石流影响范围的模拟。

6.4.4.3 一次泥石流危险范围预测模型

目前这一研究主要着重于两个方面：①通过模型实验分析堆积扇范围与影响堆积扇发育各因素之间的关系，试图采用不同控制参数来模拟实验堆积扇的堆积范围和堆积特性，以建立适合我国山区泥石流危险范围的实验性预测模型。国外则强调在特定模型实验条件下，深入研究堆积扇的堆积机理和发展过程。②通过数理统计探讨现有堆积扇特征与形成这些特征的流域背景因素之间的关系，国外涉及这方面的研究相对较少，国内由于泥石流研究起步较晚，论述这方面的著作也不多见。下面介绍刘希林等提出的泥石流危险范围的流域背景预测法，是这项工作的阶段性成果之一。

（1）模型试验预测法（一），刘希林等通过量纲分析以及平均值法得到。

$$\left.\begin{aligned} S &= 38.41V^{\frac{2}{3}}G^{\frac{2}{3}}R^{\frac{2}{3}}/(\ln R)^{\frac{2}{3}} \\ L &= 8.71V^{\frac{1}{3}}G^{\frac{1}{3}}R^{\frac{1}{3}}/(\ln R)^{\frac{1}{3}} \\ T &= 0.017V^{\frac{1}{3}}G^{\frac{2}{3}}R^{\frac{1}{3}}/(\ln R)^{\frac{1}{3}} \end{aligned}\right\} \tag{6.12}$$

方程组式（6.12）可以简化为方程组式（6.13）：

$$\left.\begin{aligned} S &= 0.5063L^2 \\ L &= 8.71(V \cdot G \cdot R/\ln R)^{\frac{1}{3}} \\ T &= 0.017[V \cdot R/(G^2\ln R)]^{\frac{1}{3}} \end{aligned}\right\} \tag{6.13}$$

式中：S 为预测的一次泥石流危险范围，m^2；L 为预测的一次泥石流最大堆积长度，m；T 为预测的一次泥石流最大堆积厚度，m；V 为一次泥石流最大冲出量，m^3；G 为泥石流堆积区纵比降；R 为泥石流最大容重，t/m^3，$R \neq 0$。

一次泥石流危险范围的平面形态用下列准则判定：黏性泥石流（$R > 1.8t/m^3$），堆积区坡度 1°～5°时为圆形，堆积区坡度 6°～10°时为椭圆形；稀性泥石流（$R<1.8t/m^3$）始终为长方形。由此可作出一次泥石流危险范围平面预测图。

（2）模型试验预测法（二），由李阔、唐川通过多元回归分析方法得到。

$$\left.\begin{array}{l}A=-7990.32+0.5384V+1010.59G+6534.20\gamma_c\\L=465.34+7.1658\times10^{-3}V+6.3707G-221.26\gamma_c\\B=33.924+3.0463\times10^{-3}V-1.6403G+9.2197\gamma_c\end{array}\right\} \quad(6.14)$$

式中：A 为泥石流堆积面积；V 为一次泥石流补给量；G 为堆积区坡度；γ_c 为泥石流密度。

6.4.4.4 泥石流最大危险范围预测模型

1. 泥石流堆积扇平面形态的概化模式

典型泥石流堆积扇通常划分出 3 个堆积带：①无扩散带，位于堆积扇顶部，外形呈狭窄带状，又称扇根，泥石流堆积物颗粒粗大及砾石含量高，巨大的漂砾多在此停积，且堆积厚度大、坡面陡；②建设带，堆积扇主体，通常范围广，是泥石流堆积的主要部位；③扩散带，位于堆积扇前部，宽度大，是泥石流细粒物质扩散沉积的区域（图6.20），堆积物为泥砂质细粒物质，以叠置、镶嵌构造为主。

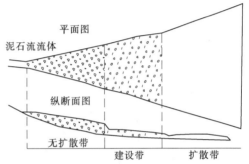

图 6.20　典型泥石流堆积扇堆积模式

刘希林、唐川对云南东川小江流域 1:38000～1:42000 航空相片和 1:50000 地形图的判读解译，整个小江流域 107 处沟谷泥石流中，有发育成熟、形态完整的堆积扇共计 64 处。通过对这些堆积扇的形态分析，根据典型堆积扇的堆积模式，概括出以下三种堆积扇的平面形态类型（图 6.21）。

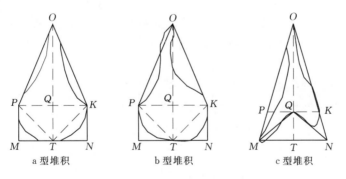

图 6.21　泥石流堆积扇平面形态的三种概化模式

堆积扇的前缘很少为一标准的圆弧，当泥石流的堆积环境为山前平原和山间盆地，或虽为河床，但河流的输沙能力较小或堆积扇处于河流弯道的凸岸部位时，堆积扇能够充分发展，扇前缘向前凸出，超出"扇形"的弧度标准，此时堆积地形称为"舌形池"更为确切。

当堆积扇与主河直接相通，且主河的输沙能力较强或堆积扇处于河流弯道的凹岸部位时，河流的侵蚀作用使扇前缘不能充分发展而表现为与主河道不规则的平行，在河流强烈侵蚀时，甚至向内凹进而成为反弧状。

无论堆积扇形态怎样，总能以扇根为顶点，将堆积扇限制在一定的幅角内，然后将垂直于角平分线上的最大堆积宽度作为"建设带"的前端，这样构成一个等腰三角形。再以角平分线上的最大堆积长度减去"无扩散带"和"建设带"的长度作为"扩散带"的长度，同时将"建设带"的最大宽度作为"扩散带"的宽度，这样构成一个矩形，矩形和等腰三角形的结合基本上控制了堆积扇的整个范围。

根据堆积扇平面形态的概化模式可以推导出堆积扇面积的计算公式。由图 6.25 已知堆积幅角 $\angle KOP = R$，最大堆积长度 $OT = L$，最大堆积宽度 $KP = B$，则有 $\triangle KOP$ 的面积为

$$S_{\triangle KOP} = \frac{B^2}{4} \cot(R/2) \tag{6.15}$$

$\square KPMN$ 的面积为

$$S_{\square KPMN} = LB - \frac{B^2}{2} \cot(R/2) \tag{6.16}$$

大量统计结果表明，"扩散带"的面积小于 $S_{\square KPMN}$ 但大于 $S_{\triangle KOP}$。故取经验值 $(2/3)$ $S_{\square KPMN}$ 作为"扩散带"的面积，取 $S_{\triangle KOP}$ 作为"无扩散带"和"建设带"的面积，则整个堆积扇的面积计算可简化为：

$$S = 0.6667LB - 0.0833B^2 \sin R / (1 - \cos R) \tag{6.17}$$

式 (6.17) 即为堆积扇面积的计算公式，也是泥石流最大危险范围。该式通用于 a、b、c 三种泥石流堆积模式，当 $L > OQ$ 时（OQ 为等腰三角形的高），表现为 a 型堆积扇；当 $L = OQ$ 时，表现为 b 型堆积扇；当 $L < OQ$ 时，表现为 c 型堆积扇。

2. 最大危险范围预测模型

(1) 单因素预测模型预测危险范围。流域面积通常是已知的，而堆积扇危险范围却是未知的，由已知预测未知，由流域面积预测可能最大的堆积扇面积，从而确定出堆积扇的危险范围。

$$S = 0.0606A^{0.8327} \text{ 或 } \lg S = 0.8327 \lg A - 1.2175 \tag{6.18}$$

式中：S 为堆积扇面积，km^2；A 为流域扇面积，km^2。

堆积扇面积求出后，再确定最大堆积长度和流域面积之间的关系：

$$L = 253.3666A^{0.6411} \text{ 或 } \lg L = 0.6411 \lg A + 2.4037 \tag{6.19}$$

式中：L 为最大堆积长度，m；A 为流域扇面积，km^2。

堆积扇面积和最大堆积长度求出后，还需计算最大堆积宽度才能确定堆积扇的危险范围。最大堆积宽度与堆积扇形状有关，又分为以下两种情形：

1）当堆积扇为扇形时：

$$B = 2L \sin\left(\frac{180S}{\pi R^2}\right) \tag{6.20}$$

式中：B 为最大堆积宽度，m；L 为最大堆积长度，m；S 为堆积扇面积，km²；π 取 3.14。

2）当堆积扇为椭圆形时：

$$B = \frac{4S}{\pi L} \tag{6.21}$$

式中：各项物理意义同上。

单因素预测模型预测危险范围主要适用于当资料缺少或条件有限、但又急需概略估算和圈出泥石流堆积扇危险范围时，式（6.18）～式（6.21）可作为一种快速而又简便的确定方法，具体步骤如下：

第一步：根据流域面积 A 由式（6.18）计算可能最大的堆积扇面积 S，式（6.18）平均偏小 2.23%，故需将计算值扩大 2.23% 后再行使用。

第二步：根据流域面积 A 由式（6.19）计算可能最大的堆积长度 L，式（6.19）平均偏大 7.24%，宜大不宜小更保险，故可直接应用这一计算值。

第三步：根据原始堆积坡度和地形条件判断可能的堆积形状（扇形或椭圆形等），再根据式（6.20）和式（6.21）计算可能最大的堆积宽度 B，至此完成堆积扇危险范围的预测工作。当难以决定堆积扇的可能形状时，可将扇形和椭圆形两者可能覆盖的全部面积都划为危险范围之列。

该方法虽然快速简便，但误差较大，预测的危险范围有 80% 以上小于实际堆积范围，这恰恰又是此类风险预测所不能容许的，因此该模型没有得到很好的应用。

（2）多因素流域背景预测法——半理论半经验性的泥石流危险范围的预测模型。流域背景预测模型如下：

$$\left.\begin{aligned}
S &= \frac{2}{3}LB - \frac{1}{12}B^2\cot(0.5R) \\
L &= 0.7523 + 0.0060A + 0.1261H + 0.0607D - 0.0192G \\
B &= 0.2331 - 0.0091A + 0.1960H + 0.0983D + 0.0048G \\
R &= 47.8296 + 8.8876H - 1.3085D
\end{aligned}\right\} \tag{6.22}$$

$$\left.\begin{aligned}
S &= 0.6667LB - 0.0833B^2\sin R/(1-\cos R) \\
L &= 0.7523 + 0.0060A + 0.1261H + 0.0607D - 0.0192G \\
B &= 0.2331 - 0.0091A + 0.1960H + 0.0983D + 0.0048G \\
R &= 47.8296 + 8.8876H - 1.3085D
\end{aligned}\right\} \tag{6.23}$$

式中：S 为预测的泥石流危险范围，km²；L 为预测的最大堆积长度，m；B 为预测的最大堆积宽度，m；R 为预测的最大堆积幅角，(°)；A 为泥石流沟流域面积，km²；H 为流域相对高差，m；D 为主沟长度，m；G 为主沟平均坡度，(°)。

多因素流域背景预测法主要适用于我国南方暴雨泥石流地区，对北方部分暴雨泥石流地区的检验结果，此法同样有着广阔的应用前景，可进一步推广试用。多因素流域背景预测法明显优于单因素预测，有着更高的应用价值和实际意义，该方法已经写入《泥石流灾害防治工程勘察规范》（DZ/T 0220—2006）。

6.5 泥石流防治工程勘察

泥石流防治工程勘察是在复核泥石流专门勘察成果的基础上，提出设计所需的泥石流特征参数，查明防治工程建筑物区和各建筑物的地形地貌、地层岩性、地质构造、物理地质现象、水文地质、岩土体物理力学性质等基本地质条件，提出岩（土）体物理力学参数，为防治工程布置、选址、选项提供依据并对防治工程场地和各建筑物进行工程地质评价。

6.6 小结

（1）考虑到水电水利行业泥石流勘察特点，并与水电水利工程勘测设计阶段工作内容基本匹配，将水电水利工程泥石流勘察阶段划分为初步调查、专门勘察和防治工程勘察三个阶段。

（2）不同阶段的泥石流勘察内容和方法有所不同，初步调查应对可能危害规划建设场地及建（构）筑物、人员安全的泥石流沟进行调查，通过调查与判别，区分是否是泥石流沟；初步确定泥石流发生的危险性大小，可能危害情况，并对是否需要加深泥石流研究提出初步意见。专门勘察应在泥石流初步调查的基础上，查明泥石流发育的自然地理、地质环境、泥石流的形成条件、泥石流的发育特征，分析计算泥石流特征参数，预测泥石流危害，阐明泥石流防治的必要性，为主体工程选定场地、选址、选线、枢纽布置进行地质评价，并提出泥石流防治措施建议，了解泥石流治理工程基本地质条件，对泥石流治理工程进行初步评价。治理工程勘察应对治理工程的建（构）筑物进行勘察，查明基本地质条件，提供设计所需的岩土体物理力学参数，进行工程地质分析评价。

（3）泥石流危险性评价方法有三要素法、易发程度评价方法和危险度评价法等，其中成都院提出的基于坡降大小、单位长度不稳定物源量多少、小时雨强大小等三个因素来评价泥石流危险性大小的三要素法，经打分评价和实地验证，与现场情况较为吻合，说明这个判别方法有较强的适宜性和实用性。

（4）泥石流危险性分区则是大区域概念，是根据区域泥石流危险度划分出各区域泥石流危险等级的方法，它比单个泥石流危险范围更广、范围更大。可以包含多条泥石流涉及的某个区域（如行政区域或自然地形地貌区域）。

（5）泥石流危险范围的定量预测有单沟泥石流最大危险区预测模型和不同频率泥石流危险分区模型。

第7章　水电工程泥石流防治原则与标准

7.1　泥石流灾害防治的基本程序

为保证获得防治效果，泥石流灾害防治工程原则上应遵循勘察、设计、施工到竣工验收、运行维护管理的先后次序。对于应急抢险防治工程可根据现场勘察成果进行施工详图设计。

7.1.1　工程勘察

泥石流工程勘察分为初步调查、专门勘察和防治工程勘察三个阶段，与水电工程勘察设计阶段相适应，并基本满足各阶段勘察深度的要求。

（1）水电工程规划阶段和预可行性研究阶段。宜以泥石流调查为主，当泥石流对工程设计方案选择构成较大影响时，应进行泥石流专门勘察。

（2）水电工程可行性研究阶段。当工程区存在泥石流灾害问题时，应进行泥石流专门勘察或泥石流防治工程勘察。

（3）水电工程招标设计和施工详图设计阶段。如发现有新的泥石流问题，可进行泥石流专门勘察或泥石流防治工程勘察。

7.1.2　防治工程设计

泥石流防治工程设计一般可分为预可行性研究设计、可行性研究设计和施工详图设计三个阶段。

（1）预可行性研究设计。根据防治对象安全要求，结合勘察成果，初拟两种或两种以上可行的设计方案进行技术经济比较，提出推荐方案。宜在水电工程预可行性研究阶段或可行性研究阶段进行，与泥石流专门勘察阶段相对应，适用于主体工程、移民安置点选址和辅助、临时工程选址及建筑物布置。

（2）可行性研究设计。在推荐方案的基础上，经技术经济比选，选定防治工程位置、轴线与建筑物布置形式、参数等，并确定施工组织设计方案及编制工程概算等。宜在工程可行性研究阶段或以后进行，与泥石流防治工程勘察阶段相对应。

（3）施工详图设计。这是在可研设计成果的基础上，结合现场条件，进行动态设计满足现场施工的需要。宜在工程施工详图设计阶段进行。

（4）防治工程施工和竣工验收。按设计文件要求完成施工并通过验收和管理移交。

（5）防治工程运行维护管理。包括在工程的设计使用期按设计文件要求进行监测预警值班、日常维护等。

7.2　泥石流灾害防治原则

泥石流的发生和发展与所在工程区特定的地质、地貌、水文气象条件相关，受自然条件和人类活动的影响，往往同一区域内有稀性、黏性不同类型的泥石流，其危害程度更取决于人类在其影响范围的活动程度，包括可能导致工程失事产生次生灾害的影响大小，因此危害程度差异性较大，每个泥石流的灾害治理范围、采取的方案和措施是互不相同的，在以往的工程实践中基本上是非标准设计。实践中，首先需要对水电工程区进行全面勘察和泥石流危害评估，根据工程区内泥石流发生条件、基本性质、发展趋势并结合对工程区内各建筑物的影响程度进行布置上的统筹规划，泥石流规模大且可能危害严重区域应主动避让，对需要防治的区域应抓住关键影响因素，针对性研究防护方案，在不同部位采取不同的措施，根据现场情况可分期、分步实施，总体上讲应遵循以下原则：

（1）全面勘察、综合评估。泥石流防治需对流域的上、中、下游进行全面的勘察，了解流域内泥石流暴发的特点、规律，结合工程区的施工总布置和枢纽布置条件全面评估工程场地的泥石流危害程度、防治难度和估算成本，具体需要综合考虑工程等级、建（构）筑物重要性、生命周期和区域内泥石流的特征、发展趋势等因素，以及对泥石流形成三要素中的一个或几个要素加以控制、改变或影响的可行性，为工程场地选择提供基本资料。

（2）避让优先、合理布局。在工程布置中优先避让泥石流危险性区，这是减少风险和投资的最佳措施。如进行枢纽布置时，凡影响到主体工程安全运行的建筑物宜主动避让，以防泥石流直接破坏或产生次生灾害（例如堵塞导流建筑物），导致工程出险；在工程区内的业主、承包商营地或移民安置点等人口密集区也应主动避开泥石流影响区。

泥石流危害程度不高或采取一定的工程措施可控的区域，可布置次要建筑物或临时生产设施。

（3）因地制宜，针对防治。影响泥石流暴发及活动的因素较多，在同一个泥石流流域内，不同支沟发生的泥石流其类型及性质也不尽相同。不同地域具有不同的环境条件，而且随着被保护对象的不同，其防治的标准和要求也有较大的差别。因此泥石流防治对策及技术方案只能根据工程区域的地形、地质及水文气象条件因地制宜，针对泥石流的不同类型、规模、发展趋势及防护对象的重要性进行研究制定，泥石流防治对策及措施见表7.1。

表7.1　　　　　　　　　　　　泥石流防治对策及措施

区域	形　成　区	流　通　区	堆　积　区
防治对策	以防治产砂为主，最大限度减少和控制入沟固体物源；有条件的地区截断集中水流进行引排	以排砂为主，稳定流路，消能和控制下泄沙量和输沙粒径	控制泛滥范围，以排导和防护为主，在有条件的地区实施停淤
防治方法及常用工程措施	集排水系统，坡面治理工程，沟谷稳坡稳谷治理工程	疏通沟道，采用排导工程、护底、护岸工程、辅以拦挡工程控制输沙量	采用排导工程、拦挡集流归槽、停淤场等

实践中将泥石流形成三要素中的其中一个或几个要素设法加以控制、改变或影响，就可以预防或大大降低泥石流的危害；宜在不同的地段采取针对性的防治措施，才能消除或

降低泥石流的危害。

按防治的轻重缓急要求，结合危害对象的保护需求，因地制宜，尽量减少防治工程投资。在水电工程泥石流防治中，对重要的主体建筑物、永久营地或移民安置点，有条件时宜采取综合防治措施，从泥石流沟的上游至沟口分别采取保持水土、岸坡防护、拦挡排导及监控预警综合防治方案。例如，四川省汉源县的万工集镇泥石流治理工程通过综合治理，在物源区固底护坡、建设格拦坝、引排上游沟水、排导槽等工程，实现水石分流，流通区对边坡护坡整治，排导归槽，实际运行良好。

但有的设施级别不高或使用期较短，在危害可控的前提下，对主要的设施采取适当的防护、对其他辅助设施采取导排和预警就可大大降低灾害程度，满足保护对象的防护需求，并节省了投资。如保护对象仅是工厂、临时仓库、施工区内公路等已建设施，防护重点放在对工厂的防护上，对临时仓库、公路地段则采取简单排导、辅以预警措施，不进行专门的流域综合治理，可以达到投入少，见效快的效果。

（4）布设监测、加强预警。只有遵循优先避让、以防为主的原则，并做好预警措施，才能在源头上降低风险。泥石流的发生往往具有突发性，从形成到具备一定危害规模需要经过一段时间。因此，建立监测和预警机制十分重要，特别是对减少人员伤亡十分有效。

7.3 泥石流防治标准

泥石流和洪水相比，虽然动力特性有较大差别，但总体上讲，也是一种因洪水而起的灾害，可以当作含推移质的水石流或泥流，现行泥石流规模预测普遍采用频率洪水结合沟谷特征进行分析计算所得，故采取的泥石流防护标准与洪水防治标准类似，都是以其工程设计保证率来表达的，即保证防治工程在遭遇相应频率下的泥石流时不致造成危害。

从泥石流灾害而言，泥石流防护标准除决定于被保护对象的安全要求外，同时还受到泥石流的类型、活动规模、危害程度及发展趋势的影响。一般来说，泥石流的规模愈大，破坏作用亦大，造成的危害就更加严重。但受害对象的重要性不同，造成危害程度也就不一样，泥石流若危害重要性高的保护对象，就会造成更大的损失。正处于发展期的泥石流，其规模与危害都将会有进一步增大的可能。但处于衰退期的泥石流，虽然在短期内仍有一定的危害，而随着所处环境逐步转入良性循环，泥石流的活动规模与危害可能减小。通过以上分析，防治标准应按照保护对象的重要性、潜在危险性大小、经济性三者相协调的原则确定，因此，泥石流防治工程标准与建筑物的级别、泥石流危害后果、危险性大小有关。

7.3.1 防治标准体系思路

防治标准体系构建思路的方式有两种：第一种是先确定防护工程级别，再直接对应具体设计保证率标准；第二种是先根据保护对象建筑物级别、失事后果确定防护工程安全等级，再给出具体设计保证率标准和防护工程级别，相比前者多一个层次；两种方式在实践中都有具体应用。

防护工程标准不仅与保护对象建筑物级别有关，还与泥石流危害后果、危险性大小相关，因此，先确定保护对象的安全度（危害等级），再结合泥石流危险性大小来确定防护标准、防护工程建筑级别是比较合适的。其中保护对象的安全度（危害等级）和自身建筑物的级别、危害后果相关，泥石流危险性大小则与泥石流三要素相关。建筑物级别可沿用水电行业现行建筑物级别划分，其他危害后果、危险性大小等因素可通过勘察和评估所得。采用这种方式便于衔接相关水电行业设计规范，故推荐防治标准思路采用类似第二种方式。

7.3.2　危害等级分级指标研究

水电工程中的保护对象的危害等级与其规模、级别、失事后果相关。近年来，有关地灾防治法规、行业规范和科研成果中有关危险性等级和危害等级标准如下。

1. 国家相关法规规定

（1）《地质灾害防治条例》（2003 年国务院令第 394 号，自 2004 年 3 月 1 日起施行）。

（2）《国家突发地质灾害应急预案》规定，地质灾害按危害程度和规模大小分为特大型、大型、中型、小型地质灾害险情和地质灾害灾情四级。

根据上述两个法规归纳的相关内容见表 7.2 和表 7.3。

表 7.2　　　　　　　　　泥石流灾害危害性等级分类

危害性灾度等级	特大型	大型	中型	小型
死亡人数/人	>30	30~10	10~3	<3
直接经济损失/万元	>1000	1000~500	500~100	<100

注　灾害的两项指标不在一个级次时，按从高原则确定灾度等级。

表 7.3　　　　　　　　　泥石流灾害潜在危害性等级分类

危害性灾度等级	特大型	大型	中型	小型
需搬迁人数/人	>1000	500~1000	100~500	<100
潜在经济损失/万元	>10000	10000~5000	5000~500	<500

注　灾害的两项指标不在一个级次时，按从高原则确定灾度等级。

2. 行业相关规范规定

（1）《城市防洪工程设计规范》（GB 50805—2012）中泥石流的影响采用泥石流的作用强度来表达，根据形成条件、作用性质和对建筑物破坏程度把泥石流作用强度分为 3 个等级，对应的规模和破坏作用也分为 3 级（表 7.4）。

表 7.4　　　　　　　　　泥石流灾害规模和作用强度等级分类

泥石流的作用强度	规模	破　坏　作　用	破坏程度
1	大型	以冲击和淤埋为主，淤埋整个村镇和区域，治理困难	严重
2	中型	有冲有淤以淤为主，冲淤部分平房和桥涵，治理比较容易	中等
3	小型	冲刷和淹没为主，破坏作用较小，治理容易	轻微

（2）《泥石流灾害防治工程勘查规范》（DZ/T 0220—2006）中单沟泥石流灾害危险性等级划分和潜在危险性分级表则引用《地质灾害防治条例》内容。

（3）《滑坡崩塌泥石流灾害调查规范（1:50000）》（DZ/T 0261—2014）中地质灾害灾情与国家法规相同，危害对象等级划分标准见表 7.5。

表 7.5   危 害 对 象 等 级 划 分

危害等级		一 级	二 级	三 级
危害对象	城镇	威胁人数大于100人，直接经济损失大于500万元	威胁人数10～100人，直接经济损失100万～500万元	威胁人数小于10人，直接经济损失小于100万元
	交通干线	一级、二级铁路，高速公路及省级以上公路	三级铁路，县级公路	铁路支线，乡村公路
	大江大河	大型以上水库，重大水利水电工程	中型水库，省级重要水利水电工程	小型水库，县级水利水电工程
	矿山	大型矿山	中型矿山	小型矿山

（4）中国水电工程顾问集团颁发文件《电力工程建设项目地质灾害防治指导书》（〔2013〕437号）。该文件根据承载对象的经济属性、人员伤亡及生态环境破坏程度等危害后果，按危害性将地质灾害划分为危害性大（a）、危害性中等（b）、危害性小（c）三个等级，见表7.6。

表 7.6   地质灾害危害性分级表

危害性分级	确 定 要 素	损失大小	
		威胁人数/人	潜在经济损失/万元
危害性大（a）	地质灾害具有较大规模，严重影响主体工程施工、运行，对人身安全存在重大隐患，或者对生态环境造成极大破坏。主要发生于枢纽区范围内	>500	>5000
危害性中等（b）	地质灾害具有一定规模，对主体工程建设有一定影响，或者严重影响附属工程建设，破坏局部生态环境，或造成工程机械设备及建筑材料的较大损失、较长时间中断交通等。主要发生于工程区内	100～500	500～5000
危害性小（c）	一般规模较小，对工程建设局部造成较小影响，或短暂中断交通等。主要发生于工程区外围或者场内公路边坡	<100	<500

注 1. 损失大小判定的因素中，由高到低有一个因素达到标准时，损失大小级别即为该等级。
    2. 地质灾害发生后可能造成的经济损失和受威胁人数，应是地质灾害涉及范围内可能造成的经济损失和受威胁人数。

3. 有关防治工程等级的科研成果

成都院结合中国水电工程顾问集团科研项目"水电工程泥石流勘察与防治关键技术研究"，从保护对象、工程总投资等方面对泥石流防治工程等级进行划分，将防治工程等级分为特大型、大型、中型和小型四级，具体见表7.7。

4. 水电工程泥石流危害等级分级

（1）分级考虑因素。泥石流灾害后果是危害等级直接相关的因素，其量化指标主要反映受威胁伤亡人数和经济损失，其中受威胁人数基本都根据国家相关法规《国家突发地质灾害应急预案》（国办函〔2005〕37号）中泥石流灾害潜在危害性等级分类确定，而潜在经济损失指标量化差异较大，一方面，主要是由于各行业关注重点和建筑物造价存在较大差异，随着社会经济的发展，不同时期编制的经济损失的分级成果也各不相同，说明潜在

表 7.7　　　　　　　　　　　　　泥石流防治工程等级划分

工程等级	划分条件（符合一个条件即可）			
	受保护的人数/人	受直接保护的财产/万元	工程总投资/万元	受保护的对象
特大型	>1000	>20000	>2000	大城市，国家级厂、矿、工程建设、水陆交通枢纽和干线、地质遗迹和旅游区，以及国家级国土开发和社会-经济发展项目
大型	101~1000	10001~20000	501~2000	中等城市，省级厂、矿、工程建设、水陆交通枢纽和干线、地质遗迹和旅游区，以及省级国土开发和社会-经济发展项目
中型	10~100	1000~10000	100~500	小城镇和居民点，县级厂、矿、工程建筑、水陆交通枢纽和干线等
小型	<10	<1000	<100	农田、村庄、村、乡级企业

经济损失量化指标受经济发展变化影响较大，不容易准确把握分级尺度；另一方面，水电工程中的保护对象使用年限有永久和临时等类型，有水工建筑物，如大坝、泄洪设施、电站厂房等；有满足施工需要的各种建筑物，例如临时渣场、施工工厂设施等；其中泄洪设施一旦损毁，将直接威胁大坝度汛安全，渣场损毁也会带来严重的次生灾害，直接损失不大，但间接损失无法量化，因此潜在经济损失难以采用准确的量化指标反映。

基于上述原因，对于营地、安置人员居住地的危害等级采用受威胁的人员数量分级是合适的，而对于其他保护对象则不宜直接采用潜在经济损失量化指标。考虑到保护对象对应的建筑物级别分级中已考虑了保护对象的规模、使用年限、重要性等指标，危害等级取现有水电工程规程规范中已明确的建筑物级别和相应失事后果进行组合来分级更合适和全面一些，其失事后果以相对模糊尺度代替，如损失严重、一般、轻微等，虽有一定的主观因素，但由于保护对象的级别明确，失事后果认可的偏差较小。

（2）危害等级分级。基于以上因素，根据泥石流危害对象及其重要程度，笔者将水电工程泥石流危害程度划分为四级，具体见表 7.8。

表 7.8　　　　　　　　　　水电工程泥石流危害程度分级表

危害程度	危害对象						
	施工（临时）建筑物					主体建筑物	集中居住区
	渣场		临时生产作业区域人数/人	仓库		临时导流建筑物级别	水工建筑物级别	安置人数/人
	永久	临时		永久	临时			
Ⅰ	特大型		501~1000				2、3级	201~600
Ⅱ	大型	特大型	100~500	大型		3级	4级	≤200
Ⅲ	中型	大型	<100	中型	大型	4级	5级	
Ⅳ	小型	中-小型		小型	中型		5级	

注　1. 水工建筑物级别应符合《水电枢纽工程等级划分》（DL 5180—2003）的有关规定。

　　2. 施工建筑物级别应符合《水电工程施工组织设计规范》（DL/T 5397—2007）的有关规定。

　　3. 集中居住区包括业主、承包商营地及移民安置点等。

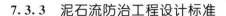

7.3.3 泥石流防治工程设计标准

1. 其他行业泥石流防护标准

（1）国土行业。近年来，国家对地质灾害防治工作的高度重视，对泥石流等地质灾害投入大量资金进行治理，特别是四川、云南等地质灾害高发地带，在泥石流防治设计实践过程中，积累了大量工程经验，国土行业泥石流灾害防治工程安全等级标准见表 7.9 和表 7.10。

表 7.9　　　　　泥石流灾害防治主体工程设计标准（国土行业）

防治工程安全等级	降雨强度	拦挡坝抗滑安全系数		拦挡坝抗倾覆安全系数	
		基本荷载组合	特殊荷载组合	基本荷载组合	特殊荷载组合
一级	100 年一遇	1.25	1.08	1.60	1.15
二级	50 年一遇	1.20	1.07	1.50	1.14
三级	30 年一遇	1.15	1.06	1.40	1.12
四级	10 年一遇	1.10	1.05	1.30	1.10

表 7.10　　　　　　　单沟泥石流危险度和设计标准

危险度分级	泥石流活动特点	灾情预测	防治原则	工程设计标准
极低危险	基本上无泥石流活动	基本上没有泥石流灾难	防为主，无需治	无需措施
低度危险	各因子取值较小，组合欠佳，能够发生小规模低频率的泥石流或山洪	一般不会造成重大灾难和严重危害	防为主，治为辅	10 年一遇
中度危险	个别因子取值较大，组合尚可，能够间歇性发生中等规模的泥石流，较易由工程治理所控制	较少造成重大灾难和严重危害		20 年一遇
高度危险	各因子取值较大，个别因子取值甚高，组合亦佳，处境严峻，潜在破坏力大，能够发生大规模和高频率的泥石流	可造成重大灾难和严重危害		50 年一遇
极高危险	各因子取值极大，组合极佳，一触即发，能够发生巨大规模和特高频率的泥石流	可造成重大灾难和严重危害		100 年一遇

（2）城镇、市政行业。城镇、市政行业泥石流防治多以《城市防洪设计规范》（GB 50805—2012）为基础，防治设计重点在大中型泥石流，该规范提出设计标准根据泥石流的作用强度确定，但主要通过勘察分析确定具体泥石流规模，不进行具体频率量化的设计标准选择。

（3）科研成果推荐的防治标准。中国电建成都院联合西南交通大学在《水电工程泥石流勘察与防治关键技术研究》科研项目中，根据泥石流的危险程度和防治工程等级确定泥石流防治工程设计标准或泥石流频率，设计标准见表 7.11。

表 7.11 泥石流防治工程设计标准

工程等级	危险程度等级				活动规模			
	极高	很高	中等	很小	巨型	大型	中型	小型
特大型	100	50	25	10	100	50	25	10
大型	50	25	10	5	50	25	10	5
中型	25	10	5	3	25	10	5	3
小型	10	5	3	3	10	5	3	3

注 表中数值为泥石流设防的概率水准，100 即为 100 年一遇，余同。

2. 水电工程泥石流防治工程等别

根据保护对象建筑物级别、失事后果确定防护工程安全等别。水电工程泥石流防治工程等别的确定，主要是根据泥石流危害程度和危险性等级综合确定，其中危害程度确定见表 7.8，危险性等级主要是根据三要素评价方法综合确定，最终确定的泥石流防治工程等别见表 7.12。

表 7.12 水电工程泥石流防治工程等别

泥石流治理工程等别	泥石流危害程度	三要素等级
1	I	极危险
2	I	危险
	II	极危险
3	I	中等危险
	II	危险
	III	极危险
4	II	中等危险
	III	危险
	IV	极危险
5	III	中等危险
	IV	危险
	IV	中等危险

3. 水电工程泥石流防治工程设计标准

由于水电工程可能遭遇的泥石流的永久临时建筑物类型较多，影响各异，结合上述成果共同分析，防护标准需考虑危害分级、结合泥石流特点等因素，才能较为全面客观。故防护标准的拟定应考虑以下四方面要求：

（1）防护标准需根据防护工程级别、危害分级确定。

（2）考虑泥石流特点（危险度、活动性），包括泥石流危险性的评价结果。泥石流发生受自然条件影响，具有一定随机性，暴发条件和规模不同，有的泥石流目前危害程度低，经勘察表明今后可能会变高，有的反之；有的直接危害不大但带来的次生灾害影响较大。

（3）遵守现行要求。涉及水电工程专项复建的城镇、公路、铁路等项目的泥石流设计标准，应满足其行业规范要求。

（4）参考已实施工程安全运行的标准。根据上述原则，永久或临时工程在防护工程级别上已经体现，不分开制定。

对受保护对象为水电工程的临时工程而言，考虑到泥石流灾害和洪灾对工程的影响有一定类似，但泥石流灾害一般比洪灾失事后果严重，故可类比参照《水电工程施工组织设计规范》（DL/T 5397—2007）中相关标准并适当提高。

部分已实施的水电工程中永久防治工程级别为Ⅰ级，危险性大，重现期在100年；临时工程防治工程级别Ⅱ级、危险性大—中等，重现期在30~50年；临时工程防治工程级别为Ⅲ级或以下，危险性大—中等，重现期在10年，也符合上述特征。

综合确定标准见表7.13，需要说明的是，对影响1级主体建筑物、大于600人的工程业主、承包商营地或移民集中安置点应主动避让泥石流影响区，如需防治，其泥石流设防标准应专门论证。

表 7.13 防治工程泥石流设防标准表

防治工程等别	1	2	3	4	5
泥石流设防概率水准/年	100	50	30	20	10

同时，在确定泥石流防治工程的设防标准后，对防治工程涉及的主要建筑物，其建筑物级别考虑与相关水工建筑物级别对应，具体见表7.14。对于泥石流治理工程建筑物，使用年限、基本要求、安全标准宜等同相关水工建筑物有关标准。

表 7.14 治理工程建筑物级别表

治理工程等别	泥石流治理工程建筑物级别	治理工程等别	泥石流治理工程建筑物级别
1	3	4	5
2	4	5	
3			

注 治理工程建筑物级别是根据《水电枢纽工程等级划分及设计安全标准》（DL 5180—2003）确定。

7.3.4 水电工程泥石流工程实例统计

近年来，通过对多个水电工程10余条泥石流沟治理工程所采用防治标准的统计（表7.15），结果表明：主体工程标准在30~100年左右，施工临时建筑物标准在10~30年。

部分水电工程泥石流工程实例见表7.15。

表 7.15 水电工程泥石流防治工程设计标准实例统计表

项目名称	泥石流特征	保护对象	危害性	防治标准
GB水电站某泥石流沟	轻等易发稀性泥石流	超大型渣场、下游右岸导流洞进口	危害超大型渣场、临时建筑物，堵塞导流洞进口	100年一遇

项目名称		泥石流特征	保护对象	危害性	防治标准
HZY水电站	坝区右侧某泥石流沟	现今发生大规模泥石流的可能性小，但可能会在汛期特大暴雨条件下发生小规模的稀性泥石流	大坝基坑	小规模的稀性泥石流，危及基坑施工安全	20年一遇（同沟水处理标准）
	色古沟	高山区、沟谷型、低频率、过渡型偏稀性泥石流，现状条件下属中等易发	超大型渣场	中等易发偏稀性泥石流危及渣场安全	泥石流采用30年一遇
JP水电站	南沟	稀性泥石流	3号营地（约1万人）临时防护（2年）	一次稀性泥石流总量2.82万m³	10年一遇（同沟水处理标准）
	北沟	稀性泥石流	3号营地（约1万人）临时防护（3年）	一次稀性泥石流总量8.13万m³	10年一遇（同沟水处理标准）
	棉纱沟	稀性泥石流	4号转载站及5号场内公路（应急＋永久防护）	轻度易发	10年一遇
	印把子沟	稀性泥石流	印把子沟特大型渣场（应急＋永久防护）	轻度易发	100年一遇
	道班沟	稀性泥石流	5号场内公路（应急＋永久防护）	轻度易发	10年一遇
CHB水电站	磨子沟	稀性泥石流	磨子沟容量为630万m³永久性特大型弃渣场，施工道路，砂石加工系统施工工厂，沟口永久移民场址和复耕土地，规划该居民点安置42户206人，复垦耕地241.72亩	中等易发，危险性为中等	泥石流灾害防治工程安全等级取三级，对应降雨强度取30年一遇
	野坝沟	稀性泥石流	永久防护对象为沟口下游侧的移民复耕地及改线后211省道，以及现有211省道改线后为上坝公路。施工期的保护对象为施工场地G、L以及上下游施工生活区和现有211省道	中等易发，危险性为中等偏大	安全等级拟取三级，对应降雨强度取30年一遇

续表

	项目名称	泥石流特征	保护对象	危害性	防治标准
CHB水电站	响水沟	黏性泥石流	响水沟渣场（沟内规划堆渣容量为730万 m³，弃渣场布置成两个平台，渣场堆渣最大高度160m，为工程永久性特大型库内弃渣场）和电站导流工程3级建筑物，防护时段为电站蓄水前的施工期5年	低频泥石流沟，中度易发，危险性中等	泥石流灾害防治工程安全等级取三级，对应降雨强度取30年一遇
LHK水电站	瓦支沟	支沟为黏性泥石流，主沟为稀性泥石流	直接影响瓦支沟水处理工程和2号渣场、施工工厂，电站施工期间的八年时间内前两项防护对象失事之后间接影响到下游的庆大河沟水处理工程、庆大河1号渣场和施工主基坑等	主沟轻度易发，危险性指数为危险性中等，左支沟泥石流易发程度为易发，危险性指数为危险性中等偏大	泥石流灾害防治工程安全等级取三级，对应降雨强度取30年一遇

125

第8章 水电工程泥石流防治技术与工程布置

8.1 泥石流防治技术

泥石流防治具有特殊性，应根据泥石流特点和危害对象的特征，进行泥石流防治规划和设计。

8.1.1 黏性与稀性泥石流防治技术

黏性泥石流与稀性泥石流的防治规划和布置有所不同，一般需根据泥石流的性质、防护对象地形条件和情况，采取不同的防治布置和建筑型式。

8.1.1.1 稀性泥石流防治技术

针对稀性泥石流阻力一般较小、流体多呈两相流、冲淤能力相对较弱、冲击力也相对

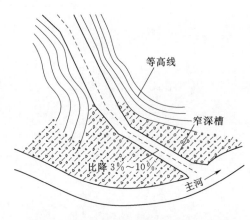

图 8.1 稀性泥石流防治工程布置示意图

较小等特点，一般采取以排为主的布置模式：以排导为主，重要的地方辅以拦挡，一般在排导槽进口上游辅以格栅坝拦截较大粒径的固体物质；排导槽轴线尽量顺应自然沟道；排导比降一般为 3%～10%，具体依据不同泥石流容重和沟床糙率进行排导纵坡设计；在必要的路段，稀性泥石流可以采用渡槽、隧洞排导；在有弯道的地方注意依据容重和流速流量分别计算弯道超高和离心力，并采用合理安全超高高度防止超高泥石流翻越沟槽，形成危害。典型的稀性泥石流防治布置见图 8.1。

8.1.1.2 黏性泥石流防治技术

黏性泥石流通常具有阻力较大（与稀性泥石流比较）、冲淤能力强、流量变幅大、冲击力较大等特点。一般多采用稳、排、拦或停淤等方法有机结合的防治技术，进行泥石流综合防治；泥石流形成区宜综合采用谷坊等岩土工程和生物工程，控制崩滑体或其他物源，有条件的将水源引排；黏性泥石流排导纵坡要求较大，一般为 6%～18%，具体纵坡值依据容重和类型确定；黏性泥石流侵蚀作用很强，排导槽多采用宽浅的梯形或复式断面等形式，同时注意采用肋板防冲抗冲，底床宜采用抗磨蚀材料护底；宜在流通区设置不少于 2 道的格栅坝、桩林等，降低冲击力；黏性泥石流不宜采用隧洞排导，不宜采用弯道排导，如需采用弯道排导时，要留足弯道超高高度并增强凹岸弯道建筑物抗冲能力；排导槽

槽首宜建低坝和格栅坝等，削峰调节流量并防止巨砾进槽，对于中小型泥石流，根据地形条件，可在堆积区修建足够库容的停淤场。典型的黏性泥石流防治措施布置见图8.2。

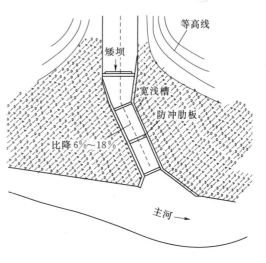

8.1.2 水石分离技术

水电工程多处于高山峡谷地区，形成区治理难度较大，因此在工程实践中重点考虑应用水石分流技术，特别是在流通区和堆积区应充分利用水石分离技术，通过布置透水型拦挡坝、格栅坝、切口坝、梳齿坝等主动拦截固体颗粒，采用在停淤场（可与渣场结合）设置多层进水塔和预留一定库容的库水阻拦、稀释、停淤等技术手段，其中停淤场预存一定深度的水更有利于稀释黏性泥石流和利于泥石流水石分离。

图8.2 黏性泥石流工程防治布置示意图

典型泥石流沟各区应用水石分离技术的主要工程手段见表8.1。

表8.1 典型泥石流沟各区应用水石分离技术的主要工程手段

区域	形 成 区	流 通 区	堆 积 区
目的	避免流水冲刷物源、深切冲沟沟底和岸坡	控制输沙粒径和下泄沙量	控制泛滥范围及排水
工程手段	采用水石分流技术，截断水流、明渠、隧洞引排	采用水石分离技术，布置透水型拦挡坝、格栅坝、切口坝、梳齿坝等主动拦截固体颗粒	采用水石分离技术，主动停淤、固结排水，布置高低排水洞、多层进水塔等
工程应用	四川汉源县万工镇坡面泥石流分流槽	长河坝响水沟格栅坝、野坝沟透水型拦挡坝等	两河口电站瓦支沟停淤场、猴子岩电站色古沟停淤场

通常在流通区或停淤场进口设置格栅坝、切口坝、梳齿坝等对泥石流中大颗粒予以减势拦沙；在停淤场结合沟水处理工程布置多层泄流塔或高低进水口停淤排水，达到最大程度防止完全淤堵，并便于集中清淤。

8.2 泥石流防治工程布置要求

8.2.1 固源工程

固源工程措施适用于泥石流沟内有集中性物源分布的情况，如存在滑坡、崩塌堆积物分布密集段、沟床易揭底段等，具体包括对边坡支护拦挡、滑坡、崩塌堆积物局部挖除或减载，对沟岸易塌岸段一般采用潜坝、谷坊群进行防冲护岸、固床，对堰塞体进行加固、导流，防止其溃决等。此外，也可通过截断形成区水流，避免水流对物源的软化和冲刷，起到固源作用。

8.2.2 拦挡工程

根据沟内可转化为泥石流的物源分布位置、数量，采用拦挡工程控制和拦截输入下游沟道的泥沙量，防止下游沟道淤积、堵塞形成灾害。

拦挡工程重点论证固源后还需要通过拦蓄进一步控制的泥沙量（按设计基准期），分析泥石流物质来量和来源，确定需要拦蓄调节的总库容，据此选择坝位，分析建坝处地质地形条件、施工可行性，确定各坝库容和坝高。坝型可选择实体拦挡坝、格栅坝、桩林等，主要适用条件如下：

(1) 中上游或下游大河没有排沙或停淤的地形条件，而必须控制上游产沙量的河道。

(2) 流域来沙量大，沟内崩塌、滑坡体较多。

(3) 要求短期内生效的。

(4) 上游有一定的筑坝地形（较大的库容和狭窄的坝址）。

其中格栅坝、桩林还可通过调整梁或桩的间距控制拦沙粒径，既能将大颗粒砾石等拦蓄起来，而又使小于某一粒径的泥沙块石排到下游，不致使下游沟床大幅度降低。淤积年限增加，减少了清淤次数，更适合稀性泥石流。

8.2.3 排导工程

对有威胁对象又不能满足泥石流排泄要求的地段，可采用排导工程将泥石流有序地导排至下游非危害区，排导工程一般需要增大该段的排泄能力，并分段防护，以防止泥石流（或洪水）溢出，危及保护对象安全。

排导工程包括开敞式排导槽、渡槽或隧洞等，一般布设于泥石流沟的流通段及堆积区。当地形等条件对排泄泥石流有利时，宜优先考虑采用。修建排导工程应具备以下条件：

(1) 排导工程布设区应有足够的地形坡度，或人工开挖足够的纵坡，一般不小于6%～8%。

(2) 排导工程线路基本顺直，或通过截弯取直后能达到比较顺直，以利于泥石流的排泄。

(3) 排导工程的尾部应有充足的停淤场所，或被排泄的泥沙、石块能较快地由大河等水流挟带至下游。在排导槽的尾部与其大河交接处形成一定的落差，以防止大河河床抬高及河水位大涨大落导致排导槽等内的严重淤积、堵塞，从而使排泄能力减弱或失效。

(4) 当泥石流特性为稀性、水流挟沙粒径小于2m、地形上具备截弯取直且距离较短时，可研究隧洞导排泥石流。为防止较大粒径的漂石或树枝堵塞洞口，在洞口上游须布设拦挡设施。

8.2.4 停淤工程

停淤工程是利用出山口变缓、宽阔的地形条件修建停淤场，使泥石流水沙分离，携带的泥沙主要停积于停淤场内，流出停淤场的主要为洪水。从而使下游沟槽或排导槽能够接纳洪水并顺畅排入主河，避免泥石流淤堵沟槽或造成洪水泛滥，进而防止泥石流危害保护对象。

对于上游沟道纵坡陡，固源、拦挡工程施工困难或工程投资大，而下游山口有停淤地形、也有一定排导条件的泥石流沟可采用停淤工程方案。

布置停淤工程应具备以下条件：

（1）地形上有变缓、开阔地带，并便于修建圩堤。

（2）库容要满足设计基准期内泥石流冲出固体物质总量、一次泥石流冲出量等。

（3）进口能与泥石流来流方向顺接，出口便于衔接下游河道等。

（4）道路交通方便，利于清淤施工。

8.3 防治工程布置

水电工程一般位于高山峡谷，山高坡陡，其工程区内山沟、坡地在暴雨时易发泥石流，涉及防护对象主要有主体建筑物、弃渣场、施工道路、施工工厂、施工营地、移民安置工程等，受自然地形地质条件限制，很多建筑物布置无法完全避让。经过数年的实践，多数工程基本上采用防护、疏导及监测预警等工程措施并举的办法取得了较好效果，对工程防治方案拟定时需考虑以下几方面内容：

（1）首先分析研究流域内泥石流分布、暴发的特点、发育特征、规律，提出相关特征参数，并进行危险性评价。

（2）根据危险性和危害程度等级以及工程特点对防治工程合理布置，力争在工程布局中回避较大的工程风险。

1）枢纽工程。影响主体工程安全运行的建筑物（含导流建筑物）首先应主动避让。

2）工程区内的业主、承包商营地、移民安置点。由于上述区域人口密集，布置上应采取主动避让原则，尽可能布置在不受泥石流影响的区域，特殊情况下，少量临时建筑可布置在相应设防标准泥石流堆积区外，并采取导流堤隔离防护，其相应的防护标准应论证。

（3）在危险性评价为中—小危险或无法避让的情况下，经研究分析如具备条件能够将泥石流形成三要素中的其中一个或几个要素设法加以控制、改变或影响，就可以阻止泥石流的形成或大大降低泥石流发生可能及危害的，对上述有条件的地区进行综合防治的统一规划，即在不同的地段规划不同的防治措施，以满足综合防治要求。

1）减少水土流失，降低物源量。采取加大环境保护力度，恢复植被，对边坡防护等，减少水土流失，主要在形成区和流通区进行，以抑制泥沙产生为主。

2）引排水流，治理河道进行护堤和护底，采用固源工程。如在主要物源上游具备截断引排水流条件，或在物源区采用拦截、护坡、固底等措施可明显降低泥石流形成的可能。

（4）对危险性不大但不具备综合防治的影响区域或建筑物等级不高，可根据泥石流特点和工程特性，研究以防为主的预警措施。

防护工程布置要因地制宜。要根据沟道中的地质、地形条件和泥石流的特性、规模、频率等特点结合防护对象综合考虑，具体问题具体分析。

1）一般情况下通常采用排导、拦沙等工程布置方案，地形条件允许可考虑停淤工程，或采用多种防护建筑物综合防护的布置方案。

2）施工区内公路、临时工厂、仓库等设施的防治规划，常以简单工程措施及预警预报系统建设为主，要求有措施，见效快。重点是采取排导工程和布设的预警设施让泥石流顺畅地通过线路地段。

3）沟道里布置有中小型渣场，一般根据渣场的规模、失事后果、经济损失大小、防治难度进行综合研究，防治规划时，在流通区多采取综合防治工程，下游堆积区多布置排导或停淤等工程。

4）工程区内或附近的对外永久公路、国道、省道、县道等防护布置，应依照泥石流本身的规模、防护对象的经济指标或重要性等因素来确定，包括：①对于特大型泥石流，当局部移动不能彻底避开危害而可能留有严重后患时，可拟定较大范围的绕避布置方案；②对于大中型泥石流，可局部移动线路位置，宜在流通区以桥涵形式立体绕避跨越，当必须在堆积扇上通过时，最好选择在远离沟口的扇缘通过，若必须在泥石流扇腰通过时，线路应选择在泥石流活动较为稳定的部位布置；③对于小型泥石流，宜选择经济合理的布置方案。

（5）防治方案具备施工可行性，兼顾经济性。水电工程一般处在高山峻岭之中，物源区海拔较高，交通艰难，在泥石流全流域综合治理的施工可行性往往较低，因此防治方案要充分考虑施工的难易和成本，一般宜考虑就地取材，施工设备简单，强度低，距离保护对象位置近或具备交通条件的防护方案，或能够分期实施，以确保安全。

8.4 防治工程布置方案

水电工程防护对象主要有主体工程、弃渣场、道路、施工工厂、施工营地等，针对这些建筑物结合地质地形特点主要有稳拦排全面控制布置方案、以固源排导为主布置方案、以拦挡停淤为主、以导排为主拦排结合布置等布置方案。

8.4.1 固拦排全面控制布置方案

该方案在上游区以固坡为主、中游以拦挡为主、下游以排导为主进行相应的布置，包括工程措施和生物措施，是一种较为全面的全流域综合防治布置方案，适用于流域面积较大、物源主要源于中上游形成区、且形成区堆积了大量弃土弃渣的流域。

根据实际情况，在流域上中游坡面容易失稳的区域修建部分挡墙和谷坊，同时进行退耕还林、封山育林和林种改造。中下游地区根据地形、地质条件及拦沙坝的不同作用，在沟内共设置了各型拦沙坝，其目的在于稳定沟床内固体物质及拦蓄、削减部分泥石流洪峰流能及规模。下游修建排导槽，将泥石流从规定的路线排导出防护对象之外。如"5·12"地震灾区绵竹文家沟泥石流采用全面的控制方案，取得良好效果。

8.4.2 以固源排导为主的布置方案

该方案选取合适的沟段布置排导建筑物,将上游流体排入其他流域或本流域保护对象的下游区域,分为以下两种情况:

(1)有些沟主要物源较为集中,其上游地形条件具体筑坝截断水流并可布置排导建筑物将水流导排至物源下游或其他流域,消除了泥石流暴发的水动力条件,另外还采取了坡面防护和排水等辅助措施。

四川汉源县万工镇坡面泥石流主要受物源以上暴雨汇流影响而产生,整治工程采用综合措施,包括排导槽+拦挡桩群+分流槽+部分固源+部分清挖+截排水,利用应急阶段的1号排导槽修建混凝土排导槽;利用应急阶段的2号导向槽作为分流槽;对物源集中、位置高、失稳后影响大的大沟后缘古堆积进行固源处理;对部分堆积物进行清除;采取截排水措施及生物防护措施对分散的坡面泥石流进行防治;对大沟上部右岸玄武岩边坡进行浅层防护;其他措施,如监测措施、水土保持措施及行政措施等。该方案平面布置示意图见图8.3。

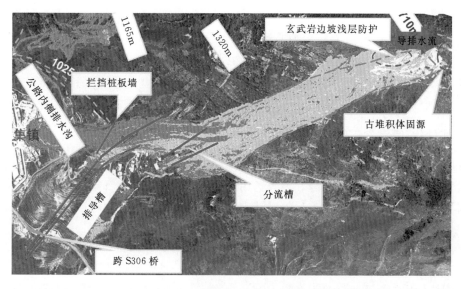

图 8.3 四川汉源县万工镇坡面泥石流治理工程布置示意图

瀑布沟电站深启低沟整治工程主要措施也是如此,具体见图8.4。

(2)有些沟在受保护对象上游的地形条件十分有利于布置泥石流排导建筑物,可以考虑筑坝将泥石流截断并导排至受保护对象的下游或其他流域。主要要求地形存在垭口或弯道,或距离其他流域长度较短,可以截弯取直布置排导建筑物。

1)若存在垭口或弯道,可布置排导明渠,通过截弯取直排导黏性或稀性泥石流。

2)若距离其他流域长度较短,且为稀性泥石流,经论证可考虑隧洞排导。

产生稀性泥石流的河道曲折多弯,河道坡降大,可拦挡库容较小,地形上布置较短隧洞可以截弯取直,经论证可采用隧洞排导稀性泥石流。为防止淤堵,隧洞断面宽度宜不小于过洞泥石流最大颗粒粒径的三倍,坡度不小于10%。如CHB电站的响水沟渣

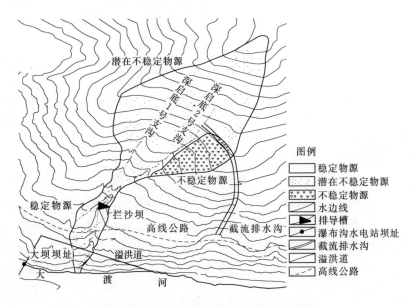

图 8.4　PBG 水电站深启低沟综合治理图

场采用了隧洞排导稀性泥石流方案，其排导隧洞洞身段长 385m，纵坡 $i=10.0\%$，横坡 $i=25.0\%$，设计排泄泥石流峰值流量（$P=3.33\%$）$Q_c=656.1\text{m}^3/\text{s}$，排导隧洞过流断面为 $14.0\text{m}\times16.0\text{m}$。XW 水电站马鹿塘沟泥石流下游整治段也采用了类似的排泥洞方案。

8.4.3　以截留停淤为主的排导布置方案

该方案地形上沟道坡降缓，泥石流不易排导，但具有足够开阔、平缓的沟谷滩地，可考虑设置停淤场和辅助排导设施，比较适用于规模不大的黏性泥石流的停淤，在停淤场上游有引导建筑物，使泥石流引入后停淤其中，停淤场出口有导排设施。保护对象处于停淤场下游，需要经常清淤。

停淤场的类型按其所处的平面位置，可划分为以下两种：

（1）堆积区停淤场。利用泥石流沟堆积区的大部分低凹地带或围护后的区域作为泥石流流体固体物质的堆积地，停淤场出口有导排设施。LHK 水电站瓦子沟泥石流防护布置方案就利用沟内渣场库容作为停淤场停淤，水由高进口的排导洞引排。

（2）围堰式停淤场。在泥石流沟较宽、沟内坡度降缓下游、但具有平缓的沟谷滩地，堆筑拦挡围堰将沟道截断形成较大库容，使泥石流停淤其中，一般适用于设计标准下泥石流一次暴发规模较小而库容很大情况。保护对象处于停淤场下游，需要经常清淤。另外需配套排导设施。在保护对象旁布设排导槽或排导设施等。

在水电工程实践中，停淤工程多采用了设置高低进水口排水布置方式（图 8.5）。

对于规模不大的稀性泥石流，如 HZY 电站的色古沟渣场、两河口瓦子沟渣场采用渣场或另布设的拦挡坝拦截泥石流停淤排水的布置方式，停淤库容至少能满足停放设计标准的一次泥石流固体物质总量，排导设施有隧道和渣顶排导明渠等，考虑到低高程进口易被推移质和树枝堵塞，排水隧洞进口一般设置高低进水口，龙抬头结合或分层排导泄流塔，

图 8.5　某水电站高低进水口排水布置

布置上要求高进口高于一次停淤高程，对重要的渣场，经论证可在完建的渣顶布设非常开敞式排导槽，以泄超标准的泥石流。锦屏印把子沟渣场规模巨大，另在渣顶增加了非常开敞式排导槽（图 8.6）。

（3）有些泥石流沟坡降不大，为危险性小的稀性泥石流，沟口两侧布置有一些临时工厂设施的防护可以考虑该布置方案。修筑一道或多道多孔圬工坝或格栅坝，同时建设监测、预警预报系统。多孔圬工坝或格栅坝主要拦挡稀性泥石流（水石流）中挟带的较大块石，砾石和砂可通过排水孔或格栅导排至下游，泥石流过后及时清理库内拦挡的块石。CHB 电站磨子沟泥石流是水石流为主，右侧地下炸药库的保护采用了类似布置方案。

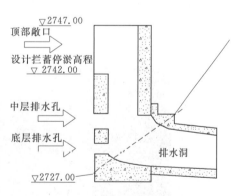

图 8.6　分层排导进水塔结构示意图

8.4.4　以排导为主、拦排结合布置方案

拦排结合布置通常采用中游拦挡与下游排导相结合的模式。当沟内有保护对象。沟道地形坡度较陡，相对顺直，有足够的宽度在保护对象另一侧设置排导槽排导泥石流，同时布置在上游设置格栅坝或重力坝拦挡沟道内上游分布的松散弃土弃渣，防止沟道下切，保护沟岸，避免新启动的滑坡固体物质进入沟床形成新的泥石流物源。依据实际情况，拦挡工程可以采用格栅坝或重力坝，其拦挡方式可以采用梯级坝或单一坝体（图 8.7）。

（1）临沟型渣场的防护布置。当渣场所在沟床相对较宽，河道基本顺直、长度较短，

图 8.7 汶川县映秀镇红椿沟特大泥石流排导槽工程

纵坡经计算分析能满足该沟泥石流顺畅流动要求时，过流时一般为急流，可采取邻沟型渣场结合开敞式排导工程布置方式；开敞式排导工程的主体排导槽通常采用紧贴河道一侧基岩布置，渣场与排导槽之间用顺流向的圬工导流堤隔离，排导槽一般与岸边公路或导流堤顶平台组合成复式断面，以加大过流能力；槽体应具备较好的抗冲和耐磨蚀能力，需对排导槽底部进行护底。

该开敞式排导工程布置方式对黏性和稀性泥石流均适用，特别是当地形条件对排泄有利时，可一次性地将泥石流排至预定地区而免除灾害，可单独使用或与拦蓄工程结合使用，往往根据地形和泥石流特性在渣场上游布设小规模的拦挡工程，拦挡工程可以采用格栅坝、重力坝，也可以采用拦沙坝与部分谷坊相结合的方式。已建工程如四川 CHB 电站野坝沟渣场均采用该布置方式（图 8.8）。

图 8.8 CHB 野坝沟泥石流治理工程 2 号拦挡坝

（2）泥石流沟道狭窄、陡峻，影响区内场内公路、中小型临时工厂、仓库等设施的防护布置。该类建筑物一侧临山另一侧靠河，泥石流沟道狭窄、陡峻，泥石流规模和影响区不大，建筑物级别不高，多为临时建筑物，工程完工后弃用或使用率较低，对该类建筑物的防护布置常以简单导排设施及预警预报系统建设为主。重点是采取导排、保护措施让泥石流顺畅地通过线路地段和布设的预警设施，如场内公路在泥石流沟口架桥通过，对场内公路、中小型临时工厂、仓库旁靠山侧规模不大的坡面泥石流可采用架设混凝土导流槽（渡槽）跨过建筑物，排导槽一般呈喇叭形，坡度较大，便于收集和排导泥石流至另一侧的河道或山崖下，排导槽尽量使用窄深槽，防止淤积。在成昆铁路和施工区沿线公路架设混凝土导流槽的相应案例较多。

（3）低危险性的干沟、沟口两侧有低等级设施的防护布置。沟口两侧有低等级设施，常以简单的挡护工程措施（如格栅坝、桩林）及监测、预警预报系统建设为主。该防护布置重点：一是沟口正面不允许布置建筑物；二是采取监测和预警措施。

8.5 防治工程布置方案比选

泥石流治理方案的比选应以保护对象的安全程度为出发点，遵循泥石流的活动和成灾规律，综合考虑拦沙、固源、排导、停淤、预警等措施组合多个方案，从保护效率、费用成本、施工难易、工期上综合比较，推荐最佳治理方案。

8.5.1 固拦排全面控制组合方案的比较

当保护对象重要性较高，具备采用固拦排全面控制的条件时，则根据需要控制的泥石流物源总量和地形地质条件，拟定2～3个不同布置方案（固、拦、排工程可按位置不同、数量不同、构筑物型式不同等进行优化组合）进行技术经济比较，各方案应具有对等的灾害控制治理效果，采用的固、拦、排工程各自控制的水沙一定要协调。

（1）各方案固源工程比较。固源工程重点分析泥石流沟内集中性物源类型、分布位置、启动参与泥石流的方式（塌滑冲刷、揭底冲刷等），确定需要稳定的物源量，比较各方案在治理部位、治理长度及采用工程构筑物型式的优缺点。

（2）各方案拦沙工程比较。拦沙工程根据需要的拦蓄调节总库容（按设计基准期），分析建坝处地质地形条件、施工可行性，拟定不同布置方案的库容和坝高。重点比较不同方案可拦蓄的泥沙量及施工难易、经济成本等。

（3）各方案排导工程比较。重点比较不同方案排导工程的泄流条件及施工难易、维护成本、经济成本等。

8.5.2 停、排组合方案的比较

对于上游沟道纵坡陡，固源、拦蓄泥沙工程施工困难或工程效益差，而下游山口有停淤地形、也有一定排导条件的泥石流沟，可采用停、排组合方案。

该方案要充分论证设计基准期内泥石流冲出的固体物质总量、一次泥石流冲出量，据此确定停淤场库容、围限范围、占地面积和泥沙围限、水沙分离、导流的工程结构型式。

重点比较不同方案停淤库容、排导的泄流能力及施工难易、维护成本、经济成本等，注意评估停淤场淤满后果对不同方案的影响。

该组合方案往往需要和以导排为主的方案进行比较，主要区别在于停淤库容可以调节

排导流量，能够降低排导建筑物规模，但增加了后期清理维护成本；当导排为主的方案需要的排导规模较大时，经常需要与停、排组合方案进行综合比较。

8.5.3 以排导为主的方案或简易拦、排结合布置方案的比较

重点比较不同方案拦排、排导工程的工程地质条件、泄流条件及施工难易、维护成本、经济成本等。

8.5.4 防护工程分期建设与防护工程一次建设完成方案比较

工程实践中，部分保护对象规模较大、工期较长，或前期作为临建工程，后期另行建设级别较高的保护对象，因此提出了防护工程随着保护对象规模和级别变化而分期建设的布置方案，往往与防护工程一次建设完成方案在拦挡、排导设施布置上存在差异，需要从经济技术方面比较上述两方案，必要时还需要结合保护对象布置的优缺点共同进行综合比较，择优选取。

第9章 水电工程泥石流防治工程建（构）筑物设计

9.1 实体拦挡坝工程

拦挡坝是通常建在泥石流形成区或形成区-流通区沟谷内的一种横断沟床的坝式建筑物。其目的在于控制泥石流发育，也是泥石流防治工程中十分重要的一种工程措施。舟曲特大泥石流整治工程修建了9座混凝土拦挡坝，近年来水电工程泥石流沟防护工程几乎都设置了拦挡坝，多数在1~3座拦挡坝之间，效果较好。拦挡坝主要适用流域来沙量大，沟内崩塌、滑坡体等不稳定物源较多，上游有一定的筑坝地形（较大的库容和狭窄的坝址）的沟谷。

9.1.1 主要功能和类型

（1）主要功能。

1）全部或部分拦截上游来水来沙，降低泥石流的浓度，改变输水、输沙条件，控制下泄输沙粒径；逐级减少下泄固体物质量，减小拦挡工程下游泥石流的规模。

2）减缓河床坡降，降低泥石流运动速度，并减少沟床纵向侵蚀和两岸或横向的重力侵蚀。

3）由于回淤效益，可以控制或提高局部沟床的侵蚀基准面，起到稳坡稳谷的作用。

4）调整泥石流输移流路和方向，可使流体主流线控制在沟道中间，减轻山洪泥石流对岸坡坡脚的侵蚀速度。

（2）主要类型。拦挡坝常采用重力式；按建筑材料分，常用的有浆砌石坝、混凝土（含钢筋混凝土）坝、钢筋石笼坝等。

1）混凝土或浆砌石重力坝。这是我国泥石流防治中最常用的一种坝型，适用于各种类型及规模的泥石流防治，坝高不受限制；在石料充足的地区，可就地取材，施工技术条件简单，工程投资较少（图9.1）。

2）钢筋石笼拦挡坝。近年来在水电工程应用较为广泛，适用于各种类型及规模的泥石流防治临时工程，坝高一般在8m以下，寿命2~4年，突出的优点是能很好地适应地形地质条件，可就地取材，钢筋石笼自然透水，施工技术条件简单，施工周期短，工程投资较少。缺点主要是抗冲击能力低，局部破坏容易导致整体溃决，使用期较短，基本用在临时防护工程上（图9.2）。为增强整体性和提高抗冲耐磨能力，通常在溢流表面浇筑20cm混凝土保护。

图9.1 常见的混凝土或浆砌石拦挡坝

图9.2 钢筋石笼拦挡坝

9.1.2 拦挡坝的平面布置

坝址选择主要考虑以下因素：

（1）建坝后是否有足够的库容。施工条件允许情况下，一般设置两道或多道坝所形成的梯级坝系库容。

（2）坝址是否具有减势的地形条件，如河床坡降较平缓，坝址上游具有弯道等，若将坝址设在弯道的下游侧，就能够利用弯道消能、落淤作用，避开泥石流的直接冲击。

（3）坝址处是否有建坝的地质条件与施工条件。具体而言，最好满足以下条件：

1）布置在泥石流形成区的下部，或置于泥石流形成区—流通区的衔接部位。

2）从地形上讲，拦挡坝应设置在沟床的颈部（即峡谷入口处）。坝址处两岸坡体稳定，无危岩、崩滑体存在，沟床及岸坡基岩出露、坚固完整，地基有一定的承载能力。在基岩窄口或跌坎处建坝，可节省工程投资，对排泄和消能都十分有利。

3）拦挡坝应设置在能较好控制主、支沟泥石流活动的沟谷地段。

4）拦挡坝应设置在靠近沟岸崩塌、滑坡活动的下游地段，应能使拦挡坝在崩滑体坡脚的回淤厚度满足稳定崩塌、滑坡的要求。

5) 多级拦挡坝应从沟床冲刷下切段下游开始，逐级向上游设置拦挡坝。使坝上游沟床被淤积抬高及展宽，从而达到防止沟床继续被冲刷，阻止沟岸崩滑活动的发展。

6) 拦挡坝在平面布置上，坝轴线尽可能按直线布置，并与流体主流线方向垂直。溢流口宜居于沟道中间位置。坝下游消能工程可采用潜槛或消力池构成的软基消能。

9.1.3 拦挡坝的坝高

拦挡坝的高度除受控于坝址段的地形、地质条件外，还与拦沙效益、施工期限、坝下消能等多种因素有关。一般来说，坝体越高，拦沙库容就越大，固床护坡的效果也就越明显，但工程量及投资则随之急增，因此应有一个较为合理的选择，可按以下要求确定坝高。

（1）拦挡坝的功能主要为拦淤时，通常按工程设计标准一次淤积固体物源量库容对应的坝高，再加安全超高确定设计坝高。当泥石流规模大，防护区段较长，单个坝库不能满足防治泥石流的要求时，或因地质地形条件所限，难于修建单个高拦沙坝时，可采用梯级坝系（图9.3）。在布置中，各单个坝体之间应相互协调配合，使梯级坝系能构成有机的整体。梯级坝系拦淤总量应不小于工程设计标准一次淤积固体物源量。

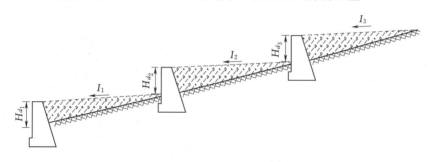

图 9.3　梯级拦挡坝布置示意图

泥石流拦挡坝的坝下消能防冲及坝面抗磨损等技术问题，一直未能得到很好解决。故从维护坝体安全及工程失效后可能引发的后果考虑，在泥石流沟内的松散层上修建的单个拦挡坝高，最好小于30m，对于梯级坝系的单个溢流坝，应低于10m。对于强地震区及具备潜在危险（如冰湖溃决、大型滑坡）的泥石流沟，更应限制坝的高度。

（2）当拦挡坝的主要功能是使泥石流归槽便于排导、减势、降低冲击和固床作用时，常布置于排导槽进口段，其坝高按需设置，坝高一般大于泥石流最大颗粒粒径的 1.5～2 倍，埋置深度一般为冲刷深度的 1.2～1.5 倍。

（3）对于以稳定沟岸崩塌、滑坡体为主的拦挡坝高（例如谷坊坝），可按回淤长度、回淤纵坡及需压埋崩、滑体坡脚的泥沙厚度确定。泥沙淤积厚度应满足：淤积厚度下的泥沙所具有的抗滑力不小于崩滑体的下滑力。相应计算泥沙厚度的公式为

$$H_s^2 \geqslant \frac{2Wf}{\gamma_s \tan^2(45° + 0.5\varphi)} \qquad (9.1)$$

式中：W 为高出崩滑动面延长线的淤积物单宽重量，t/m；f 为淤积物内摩擦系数；γ_s 为淤积物的容重，kN/m³；φ 为淤积物内摩擦角，（°）。

拦挡坝的高度可按下式计算：

$$H = H_s + H_1 + L(i_0 - i) \tag{9.2}$$

式中：H_1 为崩滑坡体临空面距沟底的平均高度；L 为回淤长度，m；i_0 为原沟床纵坡；i 为淤积后的沟床纵坡，H_s 为泥沙淤积厚度，m。

9.1.4　拦挡坝的坝间距

在一段沟道中能够连续衔接布置的多级拦挡坝，坝间距由坝高及回淤坡度确定。也可先选定坝高，再计算坝间距离：

$$L \leqslant \frac{H - \Delta H}{i_0 - i} \tag{9.3}$$

式中：L 为坝间距，m；ΔH 为坝基埋深，m；其余符号意义同前。

拦挡坝建成后，沟床泥沙的回淤坡度（i）与泥石流活动的强度有关。可采用类比法，对已建拦挡坝的实际淤积坡度与原沟床坡度 i_0 进行比较确定，即：

$$i = c i_0 \tag{9.4}$$

式中：c 为比例系数，一般为 0.5～0.9 之间，或按表 9.1 采用，若泥石流为衰减期，坝高又较大时，则用表内的下限值。反之，选用上限值。

表 9.1　　　　　　　　　　　　　　比 例 系 数 c 值 表

泥石流活动程度	特别严重	严重	一般	轻微
c	0.8～0.9	0.7～0.8	0.6～0.7	0.5～0.6

实际工程中，往往由于地形条件限制，各坝间坝间距较大，不能满足回淤保护上一级坝体的基础淘刷，需在上一级坝下单独设置防淘措施。

9.1.5　拦挡坝的结构

9.1.5.1　拦挡坝的断面型式

对于重力拦挡坝，从抗滑、抗倾覆稳定及结构应力等方面考虑，比较有利、合理的断面是三角形或梯形。在实际工程中，坝的横断面的基本型式见图 9.4，下游面近乎直立。

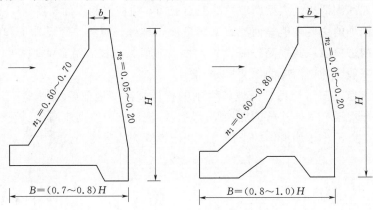

图 9.4　重力拦挡坝横断面示意图

底宽以及上下游面边坡可按以下方法确定：

（1）当坝高 $H<10\text{m}$ 时，底宽 $B=0.7H$；上游面边坡 $n_1=0.5\sim0.6$；下游面边坡 $n_2=0.05\sim0.20$。

（2）当 $10\text{m}<H<30\text{m}$ 时，底宽 $B=(0.7\sim0.8)H$；上游面边坡 $n_1=0.60\sim0.70$；下游面边坡 $n_2=0.05\sim0.20$。

（3）当坝高 $H>30\text{m}$ 时，底宽 $B=(0.8\sim1.0)H$；上游面边坡 $n_1=0.60\sim0.80$；下游面边坡 $n_2=0.05\sim0.20$。

底板的厚度 $\delta=(0.05\sim0.1)H$。为了增加坝体的稳定，坝基底板可适当增长，坝顶上、下游面均以直面相连。

坝体剖面设计应根据实际情况进行稳定性、应力计算最终确定。

9.1.5.2 坝体其他尺寸控制

（1）非溢流坝坝顶高度 H。H 等于溢流坝高 H_d 与设计过流泥深 H_c 及相应标准的安全超高 $H_{\Delta c}$ 三者之和。即：

$$H=H_d+H_c+H_{\Delta c} \tag{9.5}$$

（2）坝顶宽度 b。b 值应根据运行管理、交通、防灾抢险及坝体再次加高的需要综合确定。对于低坝，b 的最小值应在 $1.2\sim1.5\text{m}$，高坝的 b 值则应在 $3.0\sim4.5\text{m}$ 之间。

（3）坝身排水孔。对于仅设置为单体坝的情况，排水孔孔径随着高程增加而减小；对于多级坝，上游至下游，排水孔孔径逐渐减少。排水孔孔径选择与设计淤积粗颗粒粒径密切相关，孔径多不大于 1.5 倍粗粒粒径，多数排水孔的尺寸选择区间为 $0.5\sim2.0\text{m}$。孔洞的横向间距，一般为 $3\sim5$ 倍的孔径；纵向上的间距则可为 $2\sim4$ 倍的孔径，上下层之间可按品字形排布，断面多为矩形。坝下应设置消能、防磨蚀设施。

（4）坝的溢流坝段布置。

1）坝顶溢流口宽度，可按相应的设计流量或限制单宽流量 q_c 计算。该宽度应大于稳定沟槽的宽度并小于同频率洪水的水面宽，为了减少过坝泥石流对坝下游的冲刷及对坝面的严重磨损，应尽量扩大溢流宽度，使过坝的单宽流量减小。

当 $H_d<10\text{m}$，$q_c<30\text{m}^3/(\text{m}\cdot\text{s})$；

当 $H_d<10\sim30\text{m}$，$q_c=15\sim30\text{m}^3/(\text{m}\cdot\text{s})$；

当 $H_d>30\text{m}$，$q_c<15\text{m}^3/(\text{m}\cdot\text{s})$。

对于坚硬基岩单宽流量可取上限值，风化岩和密实的沟床物质取中值，松散的沟床物质取下限值。

2）宜使溢流坝段中线与排导槽中心线重合。

3）可将溢流坝段划作一个独立的结构计算单元，用沉降缝或伸缩缝分隔开，进出口应布置相应的导流和出流设施，如排流坎、耐磨蚀铺砌面等。

4）若采用坝顶溢流方案，宜选用不设中墩和无胸墙的开敞式入流口，避免撞击、阻塞导致漫顶事故，进口应作圆滑渐变的导流墙，出口不宜过大的收缩。

（5）坝下齿墙。坝下齿墙起着增大抗滑、截止渗流及防止坝下冲刷等作用。齿墙的深度视地基条件而定，最大可达 $3\sim5\text{m}$。齿墙为下窄上宽的梯形断面，下齿宽度多为 $0.10\sim0.15$ 倍的坝底宽度。上齿宽度可采用下齿宽度的 $2.0\sim3.0$ 倍。

9.1.6　拦挡坝的结构计算

拦挡坝类型不同，其结构计算方法亦不一样。这里仅介绍与之相似的闸坝结构计算，对其他形式的拦挡坝计算，可参阅相关资料。闸坝的结构计算主要包括抗滑稳定性、抗倾覆稳定性、坝基应力以及坝体应力与下游抗冲刷稳定性计算等。

9.1.6.1　抗滑稳定性计算

抗滑稳定计算，对拟定坝的横断面型式及尺寸起着决定性的作用。坝体沿坝基面滑动的计算公式为：

$$K_0 = \frac{f \sum W}{\sum F} \geqslant [K_c] \tag{9.6}$$

式中：$\sum W$ 为作用于单宽坝体计算断面上各垂直力的总和（如坝体重、水重、泥石流流体重、淤积物重、基底浮托力及渗透压力等）；$\sum F$ 为作用于计算断面上各水平力之和（含水压力、流体压力、冲击力、淤积物侧压力等）；f 为砌体同坝基之间的摩擦系数（可查表或现场实验确定）；$[K_c]$ 为抗滑稳定安全系数，参照水闸设计规范规定。

当坝体沿切开坝踵和齿墙的水平断面滑动，或坝基为基岩时，应计入坝基摩擦力与黏结力，则

$$K_0 = \frac{f \sum W + CA}{\sum F} \geqslant [K_c] \tag{9.7}$$

式中：C 为单位面积上的黏结力；A 为剪切断面面积，其他符号意义同上。

9.1.6.2　抗倾覆性稳定验算

$$K_y = \frac{\sum M_y}{\sum M_0} \geqslant [K_y] \tag{9.8}$$

式中：$\sum M_y$ 为坝体的抗倾覆力矩，是各垂直作用荷载对坝脚下游端的力矩之和；$\sum M_0$ 为使坝体倾覆的力矩，是各水平作用力对坝脚下游端的力矩之和；K_y 为抗倾覆安全系数，参照《水工挡墙设计规范》（SL 379—2007）规定。

9.1.6.3　坝基应力计算

由于拦挡坝的高度一般都不很高，故多采用简便的材料力学方法计算。

$$\left. \begin{aligned} \sigma &= \frac{\sum W}{A} + \frac{\sum MX}{J} \\ \sigma &= \frac{\sum W}{b}\left(1 + \frac{6e}{b}\right) \end{aligned} \right\} \tag{9.9}$$

式中：$\sum M$ 为截面上所有荷载对截面重心的合力矩；X 为各荷载作用点至断面重心的距离；b 为断面宽度；e 为合力作用点与断面重心的距离；J 为断面的惯性矩；W 为各荷载的垂直分量。

为了满足合力作用点应在截面的 1/2 内（$e \leqslant \dfrac{b}{6}$），满库时在上游面坝脚或空库时在下游面坝脚的最小压应力 $\sigma_{\min}$ 不为负值，则需满足

$$\sigma_{\min} = \frac{\sum W}{b}\left(1 - \frac{6e}{b}\right) \geqslant 0 \tag{9.10}$$

坝体内或地基的最大压应力 $\sigma_{\max}$ 不得超过相应的允许值，即

$$\sigma_{\max} = \frac{\sum W}{b}\left(1 + \frac{6e}{b}\right) \leqslant [\sigma] \tag{9.11}$$

9.1.7 拦挡坝消能防冲

泥石流过坝后，因落差增大，过坝流体由于重力作用，下落的速度和动能大大增加，对坝下沟床及坝脚产生严重的局部冲刷，这也是造成坝体失事的重要原因。尤其是建筑在砂砾石基础上的坝体，更易因坝下冲刷而引起底部被不均匀掏空，造成坝体发生倾覆破坏。冲刷坑的范围和深度既与沟床基准面的变化、堆积物组成及性质有关，也与泥石流性质、坝高以及单宽流量的大小密切相关。

泥石流坝下的消能防冲，首先应该按其冲刷形成的原因，采取相应的措施，防止沟床基准面下降，使坝下冲刷坑的发展得以控制。其次是按以柔克刚的原理，在坝下游形成一定厚度的柔性垫层，使过坝流体减速、消能，并增强沟床提高对流体及大石块冲砸的抵抗能力，从而达到降低冲刷下切的目的。坝下游消能主要有以下结构型式。

9.1.7.1 护坦工程

当过坝泥石流含沙粒径不大、坝高不高（<10m）时，可在坝下游设置护坦工程防止或减轻冲刷下切。护坦的厚度可按弹性地基梁或板计算确定，应能抵挡流体的冲击力，一般厚度为1.0～3.0m。若考虑护坦下游的冲刷，则护坦的长度越长就越安全。护坦通常按水平布设，并与下游沟床一致。当沟床坡度较陡时，亦可降坡，但应加大主坝的基础埋深。护坦尾部多会出现不同程度的冲刷，故需在尾部设置齿墙。在齿墙下游面应紧贴沟床布设一定长度的石笼或用大石块铺砌的海漫等。此外也还可以采取与水利工程类似的其他固床工程，使坝下游沟床的冲刷下切得到有效控制。结合近两年四川省地震灾区大型泥石流沟的治理工程实践，为了进一步减缓主坝水流对护坦的冲刷，在护坦表部又增设一层起消能作用的大漂石（粒径要求大于1m），工程实践表明效果良好。

9.1.7.2 二道坝消能工程

在主坝下游另建一座低于主坝的拦挡坝（称为二道坝），使主坝、二道坝之间形成消力池，从而达到减弱过坝流体的冲、砸破坏力，控制冲刷坑的动态变形及纵深发展。主坝、二道坝之间的间距、主坝下游的泥深以及坝脚被埋泥沙的厚度，是控制主坝下游消能的关键因素，也与二道坝高度的选择直接相关。主坝高度大、过流量大，坝下游沟床坡度也大，则二道坝的高度就要相对增大。坝下冲刷深度与形态和主坝、二道坝之间的距离有关：当距离较小时，冲刷坑将向坝基方向伸展，这将直接威胁坝基的稳定性，应注意避免；主坝、二道坝之间的重复高度，多采用经验公式计算，一般取主坝高的1/4～1/6，最小高度应大于1.5m。主坝、二道坝之间的距离，应大于主坝高与坝顶泥深之和，或者借用水力学原理进行计算。

如图9.5所示，河道落差较大，为保护第一道拦挡坝坝趾不被冲刷破坏，设置了潜坝和二道坝（第二道坝），第三道坝相当于第二道坝的二道坝，利用回淤后较护坦效果更好。

9.1.7.3 拱基或桥式拱形基础工程

若将拦挡坝建成拱基坝或桥式拱形基础重力坝，则会使坝体自身具有较好的受力条件和自保能力。当坝基部分被冲刷淘空时，也不会对坝体安全构成威胁。四川金川八步里沟

图 9.5　二道坝消能

于 1983 年建成拱基组合式圬工重力坝（图 9.6），就是利用拱基支承作用，巧妙地解决了坝下游冲刷及消能问题。拱基型及桥式拱形坝对中高坝及各种类型的泥石流都比较适用，但当泥石流（或沟床）由细颗粒物质组成时，则拦蓄条件欠佳。

图 9.6　金川八步里沟拱基组合式圬工重力坝立面图

在上述型式中，护坦（散水坡型）和潜坝型适用于主坝高度小于 10m 的低坝或流量和泥深均较小的稀性泥石流，而二道坝型与拱基型或桥式拱形则适用于中高坝和各种类型的泥石流。

9.1.7.4　阶梯消能工程

当下游河床覆盖层致密、抗冲流速达到 3m/s 左右时，主坝高度小于 15m 的低坝或流量和泥深均较小的泥石流，为减小坝脚防护工程量，溢流面可以采用阶梯消能布置，施工方便，便于检修。下游溢流面坡比宜缓于 1∶3，阶梯宽度约为 1.2～2 倍过流时的泥深时，消能效果较好，坡脚设置 1～2m 厚或 0.3～0.5 倍坝高长度的防冲护坦，可以将流速降低到 3m/s 左右。LHK 水电站瓦子沟泥石流防护工程 2 号拦挡坝溢流面就采用上述阶梯消能布置。

9.2 格栅坝工程

格栅坝是指以混凝土、钢筋混凝土、浆砌石、型钢等为材料，将坝体做成横向或竖向格栅，或做成平面、立体网格，或做成整体格架结构的透水型拦挡坝。格栅坝包括梁式格栅坝、切口坝、筛子坝和格子坝等多种型式。

格栅坝不仅能拦蓄大量的泥沙、块石，而且能起到调节泥沙的效果，因此亦有人称此类坝为泥沙调节坝。与实体坝比较，格栅坝具有以下优点：受力条件好，拦沙及排水效果较好；装配简单，既可缩短工期，又可确保工程质量，节省材料，有利于坝体维护管理等。此类坝具备拦粗（漂石、巨石等）排细（挟沙水流及较小砾石等）功能，能起到调节拦排泥沙比例的作用，这是实体重力拦挡坝所无法实现的。

格栅坝主要适用于水及沙石易于分离的水石流、稀性泥石流，以及黏性泥石流与洪水交错出现的沟谷。对含粗颗粒较多的频发性黏性泥石流及拦稳滑坡体的效果较差，但当沟谷较宽时，由于格栅坝所具有的透水功能，拦沙库内的地下水位被降低，可具备较好的效果。

格栅坝的种类很多，按照格栅坝的结构与构造分为两大类：一类为在实体圬工重力坝体上开过流切口或布设过流格栅而形成的梳齿坝、梁式格栅坝、耙式坝及筛子坝等；另一类为由相应杆件材料（钢管、型钢、锚索）组成的格子坝、网格坝及桩林等，见图 9.7 和图 9.8。

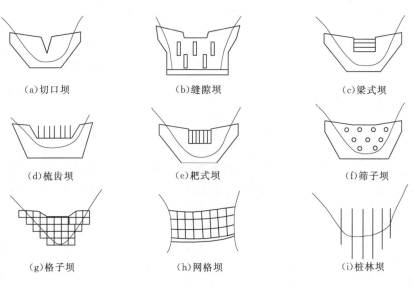

(a)切口坝　　　(b)缝隙坝　　　(c)梁式坝

(d)梳齿坝　　　(e)耙式坝　　　(f)筛子坝

(g)格子坝　　　(h)网格坝　　　(i)桩林坝

图 9.7 格栅坝的结构

在具体设计中，应结合当地的实际情况，对制定的多种技术方案进行综合技术经济比较，择优选择坝型结构与构造。

图 9.8　常见的格栅坝

9.2.1　梁式格栅坝设计

在圬工重力式实体坝的溢流段或泄流孔洞布置以支墩为支承的梁式格栅，形成横向宽缝梁式坝，或竖向深槽耙式坝。格栅梁用预应力钢筋混凝土或型钢（重型钢轨、H 型及槽型钢等）制作，是目前泥石流防治中应用较多的主要坝型之一（图 9.9）。

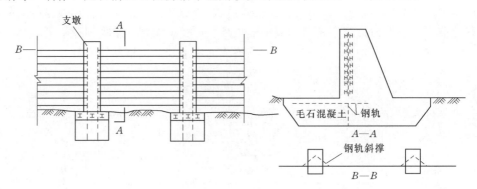

图 9.9　钢轨梁式格栅坝

这类坝的优点是梁的间距可根据拦沙效率大小进行调整，既能将大颗粒砾石等拦蓄起来，而又使小于某一粒径的泥沙块石排到下游，不致使下游沟床大幅度降低。堆积泥沙后，如将梁卸下来，中小水流便能将库内泥沙冲刷带入下游，或可用机械进行清淤。

9.2.1.1　梁的形式和布置

（1）梁的断面形式。对于钢筋混凝土梁，断面形式为矩形。型钢梁则多为工字钢、H 型钢及槽型钢，用型钢组成的桁架梁等。当格梁为矩形断面时，可采用

$$\frac{h}{b} = 1.5 \sim 2.0 \qquad (9.12)$$

式中：h 为梁高；b 为梁的宽度。

（2）梁的间隔。对于颗粒较小的泥石流，梁的间隔不宜过大，可用梁间的空隙净高（h_1）与梁高 h 的关系控制，即：

$$h_1 = (1.0 \sim 1.5)h \tag{9.13}$$

对于颗粒较大（大块石、漂砾等）的泥石流，将会因大块石的阻塞，使本可流走的小颗粒也被淤积在库内，从而加速了库内的淤积。根据已建工程的统计，建议采用下式计算：

$$h_1 = (1.5 \sim 2.0)D_m \tag{9.14}$$

式中：D_m 为泥石流流体及堆积物中所含固体颗粒的最大粒径。

（3）筛分效率（e）：

$$e = V_1 / V_2 \tag{9.15}$$

式中：V_1 为一次泥石流在库内的泥沙滞留量；V_2 为过坝下泄的泥沙量。

筛分效率和堵塞效率成反比，梁的间隔越小，筛分效果越差。对梁式格栅坝而言，当格栅间距为 $1.5 \sim 2.0$ 倍排导粒径时，仍有少部分排导粒径颗粒滞留库内，有资料显示滞留部分不少于 20%。当间隔相同时，水平梁格栅比竖梁的筛分效果好，有资料显示可提高 30%。

考虑到受力条件，梁的净跨最好不要大于 4m，布设时，梁的高度应与流体方向一致，梁的宽度及长度则应与流体方向垂直。

9.2.1.2 受力分析

（1）格栅梁承受的主要荷载。格栅梁承受的水平荷载主要为泥石流流体的冲击力及静压力（含堆积物的压力），还有泥石流流体中大石块对横梁的撞击力等。垂直荷载包括梁的自重及作用在梁上的泥石流流体重量（含堆积物重量）。

在各荷载作用下，根据横梁实际布设情况，可按简支梁或两端固定梁及悬臂梁（竖向耙式坝）计算内力，然后按钢筋混凝土结构构件或钢结构构件的有关方法进行计算。

（2）梁端支墩承受的主要荷载。

1）泥石流作用在支墩上的水平荷载包括泥石流流体的动压力及静压力、大石块的冲撞力。垂直作用力则包括支墩的重力、基础重力、泥石流流体与堆积物压在支墩及基础面上的重力等。

2）横梁作用在支墩上的荷载包括横梁承受外荷载后传递到两端支墩上的所有水平力、弯矩及垂直力等。

支墩受力条件确定后，就可按水闸闸墩的计算方法，对支墩进行抗滑、抗倾覆稳定校核计算，及对相应的结构应力进行校核计算，应达到安全、稳定要求。另外还应验算支承端抗剪强度和局部应力是否在材料的允许范围内。

在设计中，应采取措施提高横梁的抗磨蚀能力及横梁对大石块的抗冲撞能力。当横梁的跨度较大时，还应验算横梁承载泥石流及堆积物垂直重力的能力。必要时可在梁的中间加支撑墩，减小梁的跨度。对于梁式坝下游冲刷的防治，则与重力实体拦挡坝的措施类似。

9.2.2 梳齿坝设计

梳齿坝是在实体重力坝的过流顶部连续开多个条形（矩形、梯形或三角形）的切口（图 9.10 和图 9.11），当一般流体过坝时，流体中的泥沙能较自由地从梳齿口通过。而在山洪泥石流暴发期间，大量泥沙石块则被拦蓄在库区内。

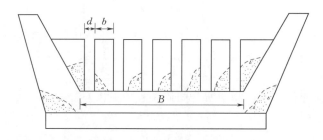

图 9.10 泥石流梳齿坝剖面图

图 9.11 CHB 水电站响水沟梳齿坝

9.2.2.1 梳齿坝的堵塞（闭塞）条件

梳齿坝的切口一旦被堵塞，就会与一般的实体重力拦挡坝无任何差别。实验证明：堵塞条件与粒径的分布无关，而与最大粒径（D_m）和切口宽度（b）的比值有关。发生堵塞的条件为：

$$\frac{b}{D_m} \leqslant 1.5 \tag{9.16}$$

当 $\frac{b}{D_m} > 2.0$ 时，则切口部位不会发生堵塞。对于不同性质和规模泥石流而言，当中小洪水时 $\frac{b}{D_{m1}} > 2.0 \sim 3.0$、大洪水时 $\frac{b}{D_{m2}} > 2.0$ 时，切口坝可以充分发挥拦沙、节流与调整坝库淤积库容的作用。D_{m1}、D_{m2} 分别为中小洪水和大洪水时可挟带的最大颗粒的粒径。

9.2.2.2 梳齿坝深度的确定

（1）过流能力要求。梳齿坝的切口深度（h）与切口宽度（b）组成的过流断面应满足过流能力要求，即梳齿坝的坝顶高程应高于坝轴线处设计频率的泥深。

（2）结构稳定要求。切口深度（h）按闸墩受力条件进行验算，应满足满库土压力及单块冲击力的稳定要求。切口深度通常取值为：

$$h = (1 \sim 3)b$$

9.2.2.3 梳齿密度的选取

梳齿坝密度（$\sum b/B$）的大小，对梳齿坝调节泥沙效果影响很大。当$\sum b/B=0.4$时，梳齿坝的泥沙调量是非梳齿坝的1.2倍；当$\sum b/B>0.7$或$\sum b/B<0.2$时，则梳齿坝与非梳齿坝的调节效果是一样的。因此梳齿密度可按下式选择：

$$\sum \frac{b}{B}=0.4\sim0.6 \tag{9.17}$$

9.2.2.4 梳齿坝设计计算

（1）按闸坝的要求进行稳定性和应力验算。

（2）梳齿坝的基本荷载中，水压力、泥沙压力可由切口的底部开始计算，对经常清淤的区间，可按1.4倍水压力计算。应计入大石块对齿槛等的冲击力。

（3）按悬臂梁验算切口齿槛的抗冲击强度和稳定性，验算齿槛与基础交接断面的剪应力，若不满足要求，应加大断面尺寸或增加局部配筋量。

（4）对迎水面及过流面应加强防冲击、抗磨损处理。

9.2.3 桩林

在暴发频率较低的泥石流沟道的中下游，或含有巨大漂砾、危害性又较大的泥石流沟口，利用型钢、钢管桩、钢筋混凝土桩林等横断沟道，拦阻泥石流中粗大固体物质和漂木等，使之逐渐减速停积，从而达到减少泥石流危害的目的（图9.12）。泥石流活动停止后，将淤积物清除，使库内容量恢复，等待拦阻下一次泥石流物质。舟曲特大泥石流沟就采用了多个钢筋混凝土桩林布置，拦阻泥石流中粗大固体物质。

图9.12 某泥石流防治工程桩林

桩体沿垂直流向布置成两排或多排桩，纵向交错成三角形或梅花形。桩间距离为

$$1.5\leqslant b/D_m\leqslant2.0 \tag{9.18}$$

式中：b为桩的排距和行距；D_m为泥石流流体中的最大石块粒径。

桩高（露出地面部分），一般限制在3~8m的范围内。经验计算公式为

$$h=(2\sim4)b \tag{9.19}$$

式中：h 为桩高；b 为桩的排距和行距。

桩体采用钢轨、槽钢、钢管或组合构件（人字形、三角形组合框架），或用钢筋混凝土柱体组成。

桩基应埋在冲刷线以下，可用混凝土改浆砌石做成整体式重力坞工基础。若采用挖孔或钻孔施工，直接将管、柱埋入地下亦可，但埋置深度应不小于总长度的 1/3。

桩体的受力分析与结构设计可按悬臂梁或组合悬臂梁进行计算。

9.3　排导工程

9.3.1　概述

泥石流排导工程是最常用的工程措施之一，是利用已有的自然沟道或由人工开挖及填筑形成的开敞式槽形或隧洞过流建筑物，将泥石流顺畅地导排至下游非危害区，控制泥石流对流通区或堆积区的危害。

排导工程包括开敞式排导槽、导流防护堤、渡槽或隧洞等，一般布设于泥石流沟的流通段及堆积区。当地形等条件对排泄泥石流有利时，宜优先考虑采用。修建排导工程应具备以下地形条件：

（1）具有一定宽度的长条形沟段，满足排导工程过流断面的需要，使泥石流在流动过程中不产生漫溢。

（2）排导工程布设区应有足够的地形坡度，或人工创造足够的纵坡，使泥石流在运行过程中不产生危害建筑物安全的淤积或冲刷破坏。

（3）排导工程布设场地基本顺直，或通过截弯取直后能达到比较顺直，以利于泥石流的排泄。

（4）排导工程的尾部应有充足的停淤场所，或被排泄的泥沙、石块能较快地由大河等水流所挟带至下游。在排导槽的尾部与大河交接处形成一定的落差，以防止大河河床抬高及河水位大涨大落导致排导槽等内的严重淤积、堵塞，从而使排泄能力减弱或失效。

（5）当泥石流特性为稀型、频率低频、水流挟沙粒径小于 3m、沟道狭长弯曲、山体地质条件较好、地形上具备截弯取直且距离较短时，可考虑采用隧洞导排泥石流。为防止较大粒径的漂石或树枝堵塞洞口，在洞口上游需布设拦挡设施。

9.3.2　开敞式排导槽工程

9.3.2.1　开敞式排导槽工程的平面布置

排导槽自上而下由进口段、急流段和出口段 3 部分组成，总体布置应根据防护区范围及沟道等有利地形，力求达到线路顺直、长度较短、纵坡较大，排泄顺畅、安全，占用土地少，工程投资节省，便于施工和运行管理（图 9.13 和图 9.14）。

（1）进口段布置。进口段两侧的导流堤应布设成上游宽、下游窄（与急流槽断面一致）并呈收缩渐变的喇叭口外形，导流堤的收缩夹角（α）的大小与泥石流性质有关。黏性泥石流及含大量巨砾的水石流，一般 $\alpha \leqslant 15°$。对于高含沙水流及稀性泥石流，$\alpha < 25°$。

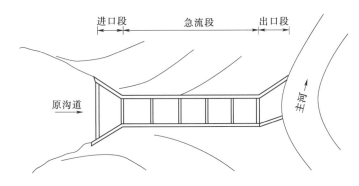

图 9.13 排导槽平面布置示意图

图 9.14 某泥石流治理工程排导槽

如因地形条件限制，导流堤只能采用曲线布设时，应采用大曲线半径。对于稀性泥石流，其曲线半径应大于排导槽底宽的 8 倍；对于黏性泥石流，则应大于槽底宽的 15 倍，才可确保上游入流顺畅地排入急流槽。过渡收缩段的长度应大于 5 倍的设计流面宽度。

为防止出现严重冲刷沟槽，在进口上游或进口末端设置相应的控流工程，如潜坝、低槛或对床底进行全面铺砌等。

（2）急流段布置。急流段是排导槽的主体部分，一般情况下应按等宽度的直线形布置。当利用自然沟道设置急流段时，若碰到弯曲沟段，则应尽量截弯取直，或以大钝角相交的折线形布置，其转折角 $\alpha > 135°$。也可以较大的缓弧弯道半径，对于稀性泥石流的转弯半径应大于 8～10 倍的流体宽度，对于黏性泥石流的转弯半径则应大于 15 倍的流体宽度。

在急流槽与道路桥涵、堤埂等交叉处或槽的纵向底坡变化处，槽宽不能突然增大或收缩，否则会导致槽内严重淤积或冲刷下切，故应采取渐变的形式布置。渐变段的长度应大于 5 倍的流体宽度，扩散角应小于 10°。在沿程各支沟的交汇处，应顺流向以小于 30° 的锐角交汇，交汇口下游按支沟汇入水量扩宽过流断面，或以增加过流深度而加大排泄量。

（3）出口段布置。出口段布置宜靠近交汇大河的主流线位置，使泥石流能通过急流槽直接送入大河，并被河水挟带、输送至下游。若急流槽不能直通大河，则应选择较宽阔的堆积场地进行停淤，形成新的堆积扇。选择新的堆积场地时，应以不对周围地区产生新的灾害为原则。

当出口段的末端与大河相交时，出口段槽尾的出流轴线应与大河流向力求以锐角相交，有利于对泥石流的挟带输送，其交角一般宜小于 $45°$；当地形条件允许时，应抬高槽尾的出流高程，达到自由出流，防止大河淤积或水流经常顶托造成排导槽内溯源回淤。

9.3.2.2 排导槽纵断面

排导槽的纵坡原则上应沿槽长保持不变，选择的纵坡应与泥石流沟流通段的沟床纵坡基本保持一致，并根据泥石流的不同规模验算排导槽内产生的流速，该值应不大于排导槽所能允许的防冲刷流速。在特定的地形地质条件下，其纵坡只能由小逐渐增大。若纵坡由大突然减小，则将因流体功能消失过大，而造成槽内严重停淤和堵塞。根据泥石流多年研究结果及对已建大量泥石流排导槽的调查分析，建议合理纵坡的取值见表9.2。

表 9.2 泥石流排导槽合理纵坡表

泥石流性质	稀 性		黏 性			
容重/(t/m³)	1.3～1.5	1.5～1.6	1.6～1.8	1.8～2.0	1.8～2.0	2.0～2.2
纵坡/%	3～5	3～7	5～10	5～15	8～12	10～18

9.3.2.3 排导槽横断面

排导槽横断面应满足不同规模泥石流的过流能力及具有最佳的水力特性，按通过最大流量和允许流速计算横断面积。在可能最大纵坡条件下，使急流槽具有与流通段相适应的挟沙能力及排泄规模。

急流槽的宽深比不应太小，宜采用 $1:1$～$1:1.5$。排导槽横断面有不同的形式，一般采用梯形、矩形和三角形底部复式断面；矩形和梯形复式断面适用于各种类型和规模的山洪泥石流，槽底宽度不受限制。三角形断面更适用于排泄规模不大的黏性泥石流。设计时需拟定几组断面尺寸，比较其水力条件和造价等，择优选用。具体可参见铁道部第二勘测设计院归纳的计算公式。一般多选用可冲洗底宽，以利用枯期水流或稀性泥石流来冲淤，枯水期沟道的稳定平均底宽 B 由现场调查确定，应满足下式：

$$B \geqslant (2.0～2.5)D_m \tag{9.20}$$

式中：D_m 为沟床质的最大粒径；也可用沟床质中值粒径 d_{50} 的淹没态可冲刷流速确定。

排导槽深的确定。直线排导槽深为最大设计泥深（H_c）、常年槽内淤积总厚（h_s）及安全超高（$h_{\Delta s}$）三者之和。即：

$$H = H_c + h_s + h_{\Delta s} \tag{9.21}$$

$$H_c \geqslant 1.2D_m \tag{9.22}$$

式中：H_c 为设计最大泥深；h_s 为常年淤积厚度；$h_{\Delta s}$ 为安全超高，一般取 0.5～$1m$，规模较小、重要性低的圬工结构取下限；规模较大、重要的结构或土堤取上限。

9.3.2.4 排导槽的结构型式

常见的排导槽结构型式有整体式圬工结构、分离式圬工结构和全断面护砌（轻型）结构等，其主要断面形式见图9.15。

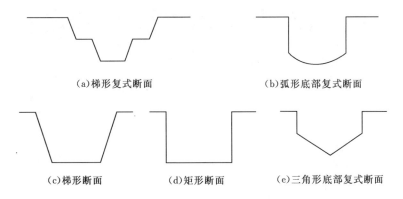

（a）梯形复式断面　　　　　　　　　（b）弧形底部复式断面

（c）梯形断面　　　　（d）矩形断面　　　　（e）三角形底部复式断面

图 9.15　排导槽横断面形式图

（1）整体式坞工结构。由两槽壁及槽底多用钢筋混凝土或水泥砂浆砌石所筑成的空间整体结构。排导槽槽宽小于 5m，适用于规模不大的泥石流。此类槽底为平底时，则容易产生淤积；当为钝角三角形或圆弧形槽底时，则有利于泥石流全过程流量的排泄及长流水对沟槽的冲洗。

例如，万工集镇防治工程采用泥石流降雨强度 50 年一遇的防治设计标准，排导槽为 V 形槽，底宽为 7m，纵坡为 27.5%，横坡为 20%。两侧坡采用 C20 混凝土贴坡式，长为 339.21m，贴坡高度为 7m，贴坡厚度为 0.6m，坡度为 1∶1.0；底板采用混凝土衬砌，厚 8m；根据冲刷深度计算成果，为了防止泥石流对泄槽尾坎下部的冲刷，在底板末端基础下设 8m 深齿墙。典型横断面图见 9.16。

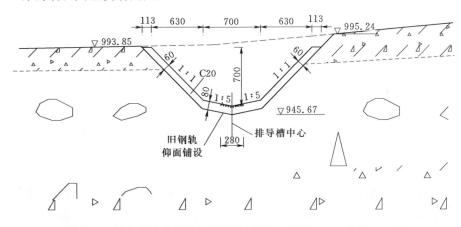

图 9.16　排导槽泄槽段典型断面图（单位：高程，m；尺寸，mm）

为防止底板冲刷，对底板进行抗冲磨设计。根据工程经验，在 0.4 倍底宽范围内采用旧钢轨道护底措施。

（2）分离式坞工结构。包括分离式挡土墙-护底组合结构、分离式挡土墙-肋槛组合结构、分离式护坡-肋槛组合结构。即把侧墙与槽底护砌结构分开，槽的侧墙可由混凝土或浆砌石挡土墙或护坡组成。槽底可用混凝土、浆砌石全面护砌，或间隔布设防冲肋槛而成（图 9.17）。此类结构宽度多适用于河床基础较好、泥石流暴发规模大、槽底亦宽（可大于 5m）的排导槽。除这些条件外，若槽的侧墙基础加深有困难、埋设深基础不经济、槽

图 9.17　某工程防冲肋板

底全铺砌造价过高时，采用沟底加防冲肋槛是相当经济的。防冲肋槛与墙基础应连成整体，槛顶可与沟底齐平，间距按下式计算：

$$L \leqslant \frac{H - \Delta H}{I_b - I_m} \tag{9.23}$$

式中：L 为两肋槛间的水平距离，m；I_b 为排导槽底纵坡，‰；I_m 为槛下冲刷后的沟槽纵坡，‰；H 为防冲肋槛的高度，一般为 $1.5\sim2.5$m；ΔH 为最大冲刷线以下的埋设深度，一般为 $1.0\sim1.5$m。

（3）全断面护砌（轻型）结构。以浆砌块石或混凝土或钢筋混凝土构成整体式结构，抗淘刷能力强，多用于流速高或基础抗冲能力低、保护对象重要的排导槽工程。

9.3.3　泥石流排导隧洞

一般情况下，排导隧洞平时要考虑排泄沟水，设计参见相应的水工隧洞规范，衬砌底板按过推移质考虑抗磨抗冲设计。

9.3.3.1　排导泥石流隧洞的适用条件

排导泥石流隧洞仅适用于稀性泥石流或山洪与泥石流交替的水石流，洞线布置与开敞式导流槽布置要求一致，地形上进口与上游河道顺接，洞线具备截弯取直且距离较短时（500m 以内），出口能临空，便于泥石流顺畅排泄。隧洞轴线应为直线，不允许拐弯；水流挟最大漂砾粒径小于 3m，经经济技术论证比较后可考虑采用隧洞导排泥石流。

对于沟道急剧变化，泥石流规模、容重及含巨砾很大的黏性泥石流沟和含巨砾很多的水石流沟，则不直接用隧洞排泄。为防止巨砾进洞，排导泥石流隧洞均需和上游拦挡设施联合防护，不单独使用。

9.3.3.2　纵横断面

排导隧洞的纵坡原则上应沿隧洞保持不变，选择的纵坡应不小于上游泥石流沟流通段的沟床纵坡，坡度可参考导流槽或渡槽的纵坡选择要求，不宜小于 10%。

排导隧洞横断面一般采用城门洞、马蹄形，洞底板通常采用三角形复式断面；衬砌底板按过推移质考虑抗磨抗冲设计，一般采用混凝土衬砌。为确保安全畅通，泥石流液面上净空为安全超高，按设计最大流量计算的横断面面积是隧洞的有效过流面积，有效过流高度宜控制不超过边墙高度，顶拱高度作为安全超高（>2m）。

为防止较大粒径的漂石或树枝堵塞洞口，在洞口上游需布设拦挡设施，隧洞断面宽度和高度宜不小于过洞泥石流最大漂砾直径的3倍左右。

洞内的泥石流流速很高，对槽底、槽壁均会产生较大的磨损，应选择耐磨材料，并相应增大构件的厚度，故需增加10cm厚的耐磨保护层。

9.3.4 渡槽工程

渡槽通常建于泥石流沟的流通段或流通-堆积段，与山区铁路、公路、水渠、管道及其他设施形成立体交叉（图9.18）。泥石流以急流的形式在被保护设施上空的渡槽内通过，其流速与输移能力较强，是防护小型泥石流危害的一种常用排导措施。

图9.18 某泥石流治理工程渡槽

9.3.4.1 渡槽的适用条件

（1）在地形上要求有足够的高差，沟道的出口应高于线路标高，满足渡槽实施立体交叉的净空要求。渡槽的进出口位置能布设顺畅，地基有足够的承载力及抗冲刷能力。渡槽出口能临空，便于泥石流顺畅排泄。

（2）比较适用于坡度很陡的坡面型稀性泥石流沟，一般适用于泥石流的最大流量不超过200m³/s、固体物粒径最大不超过1.5m的中小型泥石流或具备山洪与泥石流交替出现的泥石流沟。对于沟道急剧变化，泥石流规模、容重及含巨砾很大的黏性泥石流沟和含巨砾很多的水石流沟，则应慎用渡槽排泄。

9.3.4.2 渡槽的特点

为了满足泥石流顺畅排泄等条件，泥石流渡槽具有以下特点：

（1）长度较短，槽底纵坡一般都比较大。通常跨度只需略大于线路宽度即可，但为了使泥石流能顺畅排泄，减少槽内淤积厚度，原则上应尽量使渡槽底的纵坡大于或等于原沟床的纵坡，其值均在100‰～150‰以上。

（2）渡槽的过流宽度一般都大于 3.0m，为开敞式断面，为避免泥石流流体中所含巨砾及漂浮物的撞击，一般不在槽壁上部设置横向拉杆。

（3）渡槽受荷很大，槽壁要承受三角形分布的泥石流流体的水平荷载，以及泥石流流体中巨大块石之间在运动过程中产生的横向挤压推力和流体的冲击力等荷载作用。槽底主要承受泥石流流体的垂直重力及拖曳力等。

（4）渡槽内的泥石流流速很高，对槽底、槽壁均会产生较大的磨损，应选择耐磨材料，并相应地增大构件的厚度。对坡面型泥石流沟而言，泥石流活动规模较小，而且具有明显的间歇性。一般在泥石流停止流动后，即可行人，因此不需另行设置人行检查通道。

9.3.4.3　泥石流渡槽的平面布置

泥石流渡槽由进口段、槽身、出口段等部分组成（图 9.19），各部分各有其特点和要求，分述如下：

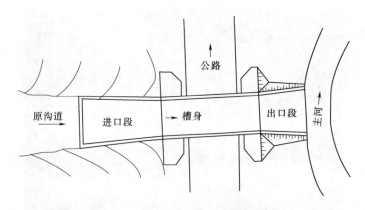

图 9.19　泥石流渡槽平面布置示意图

（1）渡槽与泥石流沟应顺直、平滑地连接。渡槽进口连接段，不宜布设在原沟道的急弯或束窄段。若条件允许，连接段应布设成直线。若上游自然沟道与渡槽同宽，则连接段不需太长，只要紧密顺接即可。当渡槽宽度小于沟床宽度时，则连接段长度应大于槽宽的10～15 倍。连接段首先应布设为上宽下窄的喇叭形或圆弧形，逐渐收缩到与槽身宽度一致的渐变段，然后再以与渡槽过流断面形状一致的、长度为 1～2 倍渡槽长的直线形过渡连接段与渡槽（槽身）入口衔接。

（2）槽身部分应为等断面直线段，其长度应包括跨越建筑物的横向宽度及相应的延伸长度（约为 1～1.5 倍槽宽）。

（3）渡槽出口段应与槽身连接成直线，要避免在槽尾附近就地散流停淤成新的堆积扇。最好能将泥石流直接泄入大河（凹岸一侧）或荒废凹地。

（4）渡槽的出流口最好能与地面或大河水面之间有一定的高差，以防止出流口以下淤积或洪水位阻碍渡槽的正常排泄。

9.3.4.4　渡槽的纵横断面

（1）为了减少渡槽内淤积，要求渡槽的纵坡一般均应不小于原沟床的坡度，并用竖曲线与原沟平顺连接，或者不小于泥石流运动的最小坡度。在已建的渡槽中，纵坡已达到150‰左右，也可按以下公式计算纵坡（I_f）。

对于稀性泥石流：

$$I_f = 0.59 \frac{D_a^{2/3}}{H_c} \qquad (9.24)$$

式中：D_a 为石块的平均粒径，m；H_c 为平均泥深，m。

对于黏性泥石流：

$$I_b < I_f \leqslant 150‰ \qquad (9.25)$$

式中：I_b 为相应地段的自然沟床纵坡，‰。

（2）渡槽下净空不够，需提高渡槽底部标高时，应采取对应措施提高上游沟床，不在渡槽附近形成突变。如下游近处原沟有跌水，可提高渡槽入口标高，增大渡槽纵坡。

（3）在堆积扇上修建渡槽时，可以适当地提高沟床底部标高。这样虽然增大了一些工程量，但可满足槽下的净空要求及渡槽出口标高的提高，对排泄有利。

（4）按设计最大流量计算的横断面面积是渡槽的有效过流面积，加上安全超高及相应的扩大宽度，才为设计的横断面尺寸。

（5）渡槽的横断面形式多为直墙式矩形断面或边坡较大的梯形断面。为了提高渡槽的输沙能力，槽底可做成圆弧形或钝角三角形。

（6）渡槽的深度应按阵性泥石流的龙头高度加上平均淤积厚度（或残留层厚度）及安全超高（$\geqslant 1.0$m），也可类比确定。

（7）渡槽的宽深比（梯形槽）可按下式计算：

$$\beta = \frac{B_c}{H_c} = 2\left(\sqrt{1+m^2} - m\right) \qquad (9.26)$$

式中：β 为断面宽深比；B_c 为渡槽宽度，m；H_c 为渡槽过流深度，m；m 为梯形槽的边坡系数。

渡槽宽度还应大于泥石流流体中最大漂砾直径的 1.5～2.0 倍。

9.3.4.5 渡槽的结构

（1）结构型式。泥石流渡槽为一空间结构，最常用的结构型式为拱形及槽形梁式渡槽两种；渡槽的上部构造应根据槽下的净空高度、当地建筑材料及实际地形等不同条件，采用不同的结构型式。

拱式结构渡槽优点是可充分利用当地材料，用钢材少、超负荷能力较强，易于加宽或加深；在路堑两侧地质条件较差处，能更好地发挥支挡防护作用；施工较简单，实际采用较多。但拱式结构渡槽因要求建筑空间高度及墩台尺寸较大而受到限制。按使用材料不同，拱式结构又可分为石拱、混凝土拱及钢筋混凝土双拱；根据起拱线的不同，还可分为坦拱、半圆拱及卵形拱等。

梁式结构渡槽适用于通过的泥石流流量较小、槽宽不大、槽底板与侧壁构成整体结构的渡槽；或在良好的岩石路堑两侧边坡较陡及半路堑外侧地形悬空等条件下选用梁式结构渡槽。梁式结构渡槽可分为以底板为承重结构、两侧槽壁只承受侧压力的板式渡槽以及以槽壁为承重结构、槽底板支承在槽壁下面的壁梁式渡槽，槽宽小于 4～6m，优点是节省材料。当渡槽宽度较大时，多采用肋板梁、T 形梁或其他梁式结构。

渡槽下部构造承载着上部全部重力及水平推力（含土体推力），故受力较大，因此墩台多采用重力式。在挡土一侧，构造如 U 形桥台，在不挡土一侧，则与桥墩类似。外侧墩台高度小，则可主要承载推力。当外侧地形受到限制时，亦可采用柱式或排架式墩台，此时渡槽的推力，将由内侧墩台承载，排架上用滚动支座，并在排架与内侧墩台间设置拉杆。

（2）细部结构。

1）基础。一般应采用整体连续式条形基础，或支承墩、柱及排架等支承形式。基础应对称布设，埋设深度应满足抗冲刷、抗冻融要求，应置于新鲜基岩或密实的碎石土层上，否则应另作加固处理。

2）渡槽进出口段与槽身之间应设置沉降缝和伸缩缝，并对缝隙做防渗处理（如灌注沥青麻丝等）。

3）渡槽进出口段的边跨支墩，承受很大的推力，故应采用重力式结构，并设置槽底止推装置。

4）泥石流对渡槽的过流面产生很大的冲击和磨损作用，故需增加 5～10cm 厚的耐磨保护层。

9.4　停淤场工程

泥石流停淤场工程，主要是指在一定时间内，通过采取相应的措施，将流动的泥石流流体引入预定的平坦开阔洼地或邻近流域内的低洼地，促使泥石流固体物质自然减速停淤，从而大大削减下泄流体中的固体物质总量及洪峰流量，减少下游排导工程及沟槽内的淤积量，特别是对黏性泥石流的停淤作用更为显著，也具有对泥石流流量较大的泥石流削峰作用。

停淤场可按一次或多次拦截泥石流固体物质总量作为设计的控制指标，通常采用逐段或逐级加高的方式分期实施。停淤场一般设置在泥石流沟流通区或下游的堆积区，可以是大型堆积扇两侧及扇面的低洼地，或是沟内开阔、平缓的泥石流沟谷滩地等。

实践表明：只要有足够的停淤面积，停淤代价比较小，特别在水电工程上易于与沟内渣场结合布置，无需占用大量土地，近年内停淤场工程应用较多。

9.4.1　停淤场的类型与布置

9.4.1.1　停淤场的类型

停淤场的类型按其所处的平面位置，可划分为以下四种：

（1）沟道停淤场。利用宽阔、平缓的泥石流沟道漫滩及一部分河流阶地，停淤大量的泥石流固体物质。此类停淤场一般均与沟道平行，呈条带状，优点是附加工程量较小，缺点是压缩了流水沟床宽度，对排泄规模大的泥石流不利。

（2）跨流域停淤场。利用邻近流域内荒废的低洼地作为泥石流流体固体物质的停淤场地。此类停淤场不仅需要具备适宜的地形地质条件，能够通过相应的拦挡排导工程，将泥石流流体顺畅地引入邻近流域内被指定的低洼地，而且应经过多方案比选。

（3）围堤式停淤场。在泥石流沟下游，将已废弃的低洼老沟道或干涸湖沼洼地的低矮缺口（含出水口）等地段，采用围堤等工程封闭起来，使泥石流引入后停淤其中。

（4）结合渣场布置的停淤场。大中型水电工程渣场多采用截断河道方式布置，形成的库容多在几十万立方米至数百万立方米，可以利用库容形成停淤场。

9.4.1.2 停淤场的布置

停淤场的布置随泥石流沟及保护建筑物布置条件而异，应遵循以下原则：

（1）沟道停淤场应布置在有足够停淤面积宽缓的坡地，每隔一段距离设置拦淤堤，堤高0.5～2m，拦淤堤间距按下一级停淤高度能覆盖上一级堤脚不小于0.5m为宜，在拦淤堤上错开布置分流口。在停淤场使用期间，泥石流流体应能保持自流方式，逐渐在场面上停淤，沟道停淤场布置示意图见图9.20。

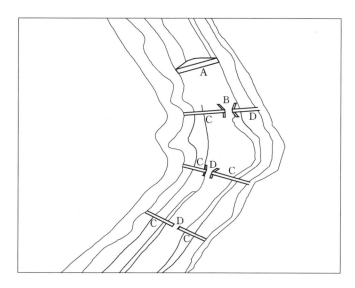

图9.20　沟道停淤场布置示意图
A—拦挡坝；B—引流口；C—围堤（拦淤堤）；D—分流口

（2）在布设跨流域停淤场时，首先应在泥石流沟内选好适宜的拦挡坝及跨流域的排导工程位置，提供泥石流跨流域流动的条件，使其能顺畅地流入预定的停淤场地；然后再按停淤场的有关要求布置停淤场地。

（3）围堤式停淤场宜布置在低洼地段或沟道出口的堆积扇区域，引流口宜选择在沟道跌水坎的上游两岸岩体坚硬完整狭窄的地段或布置在弯道凹岸一侧。应严格控制进入停淤场的泥石流规模、流速及流向，使泥石流在停淤场内以漫流形式沿一定方向减速停淤。堤下土体的透水性不宜太强，土体的密实性和强度要求达到围堤基础的要求，否则应做加固处理，从而保证围堤的稳定与安全，围堤式停淤场布置示意图见图9.21。

（4）结合水电工程渣场布置的停淤场，拦蓄库容应不小于设计标准一次泥石流固体物质总体积要求，渣顶高程还应满足排水设施下泄泥石流及沟水设计标准洪水流量的要求，并留有超高。如排水设施采用隧洞排水，兼顾日常沟水排泄，多采用高低进水口（龙抬

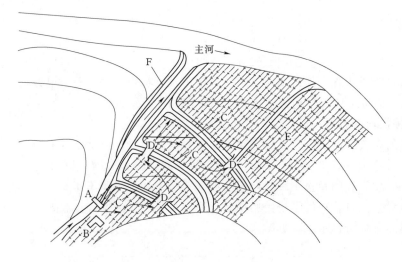

图 9.21　围堤式停淤场布置示意图

A—拦挡坝；B—引流口；C—围堤（拦淤堤）；D—分流口；E—集流沟；F—导流堤

头）方式，也可仅在设置进口分层进水塔。如渣场高度较低，可只在渣顶设置排导槽。另外，需在排水设施上游合适位置沟内设置拦挡坝，使泥石流固体物质沿一定方向减速停淤，防止直接堵塞或损坏排水设施进口，结合渣场停淤场布置示意图见图 9.22。

9.4.2　停淤场停淤总量估算

对沟道式停淤场的淤积总量：

$$\overline{V_s} = B_c h_s L_s \qquad (9.27)$$

对堆积扇形停淤场的淤积总量：

$$\overline{V_s} = \frac{\pi \alpha}{360} R_s^2 h_s \qquad (9.28)$$

式中：$\overline{V_s}$ 为停淤总量；B_c 为淤积场地平均宽度；h_s 为平均淤积厚度；L_s 为沿流动方向的淤积长度；α 为停淤场对应的圆心角；R_s 为停淤场以沟口为圆心的半径。

对于渣场布置的停淤场：拦蓄库容应不小于设计标准一次泥石流固体物质总体积要求。

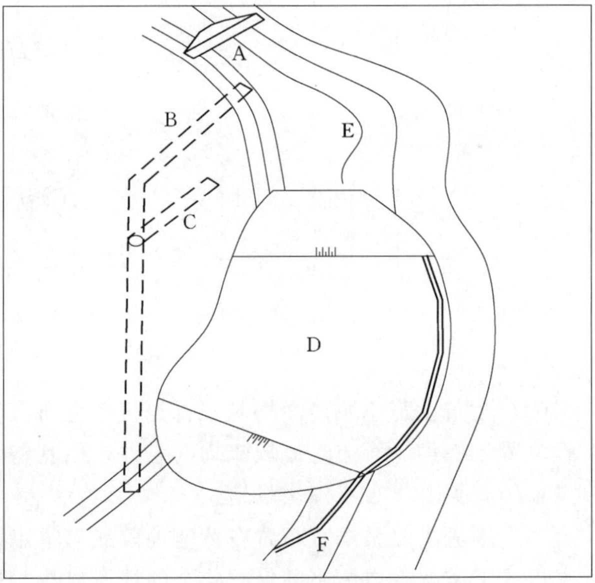

图 9.22　结合渣场停淤场布置示意图

A—拦挡坝；B—低隧洞进水口；C—高隧洞进水口；D—渣场；
E—停淤场；F—渣顶排导槽

9.4.3　停淤场工程建筑物

泥石流停淤场内的工程建筑物因停淤场类型而异，主要的结构物包括拦挡坝、引流口、围堤（拦淤堤）、分流口、集流建筑物等。

9.4.3.1 拦挡坝

位于停淤场引水口一侧的泥石流沟道上，主要起拦截主沟部分或全部泥石流，减小冲击力，拦截大粒径的固体物质。该项工程多属使用期长的永久性工程，故常用圬工或混凝土重力式结构，应按过流拦挡坝工程要求设计。

9.4.3.2 引流口

引流口位于拦挡坝的一侧或两侧，控制泥石流的流量与流向，使其顺畅地进入停淤场内。引流口根据所处位置的高低，可分为固定式或临时性的引流口两种。固定式引流口所处位置较高，在停淤场整个使用期间，都能将泥石流引入场内，因此不需更换或重建。临时引流口将会随着停淤场内淤积量的增大而改变其位置。通过调整引流口方向及长度，使泥石流在不同位置流动或停淤。引流口既可与拦挡坝连接一体，也可采用与坝体分离的形式。对于固定引流口可用圬工开敞式溢流堰或切口式溢流堰。

9.4.3.3 围堤（拦淤堤）

围堤分布在整个停淤场内，沿途拦截泥石流，控制其流动范围，防止流出规定的区间。围堤在使用期间，主要承受泥石流流体的动静压力及堆积物的土压力。土堤应严格夯实，使其具有一定的防渗及抗湿陷能力。围堤一般按临时工程设计，如下游有重要保护对象时，则可按永久性工程设计。堆积扇上的围堤其长度方向应与扇面等高线平行，或呈不大的交角，这样才能拦截泥石流流体。

9.4.3.4 集流建筑物

集流建筑物布置在围堤的末端或其他部位，主要有集流沟或高高程排水洞、泄流槽等，主要作用是将已停积的泥石流流体水石分离后的泥水排入下游河道。可做成梯形、矩形等过流断面，针对水电工程渣场，集流建筑物进口多采用高位排水渠（洞）或分层进水塔等型式，断面大小应根据排泄流量确定。

分层泄流塔适用于稀性泥石流、采用渣场或围堤拦断沟谷的停淤场，渣场或围堤拦断沟谷后形成满足设计标准的停淤库容，紧邻布置在拦断型沟谷渣场上游，保护渣场及其他附属建筑物。分层泄流塔一般布置在沟水处理的排水洞进口，主要原理是在设计停淤高程以下布置多层排水孔，平时排水孔排泄沟水，泥石流暴发时，只有含较小颗粒的水石流进洞排走，避免堵塞排水洞，由于泥石流携带有大量的树枝或较大颗粒，可能会逐步堵塞下层排水孔，随着水位上升，逐层排水并停淤；分层泄流塔顶部敞口，排泄停淤过程中水石分离的水流，其泄流能力应能满足设计标准下的不包含固体物质的流量，顶部敞口高程应高于设计标准所需要的停淤高程。最下层排水孔应能满足应能满足沟水处理设计标准的流量，孔口宽度主要考虑泥石流最大粒径和排水洞洞径对排泄含砂水流的影响，一般不大于最大粒径和排水洞洞径的1/3，高度不大于2倍宽度。由于流态复杂，宜采用对称布置。

两河口瓦支沟保护渣场的泥石流防护工程就结合沟水处理排水洞，采用了分层泄流塔，最大塔高为20m，设置4排16个排水孔，顶部敞口最大排泄流量148m³/s。设计最大停淤高度为15m，可将50年一遇的泥石流固体物质停淤在库内（图9.23）。

图 9.23　两河口瓦支沟分层泄流塔示意图

9.5　沟坡整治工程

泥石流沟坡整治工程主要是对泥石流沟道及岸坡的不稳定地段进行整治。通过修建相应的工程措施，防止或减轻沟床及岸坡遭受严重侵蚀，使沟床及岸坡上的松散土体能保持稳定平衡状态，从而阻止或减少泥石流的发生与规模。对于流路不顺、变化大的沟谷段进行调治，使泥石流能沿规定的流路顺畅排泄。

9.5.1　沟道整治工程

沟道整治工程，主要是对沟道的易冲刷侵蚀地段进行整治，可分为两类治理措施。

9.5.1.1　拦挡坝固床稳坡工程

在不稳定（冲刷下切）沟道或紧靠岸坡崩滑体地段的下游，设置一定高度的拦挡坝，抬高沟床，减缓纵坡。利用拦蓄的泥沙、堵埋崩滑体的剪出口，或保护坡脚，使沟床及岸坡达到稳定。对于纵坡较大的泥石流沟谷而言，采用梯级谷坊坝群稳定沟床，比用单个高坝技术要求更简单、经济效益更好。

9.5.1.2　护底工程

护底工程主要是防止沟床不被严重冲刷侵蚀，达到稳定沟底的目的。一般采用沟床铺砌或加肋板等措施。

沟床多采用水泥砂浆砌块石铺砌或混凝土板铺砌沟底。在非重要的地段，也可采用干砌块心铺砌。对于有大量漂石密布的陡坡地段，还可采用水泥砂浆或细石混凝土将漂砾间的缝隙填实，使其连接呈整体，同样达到固床的良好效果。

肋板工程，包括潜坝与齿墙工程，是在沟道内按照沟床纵坡的变化，以一定的间隔距离设置多个与流向基本垂直的肋板，从而防止沟床被冲刷。一般采用浆砌石或钢筋混凝土砌筑。基础埋深应大于冲刷线，或者大于 1.5m。顶面应与沟底齐平，或不高出沟底 0.5m，顶面宽度应不小于 1.0m。在沟岸两端连接处应设置边墙（坝肩），高度应大于设计泥深，以防止流体冲刷岸坡。肋板的中间应低于两端，减少水流的摆动。

9.5.2 护坡工程

护坡工程主要是防止坡脚被冲刷及岸坡的坍塌等，一般采用水泥砂浆砌石护坡，或用铅丝笼、木笼及干砌石护坡等。护坡高度应大于设计最高泥位。顶部护砌厚度最小应大于50cm，下部应大于100cm。基础埋置深度应在冲刷线以下，最小应大于1.5m。石笼直径一般应为1.0m左右，下部直径应大于1.0m。

对于崩滑体岸坡，可采用水泥砂浆砌石或混凝土挡墙支挡，按水工挡土墙要求进行设计。若崩滑体系由坡脚被冲刷侵蚀所引起，则在地形条件允许情况下，可将流水沟道改线，使流水沟道避开崩滑坡体，可使崩滑体稳定。此外，可采用削坡减载或采用坡地改梯地及植树造林等水保措施，对岸坡加以保护；还可以利用坡面排水（沟）工程及等高线壕沟工程等拦排地表雨水，保持坡体稳定。

9.6　生物工程措施

生物工程措施是防止泥石流的重要组成部分。一般采用乔、灌、草等植物进行科学的配置营造，以达到阻滞降水、保持水土、调节径流等功能，从而达到预防和制止泥石流发生或减小泥石流规模、减轻其危害的目的。它可通过泥石流治理的流域调查，进行分析实验、规划设计、投资估算、效益评估和实施。也就是通过对现有森林植被的保护、荒山荒坡营造水源涵林、水流调节林、护坡林、沟道防冲林、治理工程的防护林等，使泥石流治理的流域内恢复植被，形成良好的生态环境，改善人类的生活、生产、生存条件，促进经济发展和农业、林业、畜牧业以及工业生产的繁荣。

第 10 章 水电工程泥石流防治工程施工组织设计

泥石流防治工程施工组织设计是根据工程地形、地质、水文、气象条件及工程布置和建筑物结构设计特点，综合研究施工条件、施工技术、环境保护和水土保持等因素，确定相应的施工导流、料源选择、防治主体工程施工、施工交通运输、施工工厂设施、施工总布置及施工总进度的设计工作。具体可参照《水电工程施工组织设计规范》（DL/T 5397—2007）进行编制，结合工程实际条件可进行适当简化。

10.1 编制施工方案的原则

一般情况下研究制定施工方案时应考虑以下原则：

（1）宜与枢纽工程施工组织设计方案统筹考虑。通常情况下防护工程作为枢纽工程的一部分，与枢纽布置和主体工程施工总布置密切相关，因此，宜在施工总布置规划时统筹考虑。例如与枢纽工程统筹规划堆弃场地；料源也应结合枢纽工程的料源规划综合考虑等，可以降低施工成本，相应的辅助工程量及施工附加量小，对施工区附近环境污染和破坏较小。

（2）料源相距较远时宜因地制宜，就地取材或充分利用开挖渣料。料源选择一般宜结合防治工程施工条件综合考虑，与主体工程料源相距较远或场内道路布置困难的工程宜就近取材或充分利用开挖渣料。

（3）施工总布置方案应考虑潜在的地质灾害影响。施工工厂设施和人员居住区域应避开不良地质灾害或洪水、泥石流危害区域。弃渣场不宜设置在泥石流的物源区和流通区内，应避免影响河道行洪，并做好排水和防止水流冲蚀的防护，避免成为新的物源。

（4）应优先选择工期短、施工成本低的施工方案，设备简单、灵活，能很好地适应工地条件。多数泥石流防治工程规模不大，但施工条件较差，施工设备进出不易，所选择的施工设备宜轻便、灵活、运行可靠、利于人畜运输等，对劳动力操作水平要求不高。

泥石流沟沟道一般较为狭窄，其宽度洪枯比较大，为尽快建成防护工程，减小临建工程量，基本上都采用枯期施工、埋涵管一次截断河床或分期导流的导流方案，其导流建筑物级别和洪水标准均参照《水电工程施工组织设计规范》（DL/T 5397—2007）选定。

10.2 施工交通

需要引起重视的是，场内交通一般采用公路运输方式和泥结石路面，但由于受地形地质条件限制，当按常规布置代价很大或因公路开挖增加较多新的物源时，可适当降低公路等级标准或采用多种运输方式，如缆索吊运、人畜运输等。

例如，汉源万工集镇泥石流综合防治工程中工程措施之一是采用在上游物源区设置截水沟引排降雨至其他沟道，同时在附近还需完成加固古堆积体物源工作，经测算1710.00m高程截水沟延长线及古堆积体固源工作面所需的钢筋、水泥、砂石骨料、钢管的运输量大约15600t。但从下部公路到1710.00m高程截、排水沟工作面高差在500m以上，无现有交通，若沿泥石流沟内展线布置公路，长度约需6.5km。公路存在地质条件差、工程量大、工期紧、弯多坡急、环境破坏大、人为产生高边坡与次生灾害以及施工运输存在安全隐患等众多不利因素，公路方案实施起来困难较大。

根据施工总进度，高峰月运输强度约5500t，需要在6个月内完成，按平均每天工作10h，则需每小时运送量为8～10t，对于这样的运输强度仅仅通过人背马驮是难以实现的。

在汉源万工集镇泥石流综合防治工程中，为解决此类问题，先后研究采用了斜坡卷扬道和架空索道的工程措施。

（1）斜坡卷扬道方案。斜坡卷扬道主要用于运输两地高差较大、地形陡峭、公路运输难于到达或筑路基建工程量过大而运输量不大的很不经济的地段。一般通过卷扬机钢绳牵引矿车运输，矿车容积一般为0.6m³或1.0m³，也可采用台车，轨距600mm，提升速度2～4m/s，斜坡道长度一般小于500m。

结合地形布置斜坡卷扬道参数：长度L为900m，高差H为420m，设计起输重量为4t，最大坡角为27.8°。按一般牵引速度3.5m/s，计算往返一次约12min（考虑了平车场时间等），1h一般可达5次，按每次设计载重量4t计算，小时运输强度可达20t/h，满足工程的运输强度要求。选用单钩斜坡卷扬道，配5t快速电动卷扬机，钢轨选用18kg/m。根据《货运架空索道安全规范》（GB 12141—2008），单线往复式索道货车在线路上的最大速度不应超过6.0m/s，按平均4m/s运行速度考虑，载货小车往返一次需用8min，加上上下货物20min（机械上料），整个运载一趟时间约为30min，每小时运送2趟，按每次载重2.2t考虑（最大载重为3.2t），双索道每小时可运送8.8t，能满足运输强度要求。

（2）架空索道方案。架空索道对地形适应性强，直线运输，运距短，对环境无破坏无污染，装卸设施及占地面积较小。简易架空索道分成单线和双线索道，各有其特点和适用条件。单线索道运输能力小于150t/h，爬坡能力小于35°，钢索磨损均匀、投资少、设备简单、周期较短，但磨损快，运费较高。双线索道运输能力在150～250t/h，爬坡能力小于25°，运费低、有较大的运输能力，但占地面积大、设备复杂、钢索磨损不均，投资大，周期长。

本工程架空索道方案采用双主索，水平长度L为860m，高差H为455m，设计起吊重量约3.2t，最大坡角28°，架空索道除两端有固定塔架外，中间增设四个支架，所有支架高度均控制在20m左右，卷扬机牵引力5t。

根据《货运架空索道安全规范》（GB 12141—2008）中3.2.1，单线往复式索道货车在线路上的最大速度不应超过6.0m/s，按平均4m/s运行速度考虑，载货小车往返一次需用8min，加上上下货物20min（机械上料），整个运载一趟时间约为30min，1h运送2趟，按每次载重2.2t考虑（最大载重为3.2t），双索道每小时可运送8.8t，能满足运输强度要求。

从技术上分析两者均是可行的，经济上经过测算，索道方案投资直接费用比斜坡卷扬道少约 11 万元。故最终采用架空索道方案，实施情况良好，较好地满足工程需要（图 10.1 和图 10.2）。

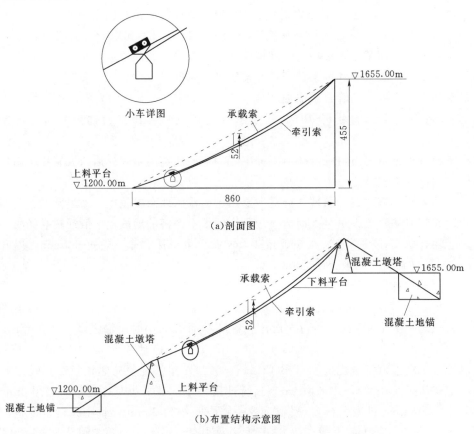

（a）剖面图

（b）布置结构示意图

图 10.1　架空索道剖面示意图

图 10.2　架空索道运行图

10.3 分期施工

部分防护工程规模较大或保护对象形成最终规模时间较长的工程，可以考虑分期施工。具体结合泥石流发育特征和防护工程本身的要求进行分期安排。

水电工程防护对象往往多样化，其中渣场或其他临时场地，形成最终规模时间普遍在3年或更长，泥石流对初期的渣场或场地危害后果并不大，而防治工程在一个枯水期内全部完成难度较大，因此可结合防护对象和防治工程的特点，分期实施。初期仅布置简单的拦挡和排导设施，随着渣场规模的增大，逐步完善多道拦挡和排导设施。在地形条件允许的情况下，可以在最终渣场形成后，适当加高和加固渣场前缘用来拦挡和停淤，减少或降低上游布设拦挡设施的数量或要求，有利于减少防护工程投资。

例如，两河口水电站瓦支沟渣场初期规模小，即使遭遇泥石流，危害也较小，故采用监测预警为主，在紧邻排水洞设置简易拦挡设施，可以拦挡部分物源，防止直接堵洞；随着上游道路的延展和渣场规模的扩大，逐步在上游增加混凝土拦挡坝，在渣场库容足够后，直接加固渣场前缘边坡用来拦挡和停淤，修建多层排洪防淤进水塔，实际实施效果较好。

第 11 章　水电工程泥石流监测与预警

泥石流是水电工程常见的地质灾害类型，分布地域广、发生频率高、对水电工程可能造成冲毁、淤埋、水毁等危害，除常规的工程防治措施外，泥石流监测预警作为一种经济、有效、先行的预防手段，越来越受到关注。近年来，泥石流监测手段、方法、内容等得到不断完善，预警技术得到不断提高，对防灾减灾起到了积极的作用。

11.1　泥石流监测内容

泥石流监测是泥石流研究的先行手段，而泥石流预警则是根据监测结果，对外发布警报，其需要解决的关键问题是在什么时间、什么地点、会发生多大规模的泥石流。这就涉及泥石流形成的必要条件（水源、物源和地形条件）在何种组合情况下才能暴发泥石流。因此，对于泥石流监测来说，主要内容可分为形成条件（物源、水源等）监测、流体特性（流动动态要素、动力要素和输移冲淤等）监测及防治工程建筑物监测等内容。

11.1.1　形成条件监测

（1）气象水文（水源）条件监测。水源既是泥石流形成的必要条件，又是其主要的动力来源之一。泥石流源区水源主要以大气降水、地表径流、冰雪融水、溃决以及地下水等为主。对大气降水来说，主要监测其降雨量、降雨强度和降雨历时；对冰雪融水来说，主要监测其消融水量和历时；当泥石流源区分布有湖泊、水库等时，还应评估其渗漏、溃决的危险性。其中，大气降水引起的泥石流分布最广，因此，针对大气降水，主要监测内容包括流域点雨量监测（自动雨量计观测）、气象雨量监测和雷达雨量监测。

1）点雨量监测。对于中小泥石流流域，在泥石流物源区设置一定数量的自动雨量计，实时监测降雨过程，并对历次泥石流发生情况的降雨资料进行统计分析，建立相关流域泥石流临界雨量预报图，进而对实时雨量与临界雨量线进行对比，发布预警信息。

2）气象雨量监测。根据国家及当地气象台等发布的卫星云图来监视该区域各种天气系统，如锋面、高空槽、台风等的位置、移动和变化情况，根据气象云图上的云型特征预报、预警降水。

3）雷达雨量监测。根据雷达发射电磁波的回波结构特征，探测带雨云团的分布及移动情况，提供未来 24h 及更长时间降雨发生、发展、分布及雨区移动和降水强度，结合区域沟道设定的临界降雨量标准进行综合判别后发布泥石流预警信息。

（2）物源条件监测。泥石流固体物质来源是泥石流形成的物质基础，应对其地质环境和固体物质性质、类型、空间分布、规模进行监测。泥石流物源区固体物质主要为堆积于沟道、坡面的崩塌、滑坡土体，其物质成分大多为宽级配土等。其中，形成泥石流的物源大部分来自崩塌、滑坡土体。因此，固体物质来源监测需着重关注泥石流流域内，尤其是物源区坡面、沟道内堆积体（不稳定斜坡）的空间分布、积聚速度以及位移情况，如地表变形监测、深部位移监测等；而对于流域表层松散固体物质（松散土体、建筑垃圾等人工弃渣），除监测其分布范围、储量、积聚速度、位移情况及可移动厚度外，还应监测其在降雨过程中、薄层径流条件下的物理性质变化情况，如松散土体含水量、孔隙水压力变化过程等内容。

11.1.2　流体特性监测

泥石流运动特征包括泥石流动态要素和泥石流动力要素。动态要素监测包括暴发时间、历时、过程、类型、流态和流速、流量、泥位、流面宽度、爬高、阵流次数、沟床纵横坡度变化、输移冲淤变化和堆积情况监测等，以及取样分析、测定输沙率、输沙量或泥石流流量、总径流量、固体总径流量等。泥石流动力要素监测内容包括泥石流流体动压力、龙头冲击力、石块冲击力和泥石流地声频谱、振幅等。泥石流流体特征监测内容包括固体物质组成（岩性或矿物成分）、块度、颗粒组成和流体稠度、重度（重力密度）、可溶盐等物理化学特性。

11.1.3　防治工程建筑物监测

一般情况下，泥石流防治工程建筑物监测以现场巡视为主，对较为重要的建筑物，可采取仪器监测，监测内容与常规水工建筑物监测内容相似，包括沉降、倾斜及应力监测等，以监测建（构）筑物的变形和应力为主，主要布置于应力集中或软弱地基区域。

11.2　泥石流监测布置原则

泥石流对水电工程的危害主要包括冲毁、淤埋、水毁等等危害，除治理工程外，对泥石流进行监测也是泥石流防治的重要内容，水电工程泥石流监测布置一般有以下原则：

（1）对水电工程建筑物有影响的泥石流，以避让为主，对不能避让的泥石流沟，可采取工程防治措施，但由于泥石流危险性大小不一，考虑到水电工程建筑物及相关居住场址的重要性，对泥石流危险性中等以上的沟谷，一般采取工程治理措施，对危险性小的沟谷，一般不考虑工程治理措施，以监测为主。同时，已采取工程治理措施的沟谷，如危害对象为较为重要的建筑物或集中安置点，可视需要开展监测。

对影响1级水工建筑物及大于600人的集中安置点，除治理工程外，通常还需要考虑工程监测，工程监测以形成条件监测及流体特征监测为主。

（2）水电工程施工周期较长，施工人员多，施工营地分散，部分营地可能布置于冲沟沟口一带，如产生泥石流，将会造成人员设备伤亡与损失，施工期间对沟谷应开展监测工作，监测以降雨监测为主，建立相关应急预案。

（3）泥石流形成条件监测包括气象水文条件、物源监测等。气象水文条件监测应布置于泥石流形成区及暴雨带，以降雨量及降雨历时监测为主；物源监测应布置于大型物源点、水土流失区域，以地表位移监测为主。

（4）泥石流流体特性监测包括泥位、地声、流速、流量、冲击力等。监测应在选定的若干断面上进行。小型泥石流沟或暴发频率低的泥石流沟，用水文观测方法进行观测；较大的或暴发频率较高的泥石流沟，应采用专门仪器进行监测。

11.3　泥石流监测布置

11.3.1　形成条件监测与布置

泥石流形成条件监测主要包括水源条件和物源条件监测两类。物源条件监测主要布置于大型物源点、水土流失区域，以地表位移监测为主，必要时可增加深部位移监测、地下水监测、土体含水率监测等内容，实质上与传统的边坡监测较为类似，物源条件监测布置可参考边坡监测进行布置。降雨是激发泥石流的直接条件，根据前人实测资料证明，泥石流暴发过程与相应的降雨过程相吻合。

（1）水源条件监测。在泥石流形成条件影响因素中，最基本和最活跃的就是水文因素。其作用的结果直接影响着泥石流的发生与否和规模的大小。在我国，最为常见和暴发频率最高的是暴雨型泥石流，即泥石流的形成所需水量由暴雨提供和激发。所以降雨量、降雨强度及过程的测量，以及降雨与径流的关系的研究是泥石流形成条件观测中最重要的内容之一。

1）降雨测量。对泥石流流域的降雨进行长期定点观测，首先应对影响该区域的天气系统进行分析，进而对流域的历史降雨资料进行研究，力求在布设降雨观测点之前，对该流域的降雨时空分布有一个全面的了解，降雨观测点的布设应能有效地控制全流域的降雨状况，并且易于日常的维护与资料的收集。在可能的情况下，最好能建立某一点或几点降雨与泥石流发生的关系，这样就可根据降雨资料，迅速分析出泥石流暴发的可能性。

2）泥石流激发水量的测量。泥石流激发水量即激发泥石流发生并参与泥石流运动的水量。它主要由两部分组成，一是泥石流暴发前固体物质的含水量；二是泥石流暴发前本次降水量。本次降水量可以通过前述的降雨量测试方法直接测量，而固体物质含水量却很难在泥石流暴发前直接测定，在泥石流研究中，可用泥石流暴发前的前期降雨量来反映固体物质的前期含水量，可用下式计算：

$$P_{aD} = P_1K + P_2K^2 + P_3K^3 + P_4K^4 + \cdots + P_nK^n \tag{11.1}$$

式中：P_{aD} 为泥石流暴发前的前期降雨量；P_1、P_2、P_3、$\cdots$、P_n 分别为泥石流暴发前一天、前两天、$\cdots\cdots$、前 n 天的降雨量；K 为递减系数，K 值根据纬度、日照、蒸发能力、固体物质的渗透能力来确定，一般宜取 0.8 左右。

一次降雨，一般在 20 天就基本耗尽，所以 n 取到 20 即可。

一次泥石流暴发所需的激发水量指标的确定还受到许多因素的影响，如雨强的大小，雨区是否同固体物质的主要补给区相吻合，雨区的覆盖区域大小以及固体物质本身性质等。激发水量大也不一定会暴发泥石流，需对具体情况做具体分析。

3）径流量的观测。径流量的观测是指在未发生泥石流情况下，由于降雨而产生的清水径流量观测。降雨后，在不同的下垫面及环境因素作用下，其产流和汇流的条件和强度是不同的。径流量的大小综合反映了流域的产汇流能力。清水径流观测主要包括坡面径流和沟槽径流。

坡面径流可选择不同下垫面条件，如林地、草地、裸露地等建立封闭的径流试验场。为了对几种下垫的产汇流条件进行比较，应尽量选取同海拔和坡向相近的坡地，观测在同等雨量下，各类坡地的产汇流能力以及产沙能力。

沟槽径流量的观测可采用传统的水文断面观测法来测量。除雨后测量沟槽中洪水径流量外，还应测量沟槽的基本径流量，在泥石流暴发后其基本径流量值虽只在泥石流量中占极小部分，但基本径流量却反映了流域的地下水流动状况和流域的蓄水能力。应该注意的是，沟槽径流量的测量应该在主沟和支沟同时进行，以研究流域的汇流速度和汇流特性。

4）自动雨量站布置（图 11.1）。降雨是激发泥石流的直接条件，雨量站是观测降雨量的重要方法，其收集到的降雨资料也是目前泥石流预警的主要直接指标，因此雨量站的布设位置相当关键。山区引起泥石流暴发的降雨，大多属于中、小系统天气过程，这类天气系统降雨的面积一般较小，同时降雨受地形的影响极大，泥石流沟内山高坡陡，降雨强度的时空分布差异十分明显，例如山顶下暴雨而山脚下小雨甚至不下雨。因此，雨量站布设一般按以下原则进行布置：①测点选在四周空旷、平坦且风力影响小的地段。一般情况下，四周障碍物与仪器的距离不得小于障碍物顶高与仪器口高差的 2 倍。②应在泥石流沟流域范围内，沿泥石流沟谷按照不同高程布设多个雨量站。③测点布设数量视泥石流沟或流域面积和测点代表性确定。测点宜网格状方式布设，流域面积较小时也可采用三角形布设。

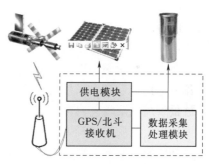

图 11.1 自动雨量站工作示意图

布置时还有几点需要注意的地方：①保证雨量计通信传输。首先、雨量计布设的位置通信信号应良好，目前自动化遥测雨量计一般通过 GPRS、北斗卫星等方式进行数据传输，暴雨发生时常常信号不稳定，信号一旦中断将无法获得准确的及时的监测数据。其次宜布设 2 个及以上雨量计，这样有利于数据的互相校核。最后，在雨量计的现场采集装置中可以加入具有数据短期存储功能的模块，一旦由于信号不良降雨数据无法第一时间传输，该模块可以短期存储采集到的数据并记录下来，直到信号恢复可以传输回当时的准确数据，有效地避免数据丢失和数据错误。②做好避雷工作。雨量计的位置一般海拔较高，并且周围比较空旷，因此防雷设备是必须而且非常必要的。③收集到的降雨监测数据需要进行数据的误差分析，当多个雨量计的监测数据出现差异非常大的情况要以多数雨量计的统计为准，或者通过其他监测仪器验证。

（2）物源条件监测。充足的松散固体物质是泥石流形成的重要物质条件。流域内大量的松散固体物质的存在是错综复杂的地质条件所决定的，这些地质条件包括岩性、构造、新构造运动、地震、火山活动以及风化、各种物理地质作用、流水侵蚀搬运等。此外，一些非自然因素也可能产生大量的松散固体物质参与泥石流运动，如矿山的弃渣、不合理的耕作方式、山区的工程建设等。这些松散固体物质或以滑坡、崩塌的方式直接参与泥石流运动，或以坡积物、沟床物质被水流携带参与泥石流运动。所以，松散固体物质的观测主要是对这几种形式存在的固体物质进行动态的观察与测量，滑坡、崩塌等物源点监测布置可参考《水电工程地质观测规程》（NB/T 35039—2014）的相关要求开展，对水土流失区域，监测点密度可按表 11.1 控制。

表 11.1　　　　　松散堆积物稳定性物源监测点密度控制表

侵蚀程度	测点密度/(个/km²)	侵蚀程度	测点密度/(个/km²)
极严重、严重侵蚀区域	20～30	轻微、无明显侵蚀区	0～10
中等侵蚀区域	10～20		

11.3.2　流体及运动特性监测与布置

泥石流运动特征观测是指对流动中的泥石流各种运动特征进行的观测研究，其主要内容包括直接观察测量泥石流的流动状态、流速、流深、流宽以及通过统计计算得到泥石流的流量、径流量、输沙量等运动特征指标。

泥石流的运动特征观测在泥石流沟的流通段进行。选择冲淤变化小、顺直的沟段布设观测断面。沟岸最好要有基岩出露，便于架设观测缆道及安装观测仪器和设备。在整个观测区域内，要有良好的通视性。

泥石流流体监测设备宜采用雷达测速仪、各种传感器和冲击力仪、超声波泥位计、地震式泥石流报警器以及重复水准测量、实时视频无线传输监测等，监测断面布设数量、距离应视沟道地形、地质条件确定，一般在流通区纵坡、横断面形态变化处和地质条件变化处以及弯道部位布置监测断面。监测布置应考虑下游保护对象（居民点、重要建筑物）撤离等防灾救灾所需的提前预警时间和泥石流运动速度，一般监测点距离保护对象的距离可按下式估算：

$$L \geqslant vt \tag{11.2}$$

式中：L 为断面距防护点的距离，m；t 为需提前预警时间，s，按下游保护对象撤离或启动应急预案的最短时间考虑；v 为泥石流运动速度，m/s。

（1）泥石流的运动状态观察。泥石流由于其特殊的形成机制、运动规律及组成，表现出的运动状态千变万化。因此，在泥石流的原型观测中，准确地对泥石流运动状态进行描述与记录，对于分析泥石流的运动力学特征，采取合理有效的防治工程措施，是十分重要的。

泥石流的运动状态观察包括泥石流的运动形态和泥石流的流动状态。泥石流的运动形态是指泥石流的泥位过程形态。水流的水位过程线是连续的，而泥石流（主要是黏性泥石流）则可出现不连续的过程，即阵性流。而阵性流的运动形态有明显的头部、中部和尾部，俗称龙头、龙身和龙尾。龙头的流速越快、龙头越高其整个过程也越长。黏性泥石流连续流的过程线表现为，前部有一个高峰波，此后是一些小波，连续时间很长。稀性泥石流的泥位过程线为连续的过程线，类似于水流的过程线。

泥石流运动状态的观察主要依靠现场对正在流动的泥石流进行记录和准确描述，有条件时可对运动状态用录像、摄影的方法进行记录，然后再进行分析、研究。泥石流运动状态的准确定性，是确定泥石流防治措施和防治工程设计的重要依据，直接影响着工程建筑物的设计标准和结构型式。

（2）泥石流的流速测量。由于泥石流流体的特殊的物质组成和完全不同于水流的运动状态，其流动速度的测量就不能沿用水文测量中水流的流速测量方法，必须根据泥石流的运动特点，采取切实有效的测试方法，才能完成流速测量的任务。遗憾的是，虽经多年的努力，泥石流流速测量仍未达到十分满意的效果，无论是原型观测还是实验观测，泥石流的流速分布测量都还处于探索阶段，这对于泥石流运动机理的深入研究，是一个极大的障碍。目前，在原型观测中，对泥石流表面流速的观测，通常采用浮标法、龙头跟踪法和非接触测量法。

1）浮标法测速。浮标法测速是借用水文测量中传统的测速方法。在较为顺直的沟道中，利用架设跨沟的缆道设置浮标投放断面和测速断面：当泥石流流经观测沟段时，记录投放在流体表面的浮标通过上、下断面已知距离所需的时间，计算泥石流的表面流速。浮标必须保证能在流体表面同泥石流同步流动，并且要易于分辨，可采用实心泡沫球加系充气彩色气球制作，或用其他可满足测量要求的物体替代。在泥石流测量中不可能用测船来投放浮标，一般采用在沟岸人工投掷或特制浮标投放器来投放浮标。蒋家沟泥石流观测站的浮标投放就是通过安装在跨沟的浮标投放缆道上的投放器来完成的。通过手动滑轮，可将投放器运行到断面上的任意位置投放浮标，测量断面上任意一点的流速；并可同时安装三个浮标投放器，在泥石流到来时，同时测量断面上三个点的表面流速，从而得到泥石流的表面横向流速分布。在实际操作中，浮标法测流难度较大，对于紊动强烈的泥石流，浮标不是被损坏，就是被裹入流体致使浮标到达测速断面时不能被识别，再者泥石流暴发多为夜间且风雨交加，浮标难于准确到位和被识别，所以浮标法测流受到诸多条件的限制。在可视条件良好、且泥石流流态平稳的情况下，如黏性层流或连续流的流速测量，还是能够达到满意的效果。

2）龙头跟踪法。泥石流的运动特征之一就是其不连续性，特别是黏性泥石流，有明显的阵性。其阵性流的前部，称之为龙头，龙头是一个明显的测流标志。记录龙头通过测流断面所用时间和断面间距离，即可得到龙头的平均流速。把整个泥石流的龙头当做一个整体来看待。流体流动速度的不均匀性在流动过程中被均匀化，因而将龙头流速当做泥石流的表面平均流速是可行的。把泥石流的龙头作为测速标记，基本不受环境等客观条件的影响，并能节省观测人员及物质，是一种切实可行的测量方法。在蒋家沟的泥石流观测中，因为 80%以上的泥石流均以阵性流的方式出现，所以流速测量多采用龙头跟踪法。

3）非接触测量法。非接触测量法是指用测速仪器在不同流体接触的情况下间接量测泥石流的流速。非接触测量的方法有许多，采用的两种比较有效的方法是录像判读法和雷达测速法。录像判读法是将泥石流通过观测断面的整个过程用摄像机录制下来，然后重放判读，根据泥石流中特别明显的标识，如龙头、大石块、泥球等通过已知距离所需的时间来量测流速。在可视条件较好的情况下，这种方法不失为一种行之有效的方法，但如泥石流发生在夜间，这种方法就难以达到满意的效果。

雷达测速仪是根据多普勒效应研制的测速仪器，具有结构简单、精度高、测速范围广、抗干扰性能好的特点，因而被广泛用来测定移动目标的速度。其工作原理根据如下公式：

$$f_{np} = \frac{1 + \dfrac{v}{c}\cos\alpha}{1 - \dfrac{v}{c}\cos\alpha} f_o \tag{11.3}$$

式中：f_o 为发射频率，H_2；f_{np} 为接收频率；c 为光速；v 为泥石流流速；α 为无线电波相对于泥石流流面的入射角。

泥石流流速可由下式求得：

$$v = \frac{(f_{np} - f_o)c}{2\cos\alpha f_o} \tag{11.4}$$

将雷达测速仪的天线安置在泥石流沟道边用定向瞄准器对准测试目标位。当泥石流通过测试段时，测速仪自动测试泥石流的表面流速并记录下来。

根据对不同沟谷泥石流流速观测资料的分析，雷达测速仪所测流速均比前几种测速方法所测流速大，并且泥石流紊动越强烈，差别越大。这主要是因为紊动强烈的泥石流流体中飞溅的石块及浆体的速度远大于泥石流的整体速度。对于流态较平稳的泥石流，测试结果则相差较小。

4）泥石流的泥深测量。泥石流的泥深是指泥石流通过测流断面时流体的实际厚度。它是计算泥石流过流断面面积进而计算泥石流流量以及分析泥石流运动和力学特征的重要参数。泥深测量由于受到泥石流流体物质组成及强烈冲淤特性的影响，进行动态测量非常困难。在水文观测的水深测量中，河床的河底断面形态变化较为缓慢，一般是以测量其水位的高低即可计算水深。但在泥石流的泥深测量中，除非有刚性床面（人工河床、排导槽），泥石流在过流过程中，不发生显著的冲刷或淤积，否则，泥石流表面的泥位高度均不能准确反映泥石流的流动深度。

超声波测深是利用回声测距的原理，声波在均匀介质中以一定的速度传播，当遇到不同介质界面时，由界面反射。发射和接收声波的时间间隔 t 已知，即可得到发射点到界面的距离 s：

$$s = \frac{1}{2}vt \tag{11.5}$$

式中：v 为超声波在介质中的传播速度。

用吊在泥石流上方的超声波换能器向泥石流表面发射超声波，碰到流体表面即产生反射回波，根据从发射到收到回波的时间和超声波的传播速度，即可得到换能器到泥石流表面和沟床底距离，从而测得泥石流的泥深。超声波测距的采样频率可达每秒 4 次。因而可以测得泥石流的泥深变化过程。典型泥石流泥位过程线见图 11.2。

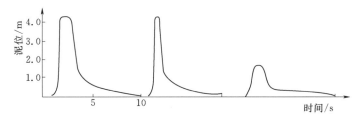

图 11.2 典型泥石流泥位过程线

5）泥石流运动要素观测资料的整编。对观测资料进行及时的分析、归纳和计算，以得到系统的、完整的泥石流运动要素，为深入研究泥石流提供可靠的依据，是泥石流原型观测研究中一个重要的组成部分。

11.3.3 泥石流动力特征观测

泥石流是一种固液两相组合十分复杂的流体，其中的浆体含有极细的黏粒成分。随着浆体中粗颗粒的增加，其结构更为紧密，它们与大大小小的石块混为一体，在陡峻的沟床中快速运动，具有很大的动能，表现出极其复杂的力学特征，如具有强大破坏能力的冲击力和地面震动（地声）。动力特征的测量具有极大的理论和实际意义。

（1）泥石流冲击力的测量。泥石流沟道的冲淤特性和泥石流强大的冲击力给测试工作带来了极大的困难，自 20 世纪 70 年代以来，泥石流研究者以极大的努力进行这项工作，取得了一定的进展，主要采用以下两种方法进行泥石流冲击力的测试。

1）电阻应变法。将两个荷重式电阻传感器对称地装入一只钢盒内，当钢盒受到冲击后，则有信号输出。钢盒的加工制造要有较高的工艺要求，钢盒不仅要能抗冲击（通常采用 45 号钢），还要防水，而且还需与传感器有同步响应，即卸载后能恢复到原来状态。这种测试方法需要在沟道中修建测力墩台，在墩台的迎水面上安置若干个装有荷重式电阻传感器的钢盒，将由钢盒中引出的导线连接到室内的应变记录仪上。可见，这种测试方法的传感器的设置与安装、准确的标定以及在具有大冲淤的泥石流沟道中安全的使用是比较困难的。

2）压电晶体法。压电晶体法的测力原理是：晶体受力后，内部发生极化现象而产生电荷，当外力去掉后又恢复为不带电状态，其产生的电荷的多少与外力大小成正比。如中国科学院力学研究所合作研制的泥石流冲击力专用 NCC-1 型压电晶体传感器。在使用时，传感器被固定于一个钢座上，其受力面迎着泥石流冲击方向，钢座可以固定在泥石流必经沟段之合适部位，如崖壁上。装有传感器与遥测数传装置相结合的遥测数传冲击力仪之测站可安置在安全之处，连接传感器与放大器的引线即可进行测试，该装置不仅实现了远距离遥测、遥控，而且又实现了较高频率的采样，可在沟床的任意合适的地点安放传感器，省去了建造冲击力墩台的麻烦与高昂的代价，并可保证源源不断地取得测试数据。

在沟床稳定、设立墩台方便、距离较近时（传输导线 50m 左右），采用电阻应变法对泥石流冲击力测量是行之有效的。压电晶体法传感器的动态范围、灵敏度、稳定性均优于电阻应变法，而且采用数传、遥控，不受沟床冲淤变形的影响，频率高，数据量大，可以直接用计算机进行数据处理，总体来说，压电晶体法优于电阻应变法。

（2）泥石流地声测量。通过地壳传播的振动波称为地声。泥石流地声是把泥石流看成一个振动源，它一旦流动，摩擦、撞击和侵蚀沟床而产生的振动波沿着沟床的纵向方向传播。这种振动波会影响边坡的稳定性，甚至可能使沙土边坡产生液化现象，对沟岸及附近的工程建筑物均产生不利的影响。

选择合适的地声传感器是泥石流地声研究的关键。压电型传感器其灵敏度和精度都很高，频响宽且结构简单便于安装，将传感器安装于沟床侧的基岩内，与基岩有平整的结合，然后以土或其他隔音材料覆盖，测试信号经前置放大后用电缆线直接输入计算机，用计算机对数据进行采集、储存和分析，并打印绘图。在采集泥石流信号的同时，须对各种背景信号（如风、雷、雨以及各种人为干扰信号等）进行采集，以便在分析研究中加以区分。

11.3.4　防治工程建筑物监测布置

防治工程建筑物监测以监测治理效果为主。监测主要内容为在泥石流拦沙坝、排导槽顶等治理工程建筑物适当部位，设立地表位移、裂缝、沉降、泥石流（洪水）水位等有效监测点，并充分利用施工期已有监测点建立工程效果监测网，开展防治工程建筑物的变形、沉降、泥石流（洪水）过流泥位（水位）观测，简易降雨雨量观测。

11.4　常见泥石流监测预警手段

随着科学技术的日益进步，泥石流监测方法有了长足进步。不仅有传统的泥石流常规监测方法，还研究出了泥石流自动监测方法。自动监测方法的内容多种多样，常见的有自动雨量站、声波泥位计、视频监测系统等，现简述如下：

（1）自动雨量站。汛期的暴雨是泥石流的主要水源。降雨是激发泥石流的直接条件，根据前人实测资料证明，泥石流暴发过程与相应的降雨过程相吻合。在物质补给、沟床坡度和水源等泥石流形成的主要条件中，水不仅是泥石流流体的重要组成部分，而且也是泥石流激发的决定性因素。无论是泥石流暴发频繁的云南东川蒋家沟，还是多年才暴发一次的成昆线利子依达沟，均是由于不同强度的降雨所激发。在同一条泥石流沟中，流域内的物源条件、沟床条件在一定的时期内可认为是相对稳定的，而降雨条件在流域内的变化却极大，泥石流何时暴发，成灾大小，完全决定于流域内的降雨条件。可见降雨是泥石流激发时的最活跃的主导因素。因此，首先要分析出降雨条件在泥石流沟内的变化规律和发展趋势，可以利用降雨条件来做出泥石流预警预报。

（2）泥石流泥位计。泥石流声波泥位监测。当沟床断面相对稳定时，测得通过经验公式可以计算出泥石流流速，进而得出泥石流流量，所以泥深能够直观地反映泥石流规模的大小，也能反映泥石流可能的危害程度。

声波泥位计可以监测泥石流的规模，进而反映泥石流的危险程度。其原本是用于水文监测，它的原理是在已知声波速度的前提下，用声波发射和接收的时间差计算声波发射处距离反射处的距离。泥位计的布置应该符合下面几点原则：①泥位计布设在泥石流沟谷的冲淤稳定沟道，如基岩出露的沟道；②多个泥位计在沟道内呈梯级布置，这样有利于监测数据的相互验证，便于计算泥石流的流量；③主要布置于崩滑堆积物型物源和潜在崩滑堆积物型物源下游沟道，或者老堆积物型物源非常丰富的地方；④可以布设在关键的格栅拦挡坝，便于监测治理工程的状态。

安装和使用泥位计应注意：①在泥石流事件发生后若有冲淤变化需要改变泥位计初始值；②泥位计监测数据时应该分为两种状态两种监测频率，即监测状态和空闲状态。设置一个泥深的阈值，在大于该阈值时泥位计进入监测状态，监测采样频率加密到每秒钟几次，或者泥位计与雨量计联动，一旦有降雨即进入监测状态；③泥位计测量泥深时，可能会由于声波反射折射等原因导致数据出现误差，需经过校核处理后使用。

（3）视频监测。相对上面两种监测方式，视频监测无疑是最直观最清晰的，可以实时看到所监测位置的野外情况，这大大加强了监测以及预警的准确性和可靠性。视频监测系统运行环境恶劣、空气湿度大，安装的监测点又多处于不易于维护的地方，对设备的稳定性要求比较高。

视频监测主要布设在：①视野范围开阔的位置；②重点关心部位，如对重点物源分布点、沟谷典型断面等。视频监测布置应注意：①视频监测需求供电量大，一般的各类电池难以满足要求，需要采用专门的方案供电并且有备用方案，在关键时候一旦断电也可临时提供电源进行监测；②视频图像的数量比一般监测的数量大很多倍，传输的压力也会大很多，所以也要采用专门的方案进行处理；③视频数据非常关键和宝贵，尤其是暴发泥石流时的图像，因此要采用多种备份手段进行备份，避免关键数据丢失。

（4）泥石流地声警报器。泥石流地声（振动）随着泥石流的流动面而产生，又随着泥石流的停止而终止。泥石流地声（振动）波与其他振动波一样，具有它独特的振动频率、波形，如能测出泥石流地声波的主频范围并与沟道环境背景产生的振动区别开来。根据蒋家沟等泥石流地声波的频率分析，泥石流地声主频范围在 $10 \sim 100\,\mathrm{Hz}$ 变化，多数集中在 $30 \sim 80\,\mathrm{Hz}$ 范围内摆动。一般较大阵性泥石流时间都在 $10 \sim 30\,\mathrm{s}$，因此，利用鉴频、鉴幅、延时三要素，泥石流地声警报器在蒋家沟报警监测实验中获得成功。泥石流地声监测研究为泥石流报警提供新的方法，也为泥石流研究开辟新的领域。选用的泥石流地声警报器主要功能及技术指标如下：①可放在泥石流域附近和沟口外，距离泥石流源地 $10 \sim 15\,\mathrm{km}$；②抗干扰能力更强，可靠性高；③有优良的频率响应特性；④具有报警信息的远程传输功能和数据离线分析功能，能够实现远程报警、远程监控和远程维护。

11.5　泥石流预警

泥石流预警是泥石流预报和警报的统称。泥石流预警作为一项重要的非工程减灾措施，通过判断泥石流发生的时间、地点、规模、危害范围以及可能造成的损失，使危险区的居民及时得到预警信息，积极采取预防措施，达到保障人民生命财产安全、减轻灾害的目的。

11.5.1　泥石流预警技术

泥石流预警技术指分析判断泥石流暴发与否及确定泥石流暴发时间、危害范围及强度的技术方法。根据所采用仪器设备和分析方法可以分为专业预警技术和简易预警技术两类。

（1）泥石流简易预警技术。泥石流简易预警技术的信息通过巡视、人工观测或借助于简单仪器的人工观测手段得到，包括降水、径流、泥石流活动等信息。根据经验或使用简单工具判断降水量及降雨强度、沟内径流等情况，发现和判断泥石流暴发的前兆。泥石流暴发的前兆现象包括在暴雨或大雨条件下发生崩塌、滑坡堵断沟谷的现象，流域内发出强烈的泥腥味，雷鸣般的巨响，夜间发出闪电般的火花，长流水沟突然断流等现象。泥石流简易预警技术使用的工具和判断方法简单易行，容易掌握，在目前中国的泥石流减灾实践中起着重要作用。但简易预警技术的监测与判断多通过人的主观经验，预警的准确性较差，及时性不足。

（2）泥石流专业预警技术。苏联早在 20 世纪 70 年代就开始利用地震传感器进行泥石流警报；通过接触式探测器或检测设备测定泥石流泥位并进行警报的技术也在同一时代诞生，由苏联和日本最早开始使用；中国也在 1980 年开始陆续成功研制了超声波泥位警报器、泥石流地声警报器、泥石流次声警报器等多种泥石流警报仪器。使用泥位监测仪进行泥石流警报时，要在沟谷的流通区设置监测断面，选定距保护对象有一定距离且比较顺直的沟道作为监测断面，对选定的监测断面根据需要进行断面修整、沟床固化等工程处理后布置监测设备。因泥石流破坏性强，需要选择非接触式的监测仪器。目前泥石流泥位监测主要通过超声波、激光等非接触式测距仪器测量。泥石流泥位监测所用仪器应能监测到泥位和时刻，并能够在线实时传输，测量精度应不小于实际泥位的 1/10。

用于监测泥石流的设备还有次声警报器、地声警报器等。这类仪器专为泥石流警报开发，针对性强，具有一定的实用性，但受研究水平和安装条件等的限制，准确性还有待于提高。泥石流警报的可靠性高，但能够提供的避灾时间短，另外各种警报仪器在使用上都有其限制条件，如泥位仪、地声探测仪等仪器多要靠近泥石流沟谷，易遭受泥石流损坏，次声探测仪又受研究水平所限，误报率较高。在仪器选择上一般综合考虑，组合使用，最大限度地提高预警准确度，减少漏报和误报。

11.5.2　泥石流预警组织体系

预警信息事关重大，必须提高预警的准确性，降低误报和漏报。漏报会造成巨大的人员和财产损失，误报产生的后果也相当严重，特别是多次误报，可能造成社会恐慌和人力财力的浪费，而且会使民众对预警信息产生不信任，以至于发布的准确预警信息得不到重视，造成巨大损失。由于自然条件的差异和技术的局限，单一的预警技术难以满足减灾需求，为了提高预警的准确性，需要将多种技术组合起来使用。本书把多种预警技术的组合方式称为泥石流预警的组织体系。根据所使用的观测技术及分析判断方法的专业水平，将泥石流预警的组织体系分为群测群防预警体系、群专结合预警体系和专业预警体系。

（1）群测群防预警体系。群测群防预警体系主要用于小型险情的泥石流预警。其预警技术以简易方法为主，预警信息获取主要采用人工巡查和人工巡查与简易仪器相结合的监测方法，预警结论主要通过主观经验判断得出。

（2）群专结合的预警体系。群专结合的预警体系主要用于中型或大型险情的泥石流预警，采用专业和人工简易监测预警相结合的方法，监测点一般布置1~3个，泥石流监测内容要包括雨量和泥位监测，预警信息主要通过专业仪器监测获取，也可辅以人工简易监测；监测数据的传输、处理及预警结论的判断以专业预警技术为主。

（3）专业预警体系。专业预警体系主要用于大型、特大型险情的泥石流预警，数据应实时传输，使用专用模型进行计算和判断。监测点布置3个以上，泥石流的监测内容主要包括雨量和泥石流泥位监测。预警信息由专业仪器监测获取，监测数据通过网络在线实时传输，建立各监测点的预警判据进行实时计算判断，进行预报和警报，并实现分级预警。

11.5.3 泥石流预警等级

泥石流的发生与临界降雨量、进入沟道的物源量和地形条件密切相关，在实际工作中，可通过对降雨量、不稳定物源进入沟道量、沟道内流量等三个因素进行监测，建立相关预警标准。在水电工程领域，一般可将预警标准分为黄色和红色预警两级，见表11.2。

表 11.2   泥 石 流 预 警 等 级

等级	监测降雨量达到当地泥石流暴发的临界降水量		大量不稳定物源进入沟道	沟道流量突然变小
	80%	100%		
黄色	√	—	—	—
	—	—	√	—
	—	—	—	√
红色	—	√	√	—
	—	√	—	√

当监测数据满足以下三个条件之一时，可发布黄色预警：①监测降雨量达到当地泥石流暴发的临界降水量的80%；②大量不稳定物源进入沟道；③沟道流量突然变小或断流。当监测数据满足以下三个条件之中任意两项时，可发布红色预警：①监测降雨量达到当地泥石流暴发的临界降水量的100%；②大量不稳定物源进入沟道；③沟道流量突然变小或断流。

第 12 章　水电工程泥石流勘察与防治实例

12.1　耿达水电站鹰嘴岩沟泥石流防治工程

12.1.1　工程概况

鹰嘴岩沟位于四川省阿坝藏族羌族自治州汶川县境内，是渔子溪左岸的一条大型支沟，距渔子溪和岷江交汇口约 12.03km。该沟主沟长约 5.91km，沟口距其上游的耿达电站厂房 210m，距下游的渔子溪电站闸坝 320m 左右。

鹰嘴岩沟上游的耿达水电站为岷江上游右岸支流渔子溪上的第二座引水式电站，厂房与渔子溪一级电站库尾衔接。主要水工建筑物包括拦河闸（高 31.50m）、引水隧洞（长 7.61km）及窑洞式地下厂房，引用水头 259m，水库正常高水位为 1501.00m，调节库容为 65.7 万 m^3，总装机容量为 160MW。

"5·12" 汶川大地震后，鹰嘴岩沟周边地质环境受到严重破坏，山体震损严重，地震裂缝异常发育，沟内岸坡崩塌、滑坡严重，岩土体结构松动，诱发形成的滑坡、崩塌和泥石流地质灾害数量众多。沟内不稳定及潜在不稳定物源在余震、降雨等不利因素影响下极易转化成泥石流灾害，地质灾害隐患异常严重。

2009 年汛期，鹰嘴岩沟曾暴发过一次小型泥石流，对渔子溪主河道形成局部堵塞，对河道行洪造成一定影响，但对正在进行震后修复施工的耿达电站厂区枢纽和渔子溪闸坝影响不大。2010 年 8 月 13 日，该沟暴发中等规模的泥石流，沟内泥痕高达 3m，断面宽 7～8m，堆积方量 8 万～10 万 m^3，其中进入河道总方量为 3 万～4 万 m^3，壅塞渔子溪河道，鹰嘴岩沟口上游河道内沙石淤积严重，抬高河水位至 1202.60m 左右，耿达电站地下厂房、尾水洞及其出口被淹，渔子溪电站闸坝上下也游淤积了大量泥石流冲出物质，使两座电站的震后修复工作被迫暂停。在四川省电力公司的大力支持下，映秀湾水力发电总厂在灾后迅速开展了抢险救灾工作，疏浚河道、修复电站结构设备，并恢复了震后修复工作，2011 年 4 月，耿达水电站首台机组成功恢复发电。同时，在 2011 年汛期到来之前，映秀湾水力发电总厂还组织实施完成了鹰嘴岩沟汛前临时应急治理工程。然而，该沟于 2011 年 7 月 3 日再次暴发泥石流，沟口堆积体约 4.8 万 m^3，约有 2 万 m^3 泥石流固体物质壅塞了河道，河道水位最高达到 1204.00m 左右。河道内淤积的沙石抬高厂区河床 5～6m，堵塞耿达电站尾水洞出口和渔子溪电站进水口，使两个电站被迫停机并于汛后清理枢纽区河道，造成了巨大经济损失。

为保证耿达和渔子溪两座电站在汛期的安全运行，减少河道淤积抢险费用和停电损失，保障电厂职工生命财产安全，需对鹰嘴岩沟进行治理，控制泥石流固体物质一次性冲出沟口量，尽量防止或减轻泥石流发生侵占河道、壅塞水位的危害。

12.1.2 泥石流基本特征

鹰嘴岩沟主沟长约 5.91km，呈 V 形沟谷，部分沟段呈 U 形谷，沟床宽一般 40～50m，流域面积 6.87km²。流域内最高海拔 3701m，位于 NW 侧沟顶，沟口海拔 1198m，相对高差 2503m，平均沟床纵比降为 445‰。沟谷两岸地形基本对称，坡度一般为 40°～50°，沟口处两侧岩壁较陡峭，近于直立。"8·13"大规模泥石流扇体前缘宽度达到 120m，扇体长度 110m，平均厚度 16m 左右，泥石流扇体在沟口覆盖了原来的交通公路，淤高河床近 3m。其后缘物源仍较多，方量约 665 万 m³。

鹰嘴岩沟沟谷宽窄相间，V 形与 U 形谷交替出现；两侧边坡中上部大多基岩出露，边坡下部多被崩坡积块碎砾石土和滑坡体所覆盖；沟谷两侧坡度较陡，坡角一般在 60°以上，其中在沟两侧基岩出露段，近似直立，沟谷切割较深，在沟谷两侧，植被稀少，以灌木和草本植物为主；未见较大规模或常年流水的支沟。

根据鹰嘴岩沟泥石流的地质环境特征，结合泥石流的激发条件（丰富的松散固体物质和充足的水源条件）和鹰嘴岩沟流域的地形地貌特征，可将鹰嘴岩沟分为汇水-物源区、流通区、堆积区三个功能区，各功能区均以典型的地形地貌特征分界。具体划分为：①沟口以上约 200m 范围内为堆积区；②堆积区以上约 1.8km 范围为流通区（流通区内亦含丰富的启动物源）；③流通区以上至沟尾为汇水-物源区。各功能区的地形地貌差异较明显，沟床坡降差异较大，物源区与堆积区坡降较缓，流通区较陡。鹰嘴岩沟流域沟床坡降图见图 12.1，各功能区特征见表 12.1。

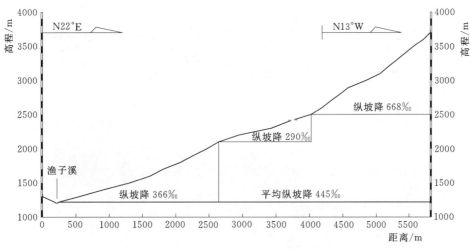

图 12.1 鹰嘴岩沟流域沟床纵坡降图

表 12.1　　　　　　　　　鹰嘴岩沟各功能区特征表

功能区	沟长/km	最高点/m	最低点/m	平均坡降/‰
汇水-物源区	3.35	3701	2000	507
流通区	2.05	2000	1244	369
堆积区	0.2	1244	1198	230

鹰嘴岩沟流域内总物源量 665.29 万 m³，从物源分布看，绝大部分物源来自于主沟中的滑坡体和松散崩塌堆积体，共计 623.23 万 m³，占总量的 93.7%；支沟物源量 42.06 万 m³，占总量的 6.3%。从物源类型而言，不稳定物源量 249.64 万 m³，占总量的 37.5%；潜在不稳定物源量 399.69 万 m³，占总量的 60.1%；稳定物源量 15.96 万 m³，占总量的 2.4%。

鹰嘴岩沟物源区松散固体物质丰富，其不稳定物源主要分布在沟谷两侧及沟床，易被强降雨及较大洪水启动挟带；暴雨季节，区内地形条件下坡面径流时间短、汇流快、沟道水流集中迅速，坡面水流携带所侵蚀的坡面泥沙迅速下泄汇集于沟道，加之沟谷普遍较为狭窄，纵比降较大，形成洪峰对沟谷两侧冲刷淘蚀严重，易于启动大量固体松散物质从而形成泥石流。其流通区以 V 形谷为主，沟谷狭窄畅通、纵坡降大，谷坡无较大规模滑坡体发育，局部方量较大的崩塌体发生整体失稳的可能性较小，因此，不易造成沟谷大规模堵塞，难以形成溃决型泥石流，其泥石流基本属于降雨型沟谷泥石流。汶川地震后，该沟多次暴发泥石流，泥石流堆积体堵塞河道，造成渔子溪水电站进水口堵塞，损失巨大（图 12.2 和图 12.3）。

图 12.2　2010 年 8 月 13 日泥石流壅塞渔子溪河道

图 12.3　渔子溪库内部分泥石流淤积

泥石流沟易发程度评价结果显示鹰嘴岩沟泥石流为极易发，危险性指数评价为危险性大，单沟危险度评价结果为危险性高，雨洪修正法计算结果将表明地质灾害危险性大。综合以上四种评价结果分析，鹰嘴岩沟目前是一条高频泥石流沟，极易发，危险度高。耿达电站 GIS 楼、尾水洞、地下厂房、进厂道路、采砂场等设施遭受鹰嘴岩沟泥石流地质灾害的危险性大。

鹰嘴岩沟泥石流运动特征和动力特征参数见表 12.2～表 12.6。

表 12.2   **不同计算方法所得泥石流峰值流量**   单位：m^3/s

沟别	计算公式	设计频率 P				
		20%	10%	5%	3.333%	2%
鹰嘴岩沟	拉式公式	46.2	63.9	91.3	110.6	126.2
	东川公式	64.47	110.5	196.9	272.8	438.7

表 12.3   **鹰嘴岩沟设计洪水总量**

流域面积/km²	6.87							
设计概率/%	20	10	5	3.333	2	1	0.5	0.2
暴雨历时/h	20.72（0.8635d）							
H_{24}暴雨量/mm	176.20	230.90	286.10	318.50	359.50	415.20	471.00	545.00
H_{24}设计暴雨/mm	167.60	220.30	273.80	305.40	345.50	400.20	455.40	529.10
径流深/mm	142.20	193.10	245.20	275.80	314.60	367.90	421.70	493.80
设计洪水总量 W_p/万 m³	97.72	132.60	168.50	189.50	216.10	252.70	289.70	339.30
最大流量 Q_B/(m³/s)	27.54	34.40	41.12	44.95	49.76	56.33	62.95	71.78
概化矩形历时 T_p/H	9.86	10.72	11.39	11.72	12.07	12.47	12.79	12.14

表 12.4   **鹰嘴岩沟一次泥石流冲出总量预测**   单位：万 m³

河沟	设计频率 P							
	20%	10%	5%	3.33%	2%	1%	0.5%	0.2%
鹰嘴岩沟	1,763	3.021	5.385	7.459	12.99			

表 12.5   **鹰嘴岩沟一次泥石流冲出固体总量预测**   单位：万 m³

河沟	设计频率 P							
	20%	10%	5%	3.33%	2%	1%	0.5%	0.2%
鹰嘴岩沟	1.005	2.112	4.686	7.104	12.7			

表 12.6   **鹰嘴岩沟设计概率下的泥石流冲击力预测**

河沟	计算断面	设计概率/%	20	10	5	3.333	2	1	0.5	0.2
鹰嘴岩沟	沟口拦沙坝部位断面	设计流速/(m/s)	5.08	5.28	5.50	5.70	5.88	6.07	6.26	6.45
		整体冲击力/(kN/m²)	12.5	14.0	16.5	18.2	19.1	20.2	21.2	21.9
		单块最大冲击力/kN	1176	1221	1274	1319	1360	1405	1449.4	1492.5

12.1.3　治理工程设计

12.1.3.1　设计依据、原则及标准

鹰嘴岩沟在 2010 年 8 月发生了一次规模较大的泥石流。根据地质专业鹰嘴岩沟泥石流危险性评价，鹰嘴岩沟是一条较典型的泥石流沟，沟内松散物源丰富，极易暴发中—大型泥石流，地质灾害危害程度等级大，现状地质灾害危险性等级大，建设用地适宜性差。

鹰嘴岩沟减灾治理工程防护对象主要包括耿达水电站厂区建筑物及进厂道路、渔子溪水电站闸首建筑物、S303 改线公路通车前原省道 S303、耿达电站右岸办公区。其中耿达水电站和渔子溪水电站均为中型水电工程，耿达水电站右岸办公区常年值班人员在 100 人以内。"8·13"泥石流和"7·3"泥石流造成的电站抗洪抢险投资、停电损失均大于1000 万元。鹰嘴岩减灾治理工程投资大于 1000 万元。

经综合分析，根据前述泥石流防治设计标准，泥石流灾害防治工程等别为二等，对应降雨强度取 50 年一遇。

12.1.3.2　治理目标及思路

1. 治理目标

鹰嘴岩沟减灾治理工程的治理目标：通过对鹰嘴岩沟的工程治理，确保在设计标准的降雨强度下，控制泥石流固体物质冲出量不致发生侵占河道的危害，以保障耿达、渔子溪两座电站汛期正常安全运行。

2. 治理思路

由于泥石流形成的主要原因是沟内汇水、沟内大量松散物源和较大的纵坡降三个因素，因此泥石流沟的治理思路主要针对上述三个主因而拟定。

第一种思路：由于鹰嘴岩沟纵坡降大，也无法通过工程措施显著减小坡降，一旦暴发泥石流其势能很大，布置的拦挡建筑物设计要求高，为了以较小的投资达到避免受到泥石流威胁的效果，可以不对鹰嘴岩沟进行治理，而对被保护对象，即两座电站进行改造，来满足正常运行要求，该思路即"以避为主"。

第二种思路：从治理沟内汇水方面着手，若能控制鹰嘴岩沟内汇集的雨水能够直接排往河道而不沿沟冲刷启动松散物源，即能够有效的抑制泥石流的形成，该思路即为"水石分离"。

第三种思路：从治理沟内物源方面着手，若能针对沟中形成区内的松散物源进行固源治理，则可控制或减小泥石流的规模，同时，在地形地质条件合适地段布置拦挡坝，还可以具备抵挡一定规模泥石流的能力，也能达到治理目标，该思路即为"拦固结合"。该思路根据拦挡措施和固源措施的侧重点不同，还可细分为"以固为主，拦蓄结合"和"以拦为主，固源结合"。

3. 治理思路比较分析

鹰嘴岩沟在"5·12"地震前属于老泥石流冲沟，并已处于衰退-停歇期，"5·12"地震在沟域内形成大量、丰富的崩塌松散物源，又具备了形成泥石流的物源条件。从鹰嘴岩沟主沟较长、支沟发育、平均纵坡降大、沟内堆积较多的松散物源等特点分析，该沟仍具

有暴发中等—大规模泥石流的地形地质条件。

结合鹰嘴岩沟的地形地质条件和被保护对象的正常安全运行要求，以及鹰嘴岩沟泥石流治理思路，主要考虑以下几种方案。

（1）以避为主。由于鹰嘴岩沟沟道窄，纵坡降大，综合治理施工难度大，因此"以避为主"主要考虑通过采取一定措施来保证耿达渔子溪两座电站正常发电和303省道的安全通行。

耿达电站尾水距离渔子溪电站取水口仅400m左右，为避免两座电站再次遭受泥石流壅塞影响，可通过新增尾水洞和地下调节池，使得耿达水电站发电后机组尾水与渔子溪电站引水隧洞相接。在鹰嘴岩沟再次发生大规模泥石流时，关闭耿达电站原尾水洞出口闸门并开启新增尾水洞闸门，渔子溪电站可利用耿达电站尾水直接发电。

（2）水石分离。由于鹰嘴岩沟泥石流是由地表水在沟谷内浸润冲蚀沟床物质，随冲蚀强度加大，沟内某些薄弱段块石等固体物松动、失稳，被猛烈掀揭、铲刮，并与水流搅拌而形成的。因此，在暴雨天气下沟内的汇水是泥石流的最根本的成因，如果能够将沟内汇水通过排水洞直接排往下游而不冲刷掏蚀沟床内大量的不稳定物源，则该沟暴发的泥石流规模能够得到有效的控制。该思路即"水石分离"。

结合鹰嘴岩沟及周边地形情况，可考虑在冲沟中上部布置一条排导洞，将该部位以上沟内汇水通过排导洞排至下游香家沟，鹰嘴岩沟下游沟道内的汇水量将大大减小，沟口冲出的泥石流规模也能有所控制。通过在沟口修建一定规模的拦挡建筑物，即可防止泥石流进入河道造成危害。

（3）固源拦挡。针对泥石流由沟内地表汇水带动松散物源而形成的主要原因，为了从根源上对鹰嘴岩沟泥石流进行治理，在"水沙分离"的思路不可行的情况下，宜优先对沟内松散物源进行治理，结合以局部拦挡措施。

鹰嘴岩沟泥石流的减灾治理，可在沟道内地形地质条件适合处布置固床稳坡建筑和拦挡建筑物，减小沟内启动物源并减缓泥石流下冲能量，拦蓄沙石，使无害的挟沙水排入河道。

根据多次现场踏勘调查成果，鹰嘴岩沟"8·13"和"7·3"泥石流启动物源点大多为1～36号物源点中的不稳定物源和潜在不稳定物源，位于沟口—距沟口约1.9km的下游沟段内。且沟口和沟口以上约1km处沟床较开阔、坡降较缓、两岸基岩裸露，具备布置拦挡坝的地形地质条件。

为了达到治理目标，使鹰嘴岩沟暴发泥石流后泥石流物源能够完全拦蓄在拦挡库容之内，无害的高挟沙水或超标准的泥石流能够通过排导措施排入河道，可对泥石流启动物源的集中区局部布置固床稳坡建筑，以控制方量较大的不稳定物源，减小泥石流发生规模。同时，在鹰嘴岩沟沟口和沟口以上1km处布置拦挡坝，以拦截泥石流物源，避免下河造成淤积危害。在最下游的拦挡坝下游布置排导明渠，将高挟砂水顺利排入河道。

该思路下的布置方案，主体工程集中在距沟口较近的范围内，交通施工相对较方便，基本能够在下个汛期来临前完成主体工程施工，使耿达、渔子溪两座电站具备抵挡一定规模泥石流的能力。

（4）思路比较分析。上述三种治理思路的优缺点比较见表12.7。

表 12.7　　　　　　　　　　　　　治 理 思 路 比 较 表

项目	以 避 为 主	水 石 分 离	固 源 拦 挡
优点	治理投资相对较小，施工工期不受汛期影响	（1）从根源上有效控制泥石流的发生规模； （2）工程投资相对较大	（1）针对物源分布情况，有效控制泥石流的发生规模； （2）能够控制泥石流造成的危害
缺点	（1）厂区建筑物仍存在被壅高的河水淹没的风险； （2）为了正常发电，每次泥石流发生后还必须对枢纽区河道进行清理； （3）渔子溪电站丧失了日调节能力； （4）调节池存在被泥石流倒灌的风险； （5）主要进厂交通受泥石流中断影响	（1）排导洞排导泥石流时保证性差，极易被堵，风险较大； （2）施工道路布置难度极大，施工周期长； （3）排导泥石流的香家沟将产生更大规模的泥石流，对 S303 造成严重威胁	没有对鹰嘴岩沟内所有不稳定物源进行治理，无法完全避免产生泥石流的可能性

　　综合上述各方案，考虑到泥石流的复杂性和治理技术的不成熟性，要做到彻底治理较为困难。根据鹰嘴岩沟实际地形地质条件、物源分布情况，以及"8·13"和"7·3"泥石流形成机制，采用固源拦挡的思路，即对鹰嘴岩沟的治理集中在沟口以上 1.9km 范围内，依靠拦挡坝抵御设计标准下的泥石流，同时依据物源分布情况采取适当的固源措施。

　　依据该思路，提出固拦结合的方案一和以拦为主的方案二进行比较。

　　4. 治理方案比较

　　方案一是将拦挡坝布置于沟口位置，只考虑设置一道拦挡坝，将河床内沟口至已建拦渣坝间的河床堆积物做适当的清理，以保证遭遇 50 年一遇泥石流时能完全容纳一次性冲出的泥石流量 12.7 万 m^3；并在河床内布置两座谷坊坝，在距离沟口 1km 范围内每 10m 设置一防冲肋板以固沟床，在沟内不稳定物源坡脚做浆砌石挡墙固脚处理。

　　方案二是在"以拦为主"的思路下进行工程的总体布置，该方案主要考虑在鹰嘴岩沟距沟口约 1.9km 范围内进行以拦为主、以固为辅的布置。

　　综合方案一、方案二的工程投资、施工工期、治理效果和运行期维护方式进行比较，见表 12.8。从施工工期、运行期维护方式等多方面考虑，推荐方案一（固拦结合）。

表 12.8　　　　　　　　　　　　　治 理 方 案 比 较 表

项目	方案一（固拦结合）	方案二（以拦为主）
施工工期	7 个月，2011—2012 年枯期可完成施工	11 个月，需在两个枯期内完成施工
治理效果	在鹰嘴岩沟沟床内沿沟布置防冲肋板，并在局部不稳定堆积体处布置挡墙固脚固源，对大部分位于河床的不稳定物源起到有效固源作用。沟口布置的拦挡坝能够拦挡 50 年一遇泥石流冲出的固体物源。能够减小泥石流对耿达、渔子溪两座电站的危害	在鹰嘴岩沟内地形相对较缓的部位共布置两道拦挡坝，其库容能够拦挡 50 年一遇泥石流冲出的固体物源，能够减小泥石流对耿达、渔子溪两座电站的危害
运行期维护方式	汛期发生泥石流后，需对沟口拦挡坝的库区进行清理，但清理量较方案二较小	汛期发生泥石流后，需在恢复沟内施工道路后，对两道拦挡坝的库区进行清理，清理量较方案一大

在"固拦结合"的方案下进行工程的总体布置（图12.4），该方案主要考虑在鹰嘴岩沟距沟口约1.9km范围内进行固源建筑物和拦建筑物的布置。

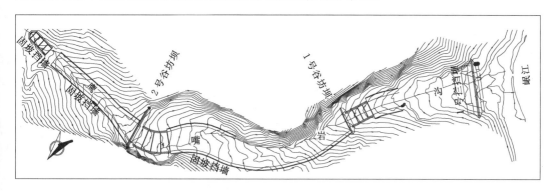

图12.4　鹰嘴岩沟泥石流防治工程布置示意图

5. 拦挡坝设计

拦挡坝距离鹰嘴岩沟沟口约40m，所在位置的地形为Ｖ形沟谷，谷底宽约80m，沟床纵坡降约250‰。谷底在"8·13"前有常年流水，"8·13"泥石流后水流以地下水的形式向沟口方向流动。两岸山体雄厚，边坡较陡，坡度50°～60°。两岸边坡均为基岩，基岩岩性为晋宁-澄江期变余花岗闪长岩、变余闪长岩及长英岩等。岩体弱风化，局部强风化，强卸荷。节理裂隙较发育，岩体完整性差—较完整，多呈次块状-镶嵌结构。主要结构面为一组大致平行岸坡的陡倾角裂隙，延伸长度大于10m，裂面锈染，裂隙大多卸荷张开2～10cm，充填碎屑及粉质土；其次为中倾角裂隙，延伸长度大于5m，裂面多锈染，裂隙局部卸荷张开，倾向坡外，在右岸最为发育。以上两组主要结构面不利组合，将岸坡岩体切割成不稳定块体，"5·12"大地震使得沟两岸山体大多沿上述结构面不利组合产生崩塌。沟床多为泥石流堆积物，铅直厚度为26～31m，堆积物为孤块碎砾石土，结构不一，较松散，局部架空。其下基岩为花岗闪长岩，岩体较完整。

两岸坝肩边坡整体稳定，但局部存在不稳定块体，为防止边坡局部崩塌，应进行适当的工程处理；坝基泥石流堆积体为主要持力层，厚度较大，结构较松散，变形较大；结构不均一，颗粒大小悬殊，有随机分布的含砾石粉土（砂）透镜体分布，其物理力学性质较差，加上沟床坡度的影响，坝基存在不均一沉降、变形及滑移问题，地基承载力和抗滑稳定性均不能满足要求，需采取相应的工程措施。

（1）拦挡坝坝址选择。鹰嘴岩沟主沟长约5.91km，沟谷两岸地形基本对称，坡度一般为40°～50°，沟口处两侧岩壁较陡峭，近于直立。鹰嘴岩沟主要分为3个区，分别为汇水-物源区（高程3701.00～2000.00m）、流通区（高程2000.00～1244.00m）和堆积区（高程1244.00～1198.00m）。

鹰嘴岩沟下游1.9km河段的高程约1650.00～1198.00m，主要为流通区和堆积区。该段河道沿沟底均为为不稳定物源，两岸沿线分布较大的滑坡体、崩坡积体等物源点36处，该段沟平均比降为238‰，总体说河道较陡，建拦挡坝的条件较差。从已发生的"8·13"和"7·3"泥石流和地质的调查分析结果表明，泥石流中含大的漂、块石较多，块体较大，泥石流发生后，河床中多处存在大的孤块石阻塞河道而形成局部较陡的小型跌坎或陡坡，跌坎或陡坡上游河道相对较平缓。在该 1.9km 河段中，因跌坎或陡坡而形成的规模较大一点相对较长的平缓河段在距沟口约 70m 和 500m 处，该两处两岸基岩出露，两岸台地或岸坡受已发生的"8·13"和"7·3"泥石流影响相对较小，沟底为泥石流不稳定物源区，同时其上游河道相对较开阔，是该 1.9km 河段中建拦挡坝位置相对较好的地方，因此，本次减灾整治设计时考虑在沟口修建一拦挡坝，上游修建固坊坝，在物源较集中地段设置防冲肋板。

（2）坝顶高程的确定。在 50 年一遇的设计暴雨情况下，该沟下泄的泥石流总量为 11.5 万 m³。由于地形条件限制，减灾治理考虑在沟口修建一道拦挡坝，对坝址上游到已建拦挡坝间的河床堆积物进行清理，清理范围以现场清理的边界为基准，由坝轴线向上游河床水平清理 70.2m，清理底部高程为 1215.00m，之后以 1:2 坡比清理河槽，在已建的拦挡坝处结束。两岸清理至山体岩石。清理后的河床部位采用 C15 堆石混凝土防冲保护，厚度 1.2m，1:2 坡度段的保护共分 3 段，每段高约 12m，由上到下的堆石混凝土厚度分别为 1.2m、1.5m、1.8m。经过对河床淤积物进行清理后，其总库容能容纳一次 50 年一遇的设计暴雨形成的泥石流总量 11.5 万 m³。拦挡坝的溢流顶高程应为 1229.50m，坝高为 22m。

（3）坝型的选择。拦挡坝距离鹰嘴岩沟沟口约 40m，所在位置的地形为 V 形沟谷，谷底宽约 80m，沟床纵坡降约 250‰。谷底在"8·13"前有常年流水，"8·13"泥石流后水流以地下水的形式向沟口方向流动。两岸山体雄厚，均为基岩出露，边坡较陡，坡度 50°～60°。沟床多为泥石流堆积物，铅直厚度为 26～31m，堆积物为孤块碎砾石土，结构不一，较松散，局部架空。其下基岩为花岗闪长岩，岩体较完整。

根据上述拦挡坝的现场地形、地质条件，拦挡坝宜采用重力式混凝土坝。

现场调查，沟床普遍堆积含孤块碎砾石土，块碎石粒径以 10～80cm 为主，孤块石以 1～3m 为主，孤石最大粒径达 5m，经计算，50 年一遇暴雨的单块最大冲击力达 138.8t；溢流部分采用格栅时，格栅容易破坏，而且对格栅的设计要求也高、造价也大，遭大块石的冲击损坏后不易修复；采用渗水孔，结构整体性好，遭大块石的冲击能力强，局部撞坏后也容易修复。所以，拦挡坝推荐采用渗水孔形式进行水沙分离。

（4）坝体工程设计。

1）坝型及坝工布置。

a. 与主流关系。根据沟道条件，所设拦挡坝工程布置区沟道情况，拦挡坝与主沟道下游近于垂直向相交，有利于泥石流物质的顺利排导。

b. 主坝坝高确定。拦挡坝的溢流顶高程应为 1229.50m，坝高为 22m。非溢流坝段最大坝高 22.0m，坝轴线长度 104m。

c. 坝体断面和结构设计。拦挡坝因地基承载力较低，不能满足承载力要求，因此采用桩基承台混凝土重力坝，坝体采用 C15 埋石混凝土；因建坝位置覆盖层厚度较大，无法将坝基置于岩基上，因此大坝基础置于覆盖层上。上游坝体迎水坡坡比从上到下分别为 1:0.6 和 1:2.5，背坡坡比 1:0.3；溢流口为梯形断面，边坡比为 1:1，坝面宽 3m。

溢流坝段：坝顶高程 1229.50m，坝顶宽 3.0m，坝底桩基平台宽 33.65m，坝高 22.0m，溢流坝段长 20m；为达到泥石流在大坝处形成水沙分离，溢流坝段设置断面尺寸

为 $\phi1.2\mathrm{m}$ 的圆形排水孔，梅花形布置，间距 4.0m，排距 3.0m。溢流坝段下游与消力塘底板连接。

非溢流坝段：坝顶高程为 1232.50m，坝顶宽 3.0m，坝底桩基平台宽 26.6～33.65m，最大坝高为 22.0m。

2）坝基设计。因地基承载力不能满足设计要求，因此采用桩基方案。

沟床为松散堆积物，铅直堆积厚度为 17～21m，主要有地震产生的崩塌堆积物以及泥石流堆积的含块碎砾石土。崩塌堆积物在右岸坡脚以倒石锥出现，为碎砾石土，厚度平均为 20m。沟床堆积物结构不均一，较松散，局部架空。其下基岩为花岗闪长岩，岩体较完整。由于泥石流区冲刷深度较大，基底主要为碎砾石土，拦挡坝基础采用桩基承台结构形式，设计承台厚度为 1.5m，桩为圆桩，直径为 800mm，桩间距为 4.0m；桩基承台为钢筋混凝土结构，混凝土强度设计为 C25。经布置设计桩基进尺为 924m，桩基混凝土量为 464m³。

3）坝肩边坡防护设计。根据勘查资料，两岸坝肩边坡均为基岩，岩体呈弱风化，局部强风化，强卸荷；节理裂隙较发育，岩体完整性差—较完整，多呈次块状—镶嵌结构。两岸边坡整体稳定，但局部存在不稳定块体，为防止局部崩塌，治理前采用人工清除不稳定块体，杜绝施工过程中的安全隐患，待清除完后，采用压浆处理坝肩节理裂隙较发育部位。

4）坝下防冲设计。根据坝下冲刷计算，拦挡坝下游需设置消能防护，拟在主坝与二道坝之间设置消能防护措施，消减泥石流和水流势能。护底宽 46.0m，厚度 2.0m；护坦底至相应下游二道坝溢流顶部范围内铺设干砌块石，护底采用 C20 钢筋混凝土结构。

二道坝为重力式坝，坝体分为溢流和非溢流坝段组成。

经计算，二道坝坝体总长 93.0m，其中溢流坝段长 40.0m，右岸非溢流坝段长 31.6m，左岸非溢流坝长 20.4m。溢流段坝顶高程为 1210.50m，坝顶宽为 2.0m，坝高为 12.0m，坝底宽为 12.0m。

非溢流坝段坝顶高程为 1213.50m，坝顶宽 2.0m，最大坝高为 15.0m。

5）主要设计计算。

a. 溢流坝顶过流能力计算。按照布置位置和泄流方向、过流宽度、水深、流速、安全超高的要求，设计溢流宽度和高度，要求溢流口过流能力大于过坝泥石流流量，溢流口允许过流能力计算公式为：

$$Q=mbH^{\frac{3}{2}}\sqrt{2g} \tag{12.1}$$

式中：Q 为过坝泥石流流量，$\mathrm{m^3/s}$；b 为溢流口宽度，m；H 为溢流口深度，m。

溢流坝顶设计尺寸及流量复核计算结果见表 12.9，可见溢流坝设计满足过坝泥石流流量要求。

表 12.9　　　　　　　　　泥石流溢流坝顶过坝流量计算表

名称	溢流口宽/m	溢流口深/m	设计泥深/m	允许过流量/(m³/s)	设计泥石流过坝量/(m³/s)
1 号拦挡坝	40.0	3.0	2.4	295	210

b. 坝基渗流稳定分析。坝基渗透稳定按照直线比例法《水力计算手册》2006 年第二版进行计算，计算公式如下：

$$J_i = \frac{H_i}{S_i}$$

$$H_i = \frac{H}{L} S_i$$

$$L = L_H + m L_V$$

$$S_i = S_{iH} + m S_{iV}$$

式中：H 为上下游水位差，m；H_i 为设计地下轮廓线第 i 的渗流水头，m；L 为经折算后的地下轮廓线的总长度，m；S_i 为自 i 点开始沿地下轮廓线的总长度，m；L_H、S_{iH} 为包括水平的和与水平线的夹角小于或等于 45°的地下轮廓线长度，m；L_V、S_{iV} 为包括垂直的和与水平线的夹角大于 45°的地下轮廓线长度，m；m 为修正系数，根据经验，对无板桩等垂直防渗设备的轮廓线，取 $m = 1.3 \sim 1.7$。

经计算：建坝坝基渗透破坏坡降为 0.63 小于土体渗漏破坏坡降，因此大坝坝前可不设置防渗处理。

c. 坝体稳定及应力分析。1 号拦挡坝设计工况按满库过流、半库过流、空库过流 3 种工况结合地震因素进行计算（考虑地震和不考虑地震），不同工况下的抗滑移和抗倾稳定验算成果见表 12.10，地基应力计算成果见表 12.11。

表 12.10　　　　　　　　　　抗滑移和抗倾覆稳定验算成果表

名称	抗滑移稳定性系数					抗倾覆稳定性系数				
	满库过流		半库过流		空库过流	满库过流		半库过流		空库过流
	工况 1	工况 2	工况 3	工况 4	工况 5	工况 1	工况 2	工况 3	工况 4	工况 5
拦挡坝	1.8	1.3	1.6	1.2	1.3	2.7	2.1	2.2	2.0	1.8

表 12.11　　　　　　　　　　地基应力计算成果表

序号	垂直方向作用力的总和 N/kN	全部荷载的力矩之和 $\sum M/(kN \cdot m)$	基底坝踵处应力 σ/kPa	基底坝趾处应力 σ_{min}/kPa	备注
1	11910.0	14970.0	433.3	274.6	工况 1
2	11910.0	19810.0	458.9	249.0	工况 2
3	12500.0	36050.0	562.5	180.4	工况 3
4	12500.0	40880.0	588.1	154.9	工况 4
5	12600.0	35280.0	561.4	187.5	工况 5

由上述计算成果表中可知，拦挡坝在各种工况下的抗滑、抗倾覆稳定性系数是满足规范要求的，但地基应力不能满足地基承载力要求，需采取一定的工程措施使其满足承载力要求，本次设计采用 ϕ800 的灌注桩，桩间排距均为 4m，桩深为 15m，在河床中部的溢流坝段靠下游侧布置桩基 4 排共 56 根，以满足承载力要求。

6. 谷坊坝设计

1 号谷坊坝位于距沟口约 750m 的 V 形沟谷内，谷底宽约 60～70m，沟床纵坡降约

370‰。两岸边坡较陡，坡角一般为 $50°\sim60°$，左岸下部坡壁近于直立。左岸边坡为基岩；右岸边坡上部为基岩，下部为崩坡积块碎砾石、块碎石土及少量泥石流堆积物。边坡基岩岩体弱风化、强卸荷，存在不稳定块体，右岸边坡上部基岩较破碎。沟床物质主要为泥石流堆积物，为含块碎砾石土，厚度约 $25\sim30m$，结构不均一，较松散，有架空现象，其下伏基岩为花岗闪长岩。坝肩边坡均有崩坡积堆积物及不稳定基岩块体，应进行适当的工程处理。坝基皆为松散堆积物，厚度较大，物理力学性质较差，且有一定的坡度，易产生变形、不均匀沉降及滑移问题，其地基承载力参数建议值为 $250\sim350kPa$。

2 号谷坊坝位于距沟口约 750m 的 V 形沟谷内，谷底宽约 $70\sim80m$，沟床纵坡降约 370‰。两岸边坡较陡，坡角一般为 $50°\sim60°$，右岸下部坡壁近于直立。左岸边坡以崩坡积块碎砾石土为主，局部出露基岩；右岸边坡上部为基岩，下部为崩塌产生的含块碎砾石土。边坡基岩岩体弱风化、强卸荷，因结构面切割而存在不稳定块体。沟床物质主要为崩塌堆积物，主要成分为块碎砾石土，局部含泥石流堆积物，结构不均一，较松散，有架空现象。沟床堆积物厚度约为 $18\sim25m$，堆积物下伏基岩为花岗闪长岩。地基承载力参数建议值：泥石流堆积层为 $250\sim350kPa$，基岩为 $6000\sim8000kPa$。

在距沟口 1.9km 的河段范围内，除去两座拦挡坝能有效控制的物源外，其余河段沟谷及两岸均分布有规模不等的不稳定物源和潜在不稳定物源，当 50 年一遇的设计暴雨发生时，可能随着汇集的地面径流形成泥石流，所以有必要在该部分河段设置谷坊坝。

在该 1.9km 河段中，"8·13"和"7·3"泥石流使河床中多处存在大的孤块石阻塞河道而形成局部较陡的小型跌坎或陡坡，有效控制了跌坎或陡坡上游侧及两岸物源点。这两处谷坊坝的设置，能有效控制其上游及沟床等处的不稳定物源共约 6.17 万 m³ 和潜在不稳定物源共约 3.1 万 m³。该两处谷坊坝的设置不仅加强了大孤块石固床和控制物源的作用，同时 360m 处谷坊坝对 2 号拦挡坝的下游冲刷安全提供了一定程度的保障。

根据上述两处谷坊坝处的地形、地质条件，两处谷坊坝均宜采用重力式混凝土或浆砌石结构。

（1）坝型及坝体布置。

1）布置方案。根据鹰嘴岩沟泥石流的不稳定物源分布情况及拦挡工程总体布置要求，1 号谷坊坝平面上布置在 1 号拦挡坝上游约 200m 的沟谷，设计方案考虑采用谷坊坝主要目的是"固源稳床"，针对该处上游沟谷及两侧山坡存在大面积不稳定物源的情况，在滑坡体下缘修建谷坊坝可以有效地阻止物源启动、削峰减势、稳定河床，防止泥石流活动对下游沟底形成冲刷下切，控制泥石流发生时诱发沟道不稳定物源的大规模滑移，从而减小进入到下游 1 号拦挡坝的泥石流规模，有利于大坝的安全稳定。

2）坝型。综合地形地质情况分析，拟建 1 号谷坊坝的坝基位于泥石流堆积层上，坝型采用重力坝。

3）坝体断面和结构设计。1 号谷坊坝溢流坝段长 24.4m，非溢流坝段长 27.6m；坝体上游坝面坡比为 1∶0.1，下游坝面坡比为 1∶0.8。溢流坝段两端采用坡比为 1∶1 的斜肩与非溢流坝段连接；大坝建基面高程为 1270.00m，基础埋深为 $2\sim3m$，坝前压脚宽度为 1m，同时为了加强大坝稳定性以及防止泥石流对坝脚的冲刷淘蚀，坝趾采用齿槽嵌入地基，齿槽深度为 2m，宽度为 2m，与坝底用 1∶1 的斜坡连接。为了方便施工及就地取材，大坝整体采用 C15 埋石混凝土浇筑而成，基坑按 1∶1 临时边坡开挖，基础置于稍密卵砾石层上，齿槽后面采用 M5 水泥砂浆灌片石回填防冲。

溢流坝段布置在大坝中部，溢流口采用梯形断面过流，溢流宽度 20m，坝顶高程为 1276.00m，坝顶宽 3.26m，坝底宽 9.46m，上游坝面坡比为 1∶0.1，下游坝面坡比为 1∶0.8，最大坝高 6m；为降低泥石流对坝体的水压力，并且有利于水沙分离，坝体腹部设置一排断面尺寸为 ϕ1.2m 的圆形排水孔，间距 3.0m，排距 2.0m，共布置 6 个排水孔。

非溢流坝段：根据地形左右岸非溢流坝对称布置，各长 13.8m，坝顶高程为 1278.20m，坝顶宽 1.5m，上游坝面坡比为 1∶0.1，下游坝面坡比为 1∶0.8，最大坝高为 8.2m。为了使非溢流坝段与岸坡之间连接更紧固，坝基采用台阶式开挖，分为 3 级台阶，台阶宽度均为 2m，从上往下按 1∶1 的坡比开挖成斜面。因此左右岸非溢流坝都分为三段，坝体断面形式一致，坝高逐渐变化。非溢流坝两坝端嵌入坝肩山体深度不低于 2m，坝端置于两岸基岩弱风化层上，为了使坝体与基底岩体结合更加稳固，避免沿基底斜面产生滑动，可考虑增设锚杆将坝体下部与岩体锚固在一起。

（2）下游防冲设计。为了让通过溢流坝下泄的泥石流流体安全进入下游沟谷，避免对坝脚及下游河床造成冲刷破坏，紧接坝后要修建消能防冲设施。本次设计根据有关资料，考虑工程的实际地形地质情况，综合分析后采用泥石流排导槽中侧墙加防冲拦挡坎的结构形式作为下游防冲设施，通过在下游沟谷较长范围内设置多道拦挡坎，不仅能够有效地阻挡泥石流下泄搬运的固体物质，逐步消除泥石流流体运动产生的能量，减缓其发展趋势；同时还能起到固定沟床、稳定物源的作用，防止泥石流运动中进一步下切沟槽、冲蚀沟岸，减少原沟床堆积物参与泥石流活动，从而减轻泥石流的危害。

大坝下游排导槽正对溢流口沿沟床顺坡布置，为避免从溢流口下泄的泥石流流体冲刷岸坡，排导槽出口应尽量正对原沟心，平面上布置成直线形式。排导槽结构采用分离式，主要由两侧导墙及四道拦挡坎组成，导墙与拦挡坎浇筑成为一个整体，均采用 C20 钢筋混凝土结构，各道拦挡坎之间的槽内填筑干砌块石防冲层。排导槽及各道拦挡坎沿地形坡度依次布置，槽净宽 24.4m，总长 40m；拦挡坎间距均为 10m，长度与槽宽相同，拦挡坎采用矩形肋板结构，坎宽 0.8m，净高 2m，下部基础埋深不低于 1m，开挖后采用 M5 水泥砂浆灌片石回填以加强其抗冲稳定性。排导槽两侧导墙为重力式挡土墙结构，墙高 4m，顶宽 1.5m，底宽 2.85m，内侧面铅直，外侧面坡比为 1∶0.45，导墙上游端紧贴大坝下游坝面并沿沟床向下游布置，基础埋深不得低于 1m。

（3）坝肩边坡防护设计。根据勘查资料，两岸坝肩边坡均为基岩，岩体呈弱风化，局部强风化，强卸荷；节理裂隙较发育，岩体完整性差—较完整，多呈次块状-镶嵌结构。两岸边坡整体稳定，但局部存在不稳定块体，为防止局部崩塌，治理前采用人工清除不稳定块体，待清除完后，采用压浆处理坝肩节理裂隙较发育部位。两岸陡峻的山体开挖时为了保证施工安全，可将扰动的坡面临时采用挂网喷锚进行支护，锚杆采用 ϕ25 砂浆锚杆，单根长度为 3.5m，间距为 2m，梅花形布置，挂 ϕ6@200 钢筋网，喷混凝土厚度为 10cm。

7. 泥石流监测预警

为了随时监控汛期鹰嘴岩沟内水流及物源运动情况并及时应对，在沟道流域应建立健全泥石流预警报系统，开展泥石流监测和预警工作，如在流域上游设立雨量监测点，开展泥石流预报工作；在泥石流流通区布设监测点，采用目前公认的泥石流次声警报器，开展泥石流警报工作等；制定泥石流灾害应急预案，建立和完善灾害管理体制，以应对可能发生的低频率大规模泥石流灾害。

（1）拦挡坝外部变形监测：沿坝轴线共布置4个外部变形观测墩，水平位移测点与垂直位移测点同墩布置，各观测墩间距25m，对1号拦挡坝进行水平位移和垂直位移监测，防治工程监测量见表12.12。

表 12.12 防治工程监测量清单

序号	仪 器 名 称	单位	数量	备 注
1	全站仪	套	1	承包人自备
2	数字水准仪	套	1	承包人自备
3	变形观测墩	个	4	钢筋混凝土
4	水平位移工作基点	个	1	
5	垂直位移工作基点	个	1	
6	强制对中基座	个	5	
7	水准标志	个	5	不锈钢标点

（2）在边坡稳定位置现场选取1组水平位移工作基点和垂直位移工作基点，作为拦挡坝外部变形监测的工作基准。

（3）变形监测点平面位移观测采用极坐标法按二等边角观测精度要求执行，观测周期为每月观测1~3次，特殊情况加密观测。

（4）垂直位移观测采用精密水准法（或采用三角高程代替精密水准），按三等观测精度要求执行，观测周期为每月观测1~3次，特殊情况加密观测。

8. 治理工程有效性分析

鹰嘴岩沟64处主要物源点，其中启动物源点大多为1~36号物源点中的不稳定物源和潜在不稳定物源，位于沟口至距沟口约1.9km的最下游沟段内。距沟口1.9km以上的物源点虽多数不稳定，但由于物源距沟口远，沟道拐点多，物源物质成分以大粒径的块石为主，不易搬运，易搬运的细颗粒已在"8·13"泥石流中被大量冲走，当前含量较小，加上距沟口1.9km以上的沟心多处被大块石、巨石堵塞，在很大程度上阻碍了泥石流的通过。故在研究未来泥石流的启动物源时，一般只需考虑沟口—距沟口1.9km范围内1~36号物源点里的启动物源。

根据现场实际地形地质情况，通过上游稳坡、固床工程后，在700~1200m范围内能达到对上游小冲沟沟口21~22号主要启动物源（含块碎石土）的有效防护，对1200m以上的较为密实的泥石流堆积体24号物源点进行坡脚挡护，工程稳坡、固底物源总量将达到约37.8万 m^3，能够有效地减少其上泥石流启动时的固体（含土体）物质来源，并使沟内水流能快速通过治理范围，降低泥石流的触发概率。

通过对700m沟口段治理后，工程稳坡、固底物源总量将达到约75.64万 m^3。

上述治理量约占主要启动物源点1~36号中不稳定物源量198.26万 m^3 的57%，鹰嘴岩沟"8·13"和"7·3"泥石流暴发时的固体物质来源，基本为沟内900m范围内堆积于沟道内物源和岸坡局部的崩滑堆积体。对比现有的沟道条件及物源分布，在 1.3～1.9km 内剩余不稳定物源量约为 84.82 万 m³，基本为山体垮塌形成的块碎砾石堆积体，在一定降雨条件下，启动的可能性较小。通过沿其坡脚采用一定高度的浆砌块石挡墙护坡护脚，能对其进行较为有效的稳固，进一步降低其参与泥石流的可能性。

经过上、中游的稳坡、固床，减少了一次可参与泥石流活动的固体物源量，阻挡沟内的大块体启动，减小了泥石流峰值流量；通过排导调节工程后，下游沟口附近 100 多米范围还存在约 12 万 m³ 停淤场拦挡库容量，治理工程实施后的可行性和可靠性是值得肯定的（图 12.5）。

图 12.5　鹰嘴岩沟泥石流防治工程竣工

通过对鹰嘴岩沟泥石流沟综合治理，有效减少、减轻了泥石流固体物质冲出量发生堵塞岷江河道的危害，增大汛期耿达和渔子溪电站正常发电的可靠性，至今运行良好。

12.2　长河坝水电站野坝沟泥石流防治工程

12.2.1　工程概况

我国四川乃至西南高山峡谷区，水电站建设中场地局限，施工布置困难，为减少移民和占地，通常采用沟内弃渣、沟口布置施工临建设施、生活区及移民安置的方案，但水电建设中泥石流沟的利用在此之前尚无先例。泥石流沟防护措施的研究既满足工程施工布置需要，同时还要保证人民生命与财产安全和节约工程投资，且为其他工程提供经验。

长河坝水电站位于四川省甘孜藏族自治州康定县境内，为大渡河干流水电梯级开发的第 10 级电站，下游为黄金坪梯级电站。工程为一等大（1）型工程，是以单一发电为主的大型水库电站，电站装机容量为 4×650MW，多年平均年发电量为 107.9 亿 kW·h。枢纽建筑物由拦河大坝、泄洪消能建筑物、地下引水发电建筑物等组成。

野坝沟在长河坝坝址下游 6～8km 右岸与大渡河交汇,沟口大渡河滩地为一级台地,面积约 8 万 m²,现为舍联乡野坝村驻地,211 省道从其间通过。根据长河坝水电站施工总布置规划,前期加高至黄金坪正常蓄水位 1476m 以上 2m,作为施工临建设施及生活区(居住不少于 5000 人),完工后作为移民安置点,形成宅地面积 65500m²,耕地面积 274000m²。

12.2.2 泥石流基本特性

野坝沟是大渡河右岸的一级支流,主沟全长 8.37km,汇水面积 27.7km²,沟源海拔 4000m,沟口处最低海拔 1460m,总体纵坡降 304‰,支沟不发育,3 个功能区在地形地貌上较明显,地层岩性为裂隙发育易风化的石英闪长岩,易形成松散物源,属于较典型的泥石流沟。1945 年曾发生过一次大规模泥石流,输砂量不少于 15 万 m³,造成大渡河堵江,之后只发生过水石流和小规模稀性泥石流。通过对沟发育特征、泥石流发育历史以及理论计算分析,推测其暴发大规模泥石流周期为 100 年,属于低频泥石流。

通过野外调查分析,沟内物源总量为 176.59m³,潜在不稳定物源方量 50 万 m³,占总数的 28.3%,不稳定物源方量 50.68 万 m³,占总数 28.7%,所占比例较高,70% 的不稳定和潜在不稳定物源均分布在流通区和堆积区后缘沟床两侧,容易被挟带,即存在形成泥石流的可能。目前处在活跃期中的一个相对稳定期(对于大规模泥石流),在一般暴雨条件下会发生水流或小规模稀性泥石流,但当遇到 100 年一遇或以上规模的洪水,存在发生大规模泥石流的可能。最近几年,沟内增加了 1.8 万 m³ 松散物源(增加的松散物源主要为采矿矿渣),人类活动频繁也会使泥石流暴发规模和趋势增加。

综合评价,野坝沟是一条典型的泥石流沟,中等易发,危险性中等偏大,野坝沟泥石流流体运动特征参数见表 12.13。

表 12.13 野坝泥石流流体运动特征参数表

设计频率	20	10	5	3.3	2	1	0.5	0.2
V_c/(m/s)	3.44	3.31	3.12	3.31	3.23	3.16	3.05	3.00
Q_c/(m³/s)	44.77	61.15	78.61	93.01	106.87	130.18	156.02	193.61
整体撞击力/(kN/m²)	0.76	0.75	0.75	0.96	1.00	1.13	1.11	1.15
单块撞击力/kN	29.48	31.09	31.96	39.76	44.71	46.57	48.14	53.48
一次泥石流总量/万 m³	1.12	1.56	3.33	4.12	15.91	26.45	50.80	84.03
泥石流固体物质量/万 m³	0.23	0.28	0.80	1.11	6.19	14.41	30.42	52.83

12.2.3 防护对象及标准

(1)防护对象。根据长河坝水电站施工总布置规划,野坝沟沟口大渡河滩地在施工期为泄洪放空系统和引水发电系统施工场地。沟口沿大渡河滩地上下游约 200m 外均布置有施工生活区、办公区，施工期生活区内至少有 5000 余人，后期为移民安置点，居住约 156 人。沟口现有 211 省道通过，施工期连接场内交通，枢纽运行期为永久上坝交通道路；改线后的 211 省道在现有沟水经过处采用桥梁通过，正对沟口位置为 S211 线明线填方设计。

根据上述资料，野坝沟沟水处理及泥石流防护的永久保护对象为沟口下游侧的移民、复耕地及改线后 211 省道，施工期的保护对象为施工场地、上下游施工生活区及现有 211 省道。

（2）泥石流灾害防治工程安全等级及设计标准。防护对象上基本满足泥石流灾害防治工程安全等级中三级的要求，考虑其泥石流低频、小规模、稀性的特点，再结合工程造价规模，综合分析确定其泥石流灾害防治工程等级为三级，泥石流防治设计标准采用 30 年一遇，对应降雨强度取 30 年一遇。30 年重现期下泥石流峰值流量为 93.01m^3/s，相应泥石流输砂量为 3.71 万 m^3。

12.2.4　防护方案

12.2.4.1　设计思路

根据本沟流域的水文气象、地形地质条件及工程区施工布置规划，针对沟内泥石流防治遵循以防、避为主，以治为辅，防、避、治相结合的原则。

首先，根据泥石流形成条件、流体性质以及堆积范围，结合工程施工布置和永久移民安置点等重要性分析，对场地进行了相应的分区布置。施工临时生活区、施工设施布置及永久移民安置点布置尽量避开泥石流危险区及其高频影响范围。

其次，针对泥石流采取相应的工程防治措施。因沟内上中游段狭窄陡峻，且无相应的交通道路，人烟稀少，难以实施工程防治措施。而沟口下游布置有施工临建设施、生活区及永久移民安置点等，且具备布置工程措施的条件，即下游拦蓄、排导洪水及泥石流。工程措施充分发挥泥石流拦、蓄、排、淤等综合防治技术，因势利导，就地论治，因害设防。

另外，应建立健全整个沟域的泥石流监测预警预报体系。

12.2.4.2　推荐方案

依据设计思路，结合地形地质条件、泥石流特点及工程利用情况等因素，因地制宜确定多个防护方案进行比较。通过对比分析排导槽的布置、拦挡坝与停淤场等各方案的主要工程量、优缺点及建筑工程直接投资、尤其是结合现场已形成的交通需要、施工布置规划的场地及永久移民的安全等因素，确定防护工程为三座拦挡坝＋排导槽：利用三座拦挡坝的库容拦蓄泥石流固体物质，削减泥石流峰值、稳固坡脚、减缓槽身磨损；利用排导槽将洪水和其余的泥石流排泄至大渡河；泥石流防护工程布置见图 12.6。

12.2.4.3　防护建筑物

防护建筑物由拦挡坝和排导槽组成。

（1）拦挡坝。根据沟口现场施工布置及 211 省道通过下游沟段地形相对平缓地段，在沟口向上 500m 起向下游依次修建三座混凝土重力式拦挡坝。结合沟内地形地质条件、坝

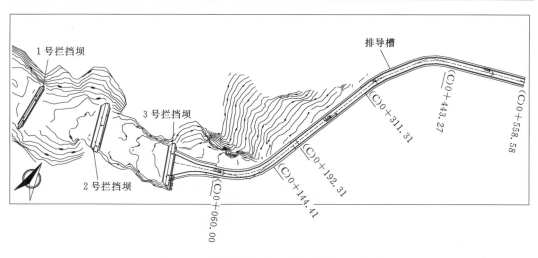

图 12.6 野坝沟泥石流防护工程布置示意图

体稳定、工程投资等因素，确定坝高及顶宽以及基础埋深，并在拦挡坝顶设置溢流口使泥石流翻过坝体排向下游。为减少坝前的水压力，调节输送泥沙的功能，延长拦挡坝的使用时限，减少运行中的排水难度，在溢流坝身布置一排或两排孔洞用于排水、石，其布置高程既要方便过水又要减少淤堵，断面大小则根据沟内物源的固体粒径大小确定。

坝下冲刷范围按安格荷尔兹（Angerhalzen）公式计算：

$$L = (v_1 + \sqrt{2gh_1}) \sqrt{\frac{2h_2}{g}} + h_1$$

式中：L 为冲刷坑长度，m；v_1 为越坝泥石流水平流速，m/s；h_2 为上、下游水位差，m；h_1 为坝顶上游溢流水深，m；g 为重力加速度，为 9.8m/s²。

经计算确定 1 号、2 号拦挡坝下游水平距离 20 的范围内，铺设 1.0m 厚的钢筋混凝土板防冲，3 号拦挡坝下游即连接全衬砌的排导槽，满足其防冲要求。

对坝体稳定采用刚体极限平衡方法计算分析，对坝体的溢流坝段和非溢流坝段（以 3 号坝为例，见图 12.7 和图 12.8）分别进行三种工况（Ⅰ 为空库过流、Ⅱ 为满库容过流、Ⅲ 为满库过流＋地震）下抗滑、抗倾和地基承载力验算，结果均满足规范要求。

（2）排导槽。3 号拦挡坝的溢流坝段与排导槽衔接，以便从溢流口和坝身孔内通过的洪水和泥石流到排导槽内。

在平面上，充分考虑堆积扇地形、沟水流向、施工布置以及 211 省道的路线，为避免破坏施工场地整体性，减少对 211 省道的干扰，且利于沟水和泥石流的排泄，确保永久移民安置点的安全，沿现有沟水流经处布置排导槽轴线，即进口由沟口延伸一段后转弯折向上游沿靠山侧边缘，通过已完成的改线 211 省道桥墩之间，横穿现有 211 省道至大渡河。进口段的喇叭口布设成上游宽、下游窄（与排导槽一致）并呈收缩渐变的喇叭口形。

纵坡设计上除考虑现场的工程布置（现有 211 省道跨槽桥梁高程衔接）、便于泥石流排泄（纵坡越大越好）、工程量最小（避免开挖和衬砌工程量过多，沿现有地形坡度走向）外，还要考虑出口施工条件等因素，进口约 192m 段纵坡设计为 17.5%，中间约 197m 段纵坡设计为 13.0%，末端约 170m 段纵坡为 4.0%。

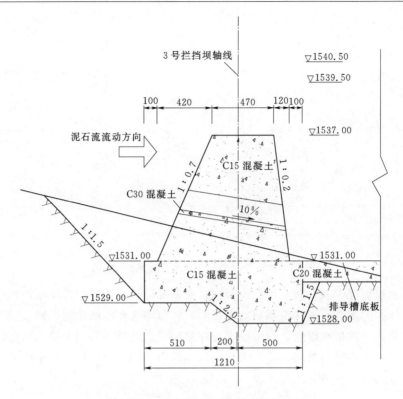

图 12.7　3 号拦挡坝溢流坝段典型剖面

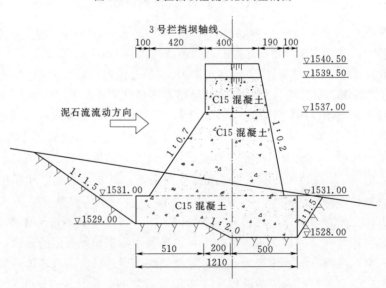

图 12.8　3 号拦挡坝非溢流坝段典型剖面

　　在横断面上，结合成昆铁路上 V 形槽的成功经验，在槽身底板处设计其横坡度均为 25%。按一般规定，沟内流通区不稳定物体最大粒径约 1～2m，拟定槽宽不小于泥石流流体的最大石块粒径的 2.5 倍，选定槽身底宽为 8.0m。采用泥石流动力平衡流速公式计算排导槽的过流能力见表 12.14。

表 12.14　　　　　　　　　　动力平衡流速公式计算成果表

标准/%	流量/(m³/s)	槽宽度/m	泥深 h_0/m	纵坡/%	流速/(m/s)	备注
3.33	93.01	8	1.32	18	8.86	设计工况
3.33	93.01	8	1.46	13	7.99	设计工况
3.33	93.01	8	2.13	4	5.46	设计工况

排导槽沿程宽度不变，均为 8.0m，两侧边墙顶部厚 0.5m，V 形以上的迎水面采用直立型式，背水面采用 1：0.5 的坡度，底板 V 形。排导槽典型横断面图见图 12.9。

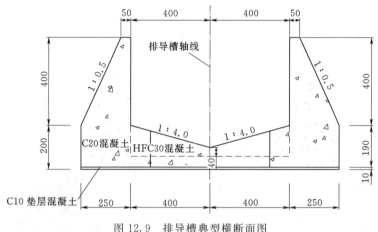

图 12.9　排导槽典型横断面图

12.2.5　预警及建议

野坝沟泥石流防护涉及长河坝水电站施工期（8 年），与永久移民点安全息息相关，且该沟泥石流中等易发，加强其预警预报及防护工程的日常维护非常必要。首先雨季应进行泥石流监测和预报，制定灾害预防的制度；其次应将泥石流防护工程纳入电站主体工程管理，每年汛前及每次洪水后应清理库区和排导建筑物，且每年汛后应检查、维修防护建筑物。预警预报将由业主组织进行相关的专题研究。

12.2.6　建设及运行情况

野坝沟泥石流防护工程在 2011 年汛前完成三座拦挡坝的建设。2011 年汛期，三座拦挡坝已经发挥作用，之后又完成了排导槽的施工。

拦挡坝和排导槽为泥石流的防护处理组合枢纽布置，拦挡坝具有拦挡推移质和泥石流固体物质的作用，下游衔接排导槽则起到拦蓄、排导洪水及泥石流的作用，但由于工程受地形条件的限制和下游黄金坪水电站蓄水的影响，出口受大渡河水顶托作用较强对排泄有所制约。工程措施充分发挥泥石流拦、蓄、排、淤等综合防治技术，因势利导，就地论治，因害设防，建成以来发挥了应有的作用。

工程区沿沟自上而下依次为第一、第二、第三座拦挡坝和排导槽，工程照片见图 12.10～图 12.14，野坝沟防治工程自 2011 年竣工以来，正常运行近 7 年，确保了保护对象的安全。

图 12.10　从下游看第一座坝的面貌

图 12.11　从下游看第二座坝的面貌

图 12.12　从上游看第三座坝库区内的面貌

图 12.13 从上游看第三座下游与排导槽衔接处槽内面貌

图 12.14 排导槽下游段处槽内面貌（受大渡河水回水影响）

12.3 瀑布沟水电站万工集镇 "7·27" 大沟泥石流防治工程

12.3.1 工程概况

四川省汉源县万工集镇是瀑布沟水电站移民安置迁建集镇，位于大渡河左岸，白岩河左岸大坪头。集镇于 2009 年 5 月修建完成后入住。

2010 年 7 月 27 日，汉源县万工集镇后缘大沟顶部二蛮山（与集镇相对高差约为 700m）突发滑坡，滑坡顺山谷而下，向下运动过程中转化为碎屑流，部分碎屑流在滑移途中受左岸凸地形阻挡发生右转，顺沟而下堵塞了原泥石流排导槽后冲向万工集镇。该滑坡-碎屑流（简称"7·27"灾害）造成了大沟左侧原住居民 9 户损毁，20 名村民失踪；万工集镇 107 户移民房屋损毁，357 户房屋受到不同程度损坏。

灾害发生后，大沟沟内停积了大量"7·27"松散堆积物，其在汛期强暴雨情况下可能暴发大规模泥石流；"7·27"高位滑坡导致大沟沟源二蛮山古堆积体前缘局部稳定裕度不足，一定条件下前缘牵引变形可能转换为推移滑动，进而形成碎屑流，对万工集镇及 306 省道形成较大威胁。

在详细调查万工集镇滑坡-碎屑流基本特征及致灾原因的基础上，通过地灾宏观判断、地表地质测绘、勘探试验、野外排查、定量分析，得出灾后沿沟堆积的松散物质可能再次引发大规模泥石流以及二蛮山古堆积体的失稳可能形成碎屑流，从而对万工集镇形成安全隐患。针对该地质灾害，采用了泥石流以排导为主，并设置拦挡桩群、部分固源及多道截排水措施等相结合的综合防治方案。

12.3.2 "7·27"地质灾害基本特征及发展趋势

12.3.2.1 基本地质条件

万工集镇所处区域属高山地形，构造剥蚀地貌，区内发育两条季节性冲沟（大沟和润水沟）。其中大沟为主冲沟（万工集镇紧临大沟右侧），发源于二蛮山西南坡，后缘高程约为 1960.00m，在高程 850.00m 汇入瀑布沟水库。该沟集雨面积为 1.71km^2，沟长为 2.6km，沟床平均纵坡为 37.3%。

大沟流域处于二叠系上统峨眉山玄武岩组（$P_2\beta$）和二叠系下统阳新灰岩组（P_1y）交界带。"7·27"灾害后大沟上部右岸侧坡出露为峨眉山玄武岩，边坡陡峻，岩体风化卸荷强烈，岩体完整性差；大沟上部左侧"平板状"斜坡为下统阳新灰岩，产状 N20°～40°E/NW∠30°～40°。大沟流域中下部场地为第四系冲洪积层（Q_4^{al+pl}）、坡洪积层（Q_4^{dl+pl}）、坡残积层（Q_4^{el+dl}）、泥石流堆积层（Q_4^{ef}）、古堆积体堆积层（Q_4^{del}）。大沟"7·27"泥石流前全貌见图 12.15。

图 12.15 "7·27"灾害前地形地貌

12.3.2.2 "7·27"地质灾害基本特征

受 2010 年 7 月 17 日至 25 日暴雨的影响，从 7 月 27 日凌晨 3—4 时开始，汉源县万工乡集镇后山大沟上游水平距离约 1.6km 处的二蛮山发生大型覆盖层滑坡，滑坡前部二次运动形成碎屑流，沿沟堆积长约 1720 m，滑坡堆积体前缘高程为 953.00m，后缘高程为 1635.00m，高差为 682m，体积约为 240 万 m³。滑坡于 7 月 27 日凌晨 5—6 时基本停止。

根据现场调查和对当地村民访问分析，二蛮山滑坡大致可分为滑坡后部崩滑区、滑坡中部缓慢滑移堆积区、滑坡前部碎石流滑移堆积区和滑坡后部左侧牵引滑移区等 4 个区段，分区见图 12.16。

图 12.16 万工滑坡运动分区图

第①块滑坡后部崩滑区：滑坡后部崩滑区的高程为 1420.00～1630.00m，后缘分布二叠系峨眉山玄武岩，于陡崖临空面之上部出露，形成玄武岩陡崖，崩滑后形成高 50～70m 的陡坎。玄武岩柱状节理十分发育，表层强度风化，风化裂隙发育，整体属强—中度风化，是该滑坡主要的崩塌物源。

第②块滑坡中部滑移堆积区：滑体在重力的作用下向下滑动，在下滑的过程中，刨蚀沟谷谷底和两侧的坡残积堆积物，并填充沟谷，堆积体在沟谷中堆积厚度达 20m。部分滑坡物质冲向前方沟谷左侧的台地上，造成房屋的损毁和掩埋，导致人员伤亡。堆积区长约 440m，宽约 60m，平均堆积厚度约为 14m，堆积体积约为 37 万 m³。

第③块滑坡前部碎屑流滑移堆积区：滑坡在滑动过程中受到前缘大沟的阻挡，堆积后形成高位的堆积体，并迅速失稳向下滑动，受到地形的影响，滑动的方向发生转向，主滑方向转为 270°，直抵万工集镇，造成房屋掩埋和损毁。滑坡运动过程中，刨蚀和冲蚀原有表部的坡洪积层和黏土层，并将其推移至滑坡前缘和两侧。滑坡还造成原有的泥石流排导槽、截排洪沟和村级公路被掩埋。碎屑流滑移堆积体长约 800m，上窄下宽，上部宽约为 50～80m，下部宽约为 110～130m，厚度约为 6～14m，体积约为 63 万 m³。

第④块滑坡后部左侧牵引滑移区：根据现场调查，位于滑坡后部的左侧分布有一块未完全解体的滑坡。滑动的前缘高程约为 1450.00m，后缘高程为 1610.00m，滑坡长约为 300m，滑坡平面形态呈梯形，上部窄，下部较宽，平均宽度为 40m，滑坡厚度自上而下逐渐增加，下部形成一高约 35m 的陡坎，覆盖在第①块后部，平均厚度约为 25m，体积约 30 万 m³。

万工滑坡-碎屑流是由于大沟上游二蛮山高陡坡和特定地质条件在高强度、长时间持续降雨的诱发下，叠加"5·12"地震影响产生的突发滑坡-碎屑流自然地质灾害。万工滑坡的形成主要有以下几个因素：

（1）陡峻的地形。大沟为陡峻的宽槽谷地形，长为 1800m，宽为 100～150m；上部地形坡度为 26°～27°，中部为 25°左右，下部为 24°～25°；槽谷右侧坡度为 35°～40°，左侧坡度为 30°～35°。这种地形条件极利于滑坡的形成。

（2）充分的物质基础。据现场调查，大沟右侧为二叠系玄武岩地层，表部为强风化残坡积破碎石土，厚 10～15m；左侧为二叠系下统阳新灰岩，产状 310°∠35°，为顺向坡，上覆表土层厚 1～5m，槽谷内堆积有较厚的坡积碎石土夹块石。沟源地区松散层局部厚达 30m，灰岩与玄武岩间为平行不整合接触。据估算槽谷内堆积有松散碎屑土层近 400 万 m³。因此，槽谷内已有充分的物质基础，对滑坡形成有利。

（3）"5·12"强烈地震影响。2008 年 5 月 12 日四川盆地西部龙门山区汶川—北川一带发生 8.0 级强地震，对地表产生了强烈的破坏作用。汉源县为汶川地震的重灾区，汉源县城至万工一带地震影响烈度为Ⅷ度。万工集镇后坡大沟及两侧坡体受地震的影响出现了较多的地表裂缝，为雨水入渗提供了有利条件。

（4）持续高强度降雨。降雨是诱发滑坡的主要因素，尤其是持续高强度降雨。从气象记录来看，万工滑坡发生前 10 天有三次明显的降雨过程，累计降水量为 245.3mm。其中 7 月 25 日凌晨 1—9 时的 8h 强暴雨过程，累计降雨量达到 89.8mm，超过了 50 年一遇的 8h 设计暴雨。

12.3.2.3　"7·27"地质灾害发展趋势预测

通过地表地质测绘、勘探试验与排查综合分析，对万工集镇安全存在较大威胁的地质灾害有两个：一是"7·27"自然灾害沿沟堆积的松散物质可能形成大规模泥石流；二是二蛮山古堆积体的失稳可能形成碎屑流。

1. 大沟泥石流

由于"7·27"后大沟沟道内堆积了大量的松散物源，目前部分处于临界稳定状态。从水源、物源条件与失稳破坏机制分析，大沟内不具备产生堵溃型泥石流的条件。在暴雨洪水的冲刷掏蚀等作用下，将以泥石流的方式再次对大沟沟口的万工集镇产生危害。

（1）泥石流形成条件分析。

1）物源条件。综合考虑地形地貌、物质组成及分布高程等因素，将大沟物源分为四个区，见图 12.17。

"7·27"沟道堆积物（Ⅰ区）：根据"7·27"发生过程及成因分析，该区主要以浅表

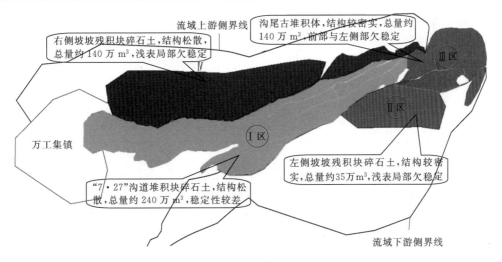

流域上游侧界线

沟尾古堆积体，结构较密实，总量约140万 m³，前部与左侧部欠稳定

右侧坡坡残积块碎石土，结构松散，总量约140万 m³，浅表局部欠稳定

Ⅲ区

Ⅳ

Ⅱ区

万工集镇

Ⅰ区

左侧坡坡残积块碎石土，结构较密实，总量约35万 m³，浅表局部欠稳定

"7·27"沟道堆积块碎石土，结构松散，总量约240万 m³，稳定性较差

流域下游侧界线

图 12.17　松散物源分区图

土滑、沟床揭底冲刷与沟壁淘刷、形成临空面成上部松散物源局部垮的形式形成泥石流启动物源。该区覆盖层平均厚度 6~30m，面积约为 15.68 万 m²，松散物源总量为 408.6 万 m³。按照 50 年一遇的暴雨频率，预测可启动松散物源总量为 79.9 万 m³。

左侧坡坡残积堆积物（Ⅱ区）：沿大沟长度约为 249m，高度约为 565m，为钙化态堆积和坡积堆积块碎石土。该区稳定性总体较好，总量为 31.8 万 m³。按照 50 年一遇的暴雨频率，预测可启动物源厚度为 3m，方量约为 17.4 万 m³。

沟源古堆积体（Ⅲ区）：即二蛮山古堆积体，该区总面积 6.7 万 m²，总方量约 140 万 m³。

右侧坡坡残积堆积物（Ⅳ区）：位于大沟右侧与玄武岩基岩出露之间，高程为 965.00~1380.00m，结构松散。最宽可达 168m，根据现场地质调查，该区为大沟右侧残坡积的块碎石土，该区覆盖层总面积 14.4 万 m²，松散可启动物源方量为 43.2 万 m³，潜在崩塌方量约为 5.7 万 m³。

Ⅰ~Ⅳ区的松散物源或转化为大沟泥石流的潜在物源量，其总方量约为 735.4 万 m³，按照 50 年一遇暴雨频率计算，可启动松散物源总方量为 199.9 万 m³。

2）水源条件。大沟泥石流启动的水源主要来源于大气降雨和入渗，暴雨形成的地表径流是引发泥石流的主要水源。根据汉源县气象站统计资料，多年均年降水量为 730.4mm，6—8 月降水占全年降水量的 92.89%。夏季降水集中、降水量大，是泥石流、滑坡等灾害的多发季节。

3）沟道条件。大沟流域平均纵向长度 2.6km，平均宽度 150m，沟域面积 1.71km²，相对高差 1113m。根据泥石流形成条件、运动机制以及物源分布，分为沟源形成区、中部流通区和下部堆积区。形成区位于高程 1300.00~1640.00m，长约 620m，平均沟床纵比降为 548‰，沟宽为 94~150m，沟谷略呈 U 字形，平面面积约 7.8 万 m²。流通堆积区位于高程 1000.00~1300.00m 之间，平面形态呈前缘宽沟源窄扁平形，主沟长度约为 642m，主沟呈 U 形，平均沟床纵比降为 467‰，平面面积约 5.0 万 m²。下部堆积区位于万工集镇后部，前缘高程为 950m，后缘高程为 1000m，长 220m，平均沟床纵比降为

227‰；形态为舌头形，舌头的前端较平缓，约 13°。

4）泥石流特征参数分析计算。泥石流运动特征和动力特征的定量分析是认识泥石流和进行泥石流防治设计的基本工作。"7·27"灾后大沟泥石流暴发具有独特的沟域特性，主要结合沟域特征、调查资料，类比其他泥石流特征研究成果对大沟灾后泥石流进行预测分析计算，计算成果见表 12.15。

表 12.15　　　　　　　　　　　　大沟泥石流运动特征成果表

项　目	量　值			
设计频率/年	10	20	50	100
设计洪峰流量 Q_B/(m³/s)	17.04	21.18	25.8	31.08
设计洪水总量 W_p/万 m³	10.85	13.09	16.25	18.59
泥石流容重/(t/m³)	1.94	2.01	2.05	2.11
泥石流流速 v_c/(m/s)	4.61	5.35	6.37	7.32
泥石流峰值流量/(m³/s)	45.73	78.26	138.51	223.90
一次泥石流过程总量/万 m³	2.90	6.20	13.28	24.83
泥石流固体物质量/万 m³	1.60	3.68	8.20	16.21
泥石流整体冲击力/(万 N/m²)	1.91	2.66	3.86	5.23
单块冲击力/万 N	12.20	14.16	16.87	19.37
泥石流爬高/m	1.08	1.46	2.07	2.73
最大冲起高度/m	1.73	2.33	3.31	4.37
处弯道超高/m	1.95	2.63	3.73	4.92
最大冲刷深度/m	3.67	4.83	6.68	8.63

（2）大沟泥石流发展趋势分析。

1）泥石流易发程度评价。泥石流形成的基本条件是有利的地形、丰富的松散固体物质和充足的水源。地质现象各要素及其组合在泥石流形成过程中起着提供位势能量、固体物质和发生场所三大主要作用。水不仅是泥石流的物质组成部分，而且是泥石流的激发因素。因此围绕地形、松散堆积物质、水源 3 个主要方面，根据流域内泥石流活动条件的诸因素，依据有关规范，选择有代表性的 15 项因素进行数量化处理，以此来界定泥石流沟和对泥石流沟易发程度进行评价。

大沟现状条件下诸因素综合评分值为 121（表 12.16），按泥石流沟易发程度综合评判标准，属于极易发。

2）泥石流的发生频率和规模。据调查访问，近 20 年大沟几乎年年发生泥石流，仅较大规模并造成灾害的泥石流就发生过 4 次，其泥石流活动频率高，在 "7·27" 自然灾害之前即属于高频泥石流沟。

"7·27" 自然灾害前夕的 2010 年 7 月 25 日，大沟暴发的泥石流在下游 306 省道公路小桥以上的沟道中留下有泥石流堆积物和丰富的泥石流痕迹，由于时间近，几乎未被人为改造，保存完好。通过对 2010 年 7 月 25 日泥石流的过流痕迹和堆积物分析，当次泥石流的流体性质为黏性，其在沟壁形成泥痕的泥浆体和沟道内的泥石流堆积体呈以下特征：黏

表 12.16　　　　　　　　　　　　大沟泥石流易发程度评判表

序号	影响因素	大沟影响因素严重程度	得分
1	崩塌、古堆积体及水土流失（自然和人为的）的严重程度	崩塌、古堆积体较发育	21
2	泥沙沿程补给长度比/%	60～30	16
3	沟口泥石流堆积活动程度	河形无较大变化，仅大河主流受迫偏移	11
4	河沟纵坡/%	>12（大沟坡降为 37.3）	12
5	区域构造影响程度	强抬升区，6 级以上地震区，断层破碎带	9
6	流域植被覆盖率/%	30～60	5
7	河沟近期一次变幅/m	>2	8
8	岩性影响	风化强烈和节理发育的硬岩	4
9	沿沟松散物储量/(万 m^3/km^2)	>10	6
10	沟岸山坡坡度/(°)	>32°	6
11	产沙区沟槽横断面	U 形谷、谷中谷	5
12	产沙区松散物平均厚度/m	>10	5
13	流域面积/km^2	0.2～5（大沟流域面积为 1.71）	5
14	流域相对高差/m	>500	4
15	河沟堵塞程度	严重	4
总得分			121
易发程度评价			极易发

度高（泥浆浓稠，而且泥痕附着力强，黏附在沟壁牢固）、泥浆包裹石块紧密而不分离、堆积物结构性强（在未完全失水的情况下脚踩不下陷）、携带大的石块等，均显示出当时泥石流运动过程中具有典型黏性泥石流的特征。通过断面形态调查，结合经验估算当次泥石流的峰值流量约 44m^3/s，一天内断断续续暴发的约 20 阵短暂阵性流所形成的泥石流总量在 8 万 m^3 左右，属中等规模。

"7·27"自然灾害发生前，大沟泥石流以小规模高频活动为主，中等规模泥石流以中低频暴发，但"7·27"自然灾害发生后，沟道及谷坡新增大量易启动的松散固体物质，使得泥石流具备了更好的形成条件，这必将在"7·27"自然灾害影响时效期内明显增大泥石流的活动频率和规模。结合泥石流基本特征值的预测分析结果，大沟在未来一段时期内频繁暴发中高频中等规模单次泥石流的可能性极大，同时还存在低频暴发大规模单次泥石流可能。

3）泥石流的发展阶段与发展趋势预测。从泥石流-碎屑流形成的水源供给方面来看，大沟泥石流-碎屑流一般是在充分的前期降雨和当场暴雨激发作用下形成。从泥石流形成的固体物源供给方面来看，大沟泥石流-碎屑流固体物质以古堆积体、崩塌等重力侵蚀提供为主，兼有以崩滑为基础形成的崩滑堆积物质长期受坡面、凹槽侵蚀而浅层塌滑部分提供，属于以崩滑型为主兼有坡面侵蚀型的混合类型；其崩滑型泥石流-碎屑流一般在一次较大规模崩滑事件发生后的若干年内重复发生，重现期一般较长，暴发规模一般较大；其坡面侵蚀型泥石流一般在一次较大规模崩滑事件时效期外低频率发生，其重现期较长，延续性较差，暴发规模较小。

大沟流域现处于不断下切、溯源的发展阶段，从长远的历史时期来看，这决定了大沟流域地形地貌条件仍在缓慢的不断改变，其以崩滑为主的松散固体物源仍会不断提供，在未来一段时期，受"7·27"自然灾害影响，沟内易启动松散固体物质骤然大增，这势必导致大沟泥石流暴发的频率、规模和风险均明显增大。

2. 二蛮山古堆积体稳定安全隐患

二蛮山古堆积体位于大沟沟源，前缘高程为 1640.00m，后缘高程为 1705.00m，面积为 6.7 万 m^2，纵向长 230m，规模约为 140 万 m^3。按其地质条件和稳定性的差异，将其分为三个区（$III_1 \sim III_3$ 区），III_1 区为牵引破坏区，方量约为 7.7 万 m^3。III_2 区为蠕动变形区，该区位于古堆积体左侧，该区方量约为 11.2 万 m^3。III_3 区为基本稳定区，为二蛮山古堆积体主体部分，该区方量约为 120 万 m^3。

III_1 区为牵引破坏区，该区位于沟道内，地形坡度较缓，由含孤块碎石土组成，块碎石多为玄武岩，结构松散，厚度一般为 5～10m。

III_2 区为蠕动变形区，该区位于古堆积体左侧，斜坡坡向 N77°W，地形总体坡度约23°，该段覆盖层厚为 7～10m，组成物质为灰岩的块碎石土，均匀性较差，平均厚度约为8m，呈灰褐色。碎块石含量 75%～80%，粒径 1～3cm 为主，块碎石主要为灰岩，部分为玄武岩，结构松散。下覆基岩为弱风化的灰岩，强卸荷水平埋深为 8～10m，层面产状为 N20°～40°E/NW∠30°～40°，灰岩的地基系数为 0.3×10^6 kPa/m，容许侧压力为（2～3）$\times 10^3$ kPa，前缘因受大沟冲刷掏蚀形成临空，在 1570.00m 高程左右可见灰岩光壁 N20°～40°E/NW∠30°～40°，覆盖层与基岩间有 70cm 的泥化带，沿基覆界面有地下水渗出。

III_3 区为基本稳定区，属古堆积体主体部分，斜坡坡向坡向 SW17°，地形总体坡度约16°～21°，该段覆盖层厚 15～20m，平均厚度约为 15.0m，组成物质为玄武岩的块碎石土，呈黄色、黄褐色。块碎石含量 60%～70%，粒径以 0.5～3cm 为主，其余为角砾及黄褐色黏土，块碎石岩性多为玄武岩，结构稍密。下覆基岩为弱风化的灰岩，强卸荷水平埋深为 8～10m，层面产状为 N20°～40°E/NW∠30°～40°，灰岩的地基系数为 0.3×10^6 kPa/m，容许侧压力为 2～3$\times 10^3$ kPa。

古堆积体因地处高位，与万工集镇相对高差约 700m，最大厚度为 41.1m，方量约140 万 m^3，古堆积体整稳定，前缘部分在暴雨与地震工况下若产生失稳，动能大，破坏力强，有转化为碎屑流的地形地质条件，为避免形成类似"7·27"自然灾害，危及万工集镇安全，直接影响人数小于 500 人，建议在对古堆积体整体稳定基础上，按不同区的稳定性和可能产生的危害性，分区进行工程防治。

12.3.3　泥石流防治工程设计

12.3.3.1　防治思路与原则

灾害发生后，为了保障万工集镇安全和省道 306 安全通行，须采取措施进行综合防治，使受灾民众早日安居乐业。主要有防治思路和原则：

（1）针对性原则。根据勘查成果，针对"7·27"灾害的形成发育规律，密切结合威胁对象，兼顾周边其他潜在灾害，因地制宜地制定技术可靠、经济合理、结构简单、切实可行的综合防治工程方案。

（2）分期实施、两阶段相结合原则。由于灾后综合防治方案工程量大、施工期较长，在2011汛前无法完成万工集镇地质灾害综合防治方案的设计和施工，且汛期施工安全隐患较大，将防治工程分为应急治理和综合防治两个阶段（图12.18）。

图12.18　万工集镇综合防治效果图

（3）工程措施与行政、生态防治结合性原则。灾后综合防治应工程措施与行政措施相结合，工程防治与生态防治相结合。

（4）动态维护原则。泥石流防治是一个长期的过程，在防治区内灾害体规模也较大，后期需要根据泥石流的发展情况，对排导槽及时清淤，对防治工程设施进行必要的维护。

12.3.3.2　防治措施适宜性分析

针对两个主要地质灾害类型，从泥石流治本的角度需要对大沟物源进行固源防治，但考虑到大沟泥石流物源分散，大沟泥石流物源形成区纵坡较大，原沟床已被堆积物淤填，固体物源非常松散，从工程角度进行固源处理难度较大；沟床纵坡陡，在流通区设置拦渣坝，库容小难见效果差，实施难度亦较大；大沟泥石流流通区附近是万工集镇，对该区段泥石流宜排不宜拦。宜采用综合防治措施，其防治工程泥石流以排导槽排导为主，靠集镇侧设置拦挡桩群作为二道防线，排导槽上游侧设置分流槽排泄超标泥石流，二蛮山古堆积体采用锚拉抗滑桩进行固源，大沟上部右岸玄武岩边坡表层防护，以及设置多道截排水措施相结合的综合防治方案。应急阶段施工时间短，主要采取开挖和截排水措施。

12.3.3.3　应急防治设计

"7·27"自然灾害发生后，由于大量松散堆积物堆存在原沟床中，使泥石流发生的概率大大提高，为了防止万工大沟泥石流的发生或减轻其危害程度，在永久治理设计基础上，进行分期、分序治理，为确保 2011 年度汛安全，避免万工集镇再次受到二次地质灾害的影响，在汛期前须进行应急治理，简介如下：

（1）堆积体清挖。①堆积体清挖后形成 1 号排导槽；②堆积体清挖形成 2 号导向槽；③堆积体清挖主要疏通集镇外围截水沟，同时为集镇尽早恢复重建创造条件。

（2）设置截排水系统：在大沟高程 1710.00m、1320.00m、1165.00m、通村公路内侧及集镇外围设置了多条水平和纵向的截排水沟，控制地表洪水径流，削弱水动力条件，使水土分离，达到减小泥石流规模的作用。

12.3.3.4　综合防治设计

1. 排导槽设计

（1）设计标准。根据泥石流危险性和危害对象，本工程防治等别二等，按降雨强度 50 年一遇进行设计。根据《堤防工程设计规范》（GB 50286—2013）及《城市防洪工程设计规范》（GB/T 50805—2012），泥石流排导槽为 2 级建筑物，泥石流防护堤的安全加高为 0.8m；考虑到万工集镇的重要性及万工集镇灾后综合防治的复杂性、泥石流翻墙后影响较大，本工程泥石流排导槽的安全加高适当加高，取 1.5m。

（2）排导槽及分流槽布置及结构分析。

1）排导槽及分流槽的基本型式选择。根据排导槽部位的地形地质条件，并通过工程类比确定排导槽进口段纵坡为 23%～30%，分流槽最小纵坡为 33%，与原大沟沟床纵坡基本一致，满足泥石流排导槽合理纵坡的要求。

根据大沟泥石流的特点，并通过工程类比确定排导槽的横断面采用 V 形断面，断面横向坡比为 20%～30%。束流段（导流段）长为 456m，底宽为 20～7m，边墙高为 11.4～7m，左侧采用贴坡式边墙，右侧采用重力式挡墙。排导段长为 419m，底宽为 7m，边墙高为 6.5m，两侧采用贴坡式边墙。分流槽平面上成直线，槽底宽为 32m，为梯形槽，最小纵坡为 33.1%。

为了将泥石流排导槽底板置于相对较好的泥石流堆积层上，通过综合比较，泥石流排导槽与 S306 交接部位采用下穿式。

2）排导槽的水力计算。由于泥石流防治在我国尚未设立专门标准，本文主要根据《泥石流灾害防治工程勘查规范》（DZ/T 0220—2006）、《泥石流防治工程技术》（王继康，中国铁道出版社，1996）等进行计算。由于泥石流有很多不可预测的因素影响泥石流泥位，因此在导流墙高度设计时，除考虑冲起爬高、弯道超高、安全超高、束水后涌高等，还计算了泥石流的淤积高度及淤积纵坡。喇叭口段采用 V 底梯形断面，其各断面计算结果见表 12.17。大沟泥石流 50 年一遇泥石流设计流量为 138.51m³/s，由计算可知，满足泥石流排导要求。

3）排导槽的结构设计。桩号 0+000～0−456.63 为排导槽喇叭形导向段，转弯半径为 400.16m，断面为 V 形槽，底宽为 16～7m，纵坡为 30.2%～23%，横坡为 20%。左侧导墙为 C25 钢筋混凝土贴坡式，长为 362.31m，贴坡高度为 7.6～11.4m，贴坡厚度为 0.6m，坡度为 1∶1.2；右侧导墙为 C20 钢筋混凝土重力式结构，长为 207.13m，高度为 7.6～11.4m，顶宽为 2m，临水面边坡采用 1∶0.25，背水侧采用 1∶0.25，挡墙基础埋

表 12.17　　　　　　　　　　　喇叭口段各断面设计参数计算表

断面位置	宽度/m	比降	泥深/m	流速/(m/s)	弯道超高/m	安全超高/m	淤积高度/m	最大冲起高度/m	爬高/m	导墙高度/m
2—2 剖面	16	0.30	2.18	6.27	0.64	1.50	3.00	0.45	1.60	9.38
3—3 剖面	13	0.23	2	8.43	0.94	1.50	2.50	0.81	2.90	10.65
4—4 剖面	11	0.23	2	8.59	0.83	1.50	2.00	0.84	3.01	10.18
5—5 剖面	9	0.23	2.07	8.77	0.71	1.50	1.50	0.88	3.14	9.80

深为 1.5m，挡墙建在泥石流堆积第①层 $Q_4^{sef(1)}$ 和泥石流堆积第②层 $Q_4^{sef(2)}$ 上；底板采用钢筋混凝土衬砌，厚 0.6~1.0m；为了防止泥石流对导槽起始段的冲刷，在底板前端基础下设 2m 深齿墙。同时对底板每间隔 10m 设置混凝土勒板，以防止底板局部冲刷后产生较大规模的破坏，排导槽喇叭口段典型断面见图 12.19。

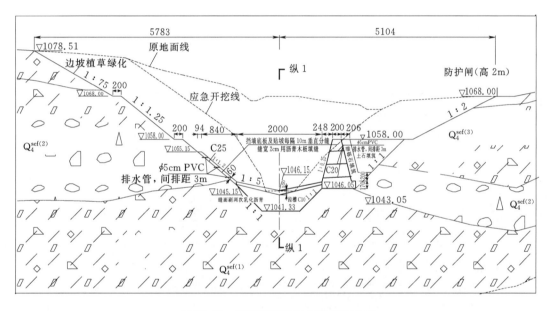

图 12.19　排导槽喇叭口段典型断面图

桩号 0+000~0+428.41 排导槽泄槽段及出口段，为平底槽，底宽为 7m，纵坡为 27.5‰。泄槽段两侧坡采用 C25 钢筋混凝土贴坡式，长为 339.21m，贴坡高度为 6.5m，贴坡厚度为 0.6m，坡度为 1∶1.0；底板采用 C25 钢筋混凝土衬砌，厚为 0.8m；根据冲刷深度计算成果，为了防止泥石流对槽起泄槽尾坎下部的冲刷，在底板末端基础下设 8m 深齿墙，排导槽泄槽段典型断面图见图 12.20。

排导槽抗冲磨设计：根据工程经验，当泥石流流速大于 $8m^3/s$、小于 $12m^3/s$ 时，需要对底板进行抗冲磨设计。本工程根据工程经验，底板全采用 C25 混凝土护底措施。

排导槽两侧安全防护网：由于排导槽两侧均为万工集镇居民的生产用地，人类活动较多，为了消除安全隐患，在排导槽两侧设置高 2m 的安全防护网，总工程量为 3600m²。

排导槽喇叭口段右挡墙应力及稳定计算结果见表 12.18。

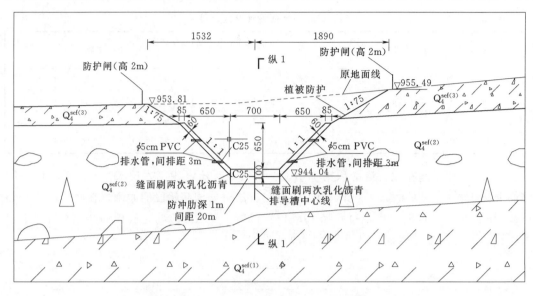

图 12.20　排导槽泄槽段典型断面图

表 12.18　　　　　　喇叭口段右挡墙应力及稳定计算结果表

工况	抗滑稳定		抗倾覆稳定		基底应力/kPa		
	计算值	允许值	计算值	允许值	$\sigma_{上}$	$\sigma_{下}$	允许值
完建、运行期	2.49	1.30	3.74	1.55	371	133	450
泥石流过流工况	18.47	1.15	6.92	1.45	58	470	450
地震工况	1.38	1.15	2.95	1.45	410	117	450
泥石流填满（半水头）	2.34	1.15	3.22	1.45	66	537	450

由计算结果可知，挡土墙在各工况下抗滑稳定及抗倾覆稳定均满足要求，基底未出现拉应力，最大基底应力小于地基允许承载力（400～500kPa）的 1.2 倍。

4）分流槽设计。分流槽在平面上与大沟中上部的沟槽方向一致，通过挖除阻挡"7·27"滑坡-碎屑流运动方向的山脊，将可能产生的较大规模的泥石流或塌滑体平顺引导至润水沟。由于泥石流计算和防治的不确定性，分流槽的设置有利于排泄超标泥石流，可减少 1200m 以上部位可能的塌滑体对万工集镇的直接冲击，进而减小对万工集镇的影响。

分流槽主要用于排泄超标泥石流（50 年一遇以上）及上部有可能产生的高速下滑体。分流槽平面上成直线，槽底宽为 32m，导流段深为 8～10m，为梯形槽，最小纵坡为33.1%，泄槽侧向开挖坡比为 1∶1.5。分流槽主要排泄大于 50 年一遇的超标泥石流，该标准已经大于 S306 公路的设计标准，下部可不修建专门的公路拦挡墙。

2. 拦挡桩群设计

由于拦挡桩群部位覆盖层深厚（大于 60m），仅能采用覆盖层内的拦挡桩群。将锚固段选取为地质物理力学参数相对较好的泥石流堆积第②层 $Q_4^{sef(2)}$，压缩模量为 50～60MPa，承载力特征值为 500～600kPa。

根据排导槽外侧的地质条件，结合作用荷载计算成果，采用在覆盖层内的拦挡桩群以抵挡顶端的冲击荷载等合力。拦挡桩群由两排组合，桩体高出地面10.0m，上部纵横向采用连系梁连接，使两排桩成为一个整体。在前排桩上部10m范围设置拦挡板，拦挡可能翻越排导槽右挡墙的冲击物，以减缓和减弱灾害对万工集镇的影响。

由于两排桩紧临布置，且桩顶采用连系梁相互连接，考虑两排状体联合抗力，两排桩体按1∶1的比例分摊荷载。根据地基土层的分布情况，桩群上部采用挖除松散覆盖层后采用混凝土明浇桩，开挖面以下桩体采用人工挖孔桩，见图12.21。

图12.21　排导槽及拦挡桩竣工照片

3. 二蛮山古堆积体加固

针对二蛮山古堆积体的失稳可能形成的碎屑流，对古堆积体进行详细勘察、并对各区域进行计算分析后，采用了部分清挖＋锚拉抗滑桩主动加固的方案；为了防止边坡雨水、风化等对上部高陡玄武岩边坡稳定性的影响，对该边坡在清除松动岩石后，采取系统锚杆、挂网喷护和系统排水的措施；同时在高程1710.00m设置截排水沟，以减小水源对边坡的不利影响。

4. 其他综合防治措施

（1）大沟上部右岸玄武岩边坡浅层防护。右岸（上游）侧坡为玄武岩逆向坡，地形坡度变化较大，坡度一般为30°～35°，局部为50°～60°，经现场地质调查，该侧坡边坡整体稳定，不具备发生较大规模崩塌破坏的地形地质条件，但在高程1380.00～1640.00m玄武岩出露段，因受"7·27"自然灾害影响，沿大沟形成了长约为260m，高约100～150m滑坡后壁。该玄武岩陡壁，岩体中柱状节理发育，表部岩体风化卸荷强烈（推测强卸荷水平深度为15～20m），岩体完整性差，加之受第①组柱状节理的控制，浅表层岩体稳定性差。在暴雨工况下有产生小规模崩塌破坏的可能，但因规模较小、距万工集镇较远，不会对万工集镇产生直接威胁，但会增加泥石流可启动物源。

浅表部的玄武岩风化较强，且柱状节理发育，属强风化，深度一般2～4m，最深不大于 5m。

为了防止边坡雨水、风化等对上部高陡玄武岩边坡稳定性的影响，对该边坡在清除松动岩石后，采取系统锚杆、挂网喷护和系统排水的措施。通过古堆积体及玄武岩边坡的加固，既避免了碎屑流的发生，同时也减少了大沟泥石流的物源量。

（2）截排水措施。在大沟高程 1710.00m、1320.00m、1165.00m、通村公路内侧及集镇外围设置了多条水平和纵向的截排水沟进一步增加了泥石流治理的安全裕度，进一步减少了泥石流启动的可能性和启动规模；对拦挡桩外侧的堆积体进行清除，作为万工集镇的安全缓冲区域。

（3）其他措施。综合防治除了采取工程措施外，还采取了其他非工程措施，如安全监测措施、生态防治及水土保持措施、行政措施等。

5. 防治工程治理效果

大沟泥石流工程于 2014 年完工，目前已投入使用近 4 年，各建筑物运行正常，保证了下游万工集镇人员和财产的安全，效果良好。

参 考 文 献

[1] 陈卫东，彭仕雄，等. 水电水利工程泥石流勘察与防治关键技术研究成果报告 [R]. 中国水电顾问集团成都勘测设计研究院有限公司. 2014.

[2] DZ/T 0220—2006 泥石流灾害防治工程勘查规范 [S].

[3] 许强. 四川省 8·13 特大泥石流灾害特点、成因与启示 [J]. 工程地质学报，2010，18（5）：596 - 608.

[4] 倪化勇，郑万模，唐业旗，等. 汶川震区文家沟泥石流成灾机理与特征 [J]. 工程地质学报，2011，19（2）：262 - 270.

[5] 谢洪，钟敦伦，矫震，等. 2008 年汶川地震重灾区的泥石流 [J]. 山地学报，2009，27（4）：501 - 509.

[6] 黄河清，赵其华. 汶川地震诱发文家沟巨型滑坡—碎屑流基本特征及成因机制初步分析 [J]. 工程地质学报，2010，18（2）：168 - 177.

[7] 崔鹏，韦方强，何思明，等. 5·12 汶川地震诱发的山地灾害及减灾措施 [J]. 山地学报，2010，26（3）：280 - 282.

[8] 崔鹏，韦方强，陈小清，等. 汶川地震次生山地灾害及其减灾对策 [J]. 中国科学院院刊，2008，23（4）：317 - 323.

[9] 唐川，梁京涛. 汶川震区北川 9·24 暴雨泥石流特征研究 [J]. 工程地质学报，2008，16（6）：751 - 758.

[10] 余斌，马煜，吴雨夫. 汶川地震后四川省绵竹市清平乡文家沟泥石流灾害调查研究 [J]. 工程地质学报，2010，18（6）：827 - 836.

[11] 文联勇，洪钢，谢宇，刘章强. 文家沟 "8·13" 特大泥石流典型特征及成因分析 [J]. 人民长江，2011，42（15）：32 - 35.

[12] 刘传正. 汶川地震区文家沟泥石流成因模式分析 [J]. 地质论评，2012，58（4）：709 - 716.

[13] 许冲，戴福初，徐锡伟. 汶川地震滑坡灾害研究综述 [J]. 地质论评，2010，56（6）：860 - 874.

[14] 中国科学院成都山地灾害与环境研究所. 泥石流研究与防治 [M]. 成都市：四川科学技术出版社，1989.

[15] 周必凡，李德基，罗德富，等. 泥石流防治指南 [M]. 北京：科学出版社，1991.

[16] 谢洪，钟敦伦. 四川境内成昆铁路泥石流致灾原因 [J]. 山地研究，1990，8（2）：101 - 106.

[17] 谢洪，王士革，孔纪名. "5·12" 汶川地震次生山地灾害的分布与特点 [J]. 山地学报，2008，26（4）：396 - 401.

[18] 李朝安，胡卸文，李冠奇，等. 四川省 "8·13" 特大泥石流灾害生成机理与防治原则 [J]. 水土保持研究，2012，19（2）：257 - 263.

[19] 苏鹏程，韦方强，冯汉中，等. "8·13" 四川清平群发性泥石流灾害成因及其影响 [J]. 山地学报，2011，29（3）：337 - 347.

[20] 弗莱施曼 CM. 泥石流 [M]. 姚德基，译. 北京：科学出版社，2011.

[21] 刘希林，唐川. 泥石流危险性评价 [M]. 北京：科学出版社，1995.

[22] 朱平一，陈景武，汪凯. 暴雨泥石流形成环境的量化研究：泥石流观测与研究 [M]. 北京：科学出版社，1996.

[23] 钟敦伦. 试论地震在泥石流活动中的作用 [C] //泥石流论文集（1）. 重庆：科学技术文献出版

社重庆分社，1981.

[24] 杜榕桓，等. 云南小江泥石流综合考察与防治规划研究 [M]. 重庆：科学技术文献出版社重庆分社，1987.

[25] 罗德富，等. 川藏公路南线（西藏境内）山地灾害及防治对策 [M]. 北京：科学出版社，1995.

[26] 中国科举院兰州冰川冻土沙漠研究所. 泥石流 [M]. 北京：科学出版社，1973.

[27] 钟敦伦，谢洪，韦方强，等. 长江上游泥石流综合危险度区划 [M]. 上海：上海科学技术出版社，2010.

[28] 康志成，等. 中国泥石流研究 [M]. 北京：科学出版社，2004.

[29] 中国科学院—水利部成都山地灾害与环境研究所. 中国泥石流 [M]. 北京：商务印书馆，2000.

[30] 中国科学院成都山地灾害与环境研究所. 泥石流研究与防治 [M]. 成都：四川科学技术出版社，1989.

[31] 张信宝，刘江. 云南大盈江流域泥石流 [M]. 成都：成都地图出版社，1989.

[32] 吴积善. 泥石流体结构 [C] //泥石流论文叙述（1）. 重庆：科学技术文献出版社重庆分社，1981.

[33] 何素芬，周必凡. 蒋家沟黏性泥石流泥浆悬浮状况的实验 [C] //泥石流（4）. 北京：科学出版社，1995.

[34] 吴积善，康志成，等. 云南蒋家沟泥石流观测研究 [M]. 北京：科学出版社，1990.

[35] 王明甫. 高含沙水流与泥石流 [M]. 北京：水利电力出版社，1995.

[36] 吴积善，田连权，康志成. 泥石流及其综合治理 [M]. 北京：科学出版社，1993.

[37] 佐佐林恭二，等，土石流 [C] //Al. 88 回日本林学会大会发表论文集. 1977.

[38] 崔鹏. 泥石流启动机理的研究 [D]. 北京：北京林业大学，1990.

[39] 芦田和男，等. 河流泥沙灾害及其防治 [M]. 冯金亭，焦恩泽，等，译. 北京：水利电力出版社，1987.

[40] 丁锡祉. 我国泥石流研究现状和今后任务泥石流论文集（1）[C]. 重庆：科学技术文献出版社重庆分社，1981.

[41] 田连权，张信宝，吴积善. 试论泥石流的形成过程 [C] //泥石流论文集（1）. 重庆：科学技术文献出版社重庆分社. 1981.

[42] 黄文熙. 土的工程性质 [M]. 北京：水利电力出版社，1983.

[43] 冯国栋. 土力学 [M]. 北京：水利电力出版社，1986.

[44] 蒋忠信. 震后泥石流治理工程设计简明指南 [M]. 成都：西南交通大学出版社，2014.

[45] 崔鹏，关君蔚. 泥石流启动的突变学特征 [J]. 自然灾害学报，1983：253 – 61.

[46] 田连权. 滇东北蒋家沟黏性泥石流堆积地貌 [J]. 山地研究，1991，9（3）：185 – 192.

[47] 田连权. 西藏波密加马其美沟泥石流运动与冲淤特征 [C] //泥石流论文集（1）. 重庆：科学技术文献出版让重庆分社，1981.

[48] 胡发德，王明龙. 贡嘎山地区泥石流分布特征 [C] //泥石流（3）. 重庆：科学技术文献出版社重庆分社，1983.

[49] 田连权，胡发德，李静. 蒋家沟泥石流源地的特征 [J]. 山地研究，1987，5（1）：198 – 202.

[50] 熊黑钢，崔之久. 论泥石流沉积与环境 [J]. 山地研究，1991，9（1）：7 – 13.

[51] 张信宝，刘江. 云南大盈江流域泥石流 [M]. 成都：成都地图出版社，1989.

[52] 田连权. 亚热带山区泥石流源地的片流与泥沙 [J]. 铁道工程学报，1986（4）：115 – 119.

[53] 田连权. 亚热带山区泥石流的形成过程 [J]. 地理研究，1988，7（2）：50 – 57.

[54] 兰肇声. 云南小江流域植被垂直分异与泥石流生物治理 [C] //泥石流论文集（1）. 重庆：科学技术文献出版社重庆分社，1981.

[55] 王景荣. 云南东川蒋家沟泥石流发育的地质基础 [C] //中国科学院兰州冰川冻土研究所集刊.

第 4 号：北京：科学出版社，1985.

[56] 田连权，胡发德，李静，蒋家沟泥石流源地的特征. 山地研究，1987，3 (4)：198 - 202.

[57] 钟敦伦，杨庆溪，杨仁文. 东北地区的泥石流 [J]. 山地研究，1984，2 (7)：36 - 42.

[58] 王乃梁，田昭一. 北京北部山区 1972 年发生的泥石流 [C]//泥石流学术讨论会兰州会议论文集. 成都：四川科学技术出版社，1986.

[59] 卢昌其. 宝成铁路北段山地浅层滑塌的成因分析 [C]//泥石流学术讨论会兰州会议论文集. 成都：四川科学技术出版社，1986.

[60] 刘希林. 泥石流地貌标志的初步研究 [J]. 灾害学，1987 (4)：27 - 32.

[61] 钟敦伦，谢洪，韦方强，等. 泥石流编目的标准化与规范化 [C]//钟敦伦，王成华，谢洪，等. 中国泥石流滑坡编目与区域规律研究. 成都：四川科学技术出版社，1998.

[62] 吕儒仁. 泥石流沟的判别因素分析 [J]. 山地研究，1985 (2).

[63] 谭炳炎. 泥石流沟严重程度的数量化综合评判 [J]. 水土保持学报，1986 (1).

[64] 韦方强. 系统工程在泥石流研究中的应用 [D]. 成都：中国科学院-水利部成都山地灾害与环境研究所，1994.

[65] 王礼先，于志民. 山洪泥石流灾害预报 [M]. 北京：中国林业出版社，2001.

[66] 中国科学院成都山地灾害与环境研究所. 泥石流研究与防治 [M]. 成都：四川科学技术出版社，1989.

[67] 中国科学院-水利部成都山地灾害与环境研究所. 中国泥石流 [M]. 北京：商务印书馆，2000.

[68] 杜榕恒，康志成，陈循谦，等. 云南小江泥石流综合考察与防治规划研究 [M]. 重庆：科学技术文献出版社重庆分社，1987.

[69] 陈宁生. 泥石流勘查技术 [M]. 北京：科学出版社，2011.

[70] 陈光曦，王继康，王林海. 泥石流防治 [M]. 北京：中国铁道出版社，1983.

[71] 中国科举院兰州冰川冻土研究所，甘肃省交通科学研究所. 甘肃泥石流 [M]. 北京：人民交通出版社，1982.

[72] 康志成. 我国泥石流流速研究与计算方法 [C]//第二届全国泥石流学术会议论文集，北京：科学出版社，1991.

[73] 刘江，程尊兰. 云南盈江浑水沟泥石流流速计算 [C]//泥石流论文集 (1). 重庆：科学技术文献出版社重庆分社，1981.

[74] 甘肃省交通科学研究所，中国科举院兰州冰川冻土研究所. 泥石流地区公路工程 [M]. 北京：人民交通出版社，1981.

[75] 铁道部第一勘测设计院. 路基设计参考资料 [M]. 北京：人民铁道出版社，1977.

[76] 铁道部第一勘测设计院. 特殊条件下路基 [M]. 北京：人民交通出版社，1978.

[77] 李德基，吕儒仁，等. 四川甘洛利子依达沟泥石流及其防治 [C]//全国泥石流防治经验交流会论文集. 重庆：科学技术文献出版社重庆分社，1983.

[78] 章书成，袁建模. 泥石流冲击力及其测试 [C]//中国科学院兰州冰川冻土研究所集刊. 第 4 号 (中国泥石流研究专刊). 北京：科学出版社，1985.

[79] 朱鹏程. 拜格诺液、固两相流动理论在泥石流方面的应用 [C]//全国泥石流防治经验交流会论文集. 重庆：科学技术出版社重庆分社，1983.

[80] 远藤隆一. 砂防工学 [M]. 东京：共立出版株式会社，昭和 33 年.

[81] 周必凡，高考. 拦沙坝消能工的特点 [C]//全国泥石流防治经验交流会论文集. 重庆：科学技术出版社重庆分社，1983.

[82] 刘希林. 泥石流危险度判定的研究 [J]. 灾害学，1988，3 (3)：10 - 15.

[83] Ohmori H. Hirano M. Magnitude, frequency and geomorphological significance of rocky mud flows, landcreep and the collapse of steep slopes [J]. Zeitschrift fur Geomorphologie, 1988, 67 (Supple-

ment)：55－65.

[84] 唐晓春，唐邦兴. 我国灾害地貌及其防治研究中的几个问题 [J]. 自然灾害学报. 1994，3（1）：70－74.

[85] Mann C. J. Hunter R. L. Probabilities of geologic events and processes in natural hazards [J]. Zeitschrift fur Geomorpologie，1988，67（Supplement）：39－52.

[86] 刘希林，莫多闻. 地貌灾害预测预报的基本问题——以泥石流预测预报为例 [J]. 山地学报，2001，19（2）：150－156.

[87] Tobin G. Montz B. E. Natural Hazards：Explanation and Integration [M]. New York：The Guilfford Press，1997，1－388.

[88] Fell R. Landslide risk assessment and acceptable risk [J]. Canadian Geotechnical Journal，1994，31：261－272.

[89] Hearn G. J. Landslide and erosion hazard mapping at Ok Tedi copper mine，Papua New Guinea [J]. Quarterly Journal of Engineering Geology，1995，28：47－60.

[90] 刘希林. 泥石流风险评价中若干问题的探讨 [J]. 山地学报，2000，18（4）：341－345.

[91] 刘希林，唐川. 泥石流危险性评价 [M]. 北京：科学出版社，1995.

[92] 刘希林. 区域泥石流风险评价研究 [J]. 自然灾害学报，2000，9（1）：54－61.

[93] 李泳. 根据能量确定的泥石流危险度 [J]. 自然灾害学报，1999，8（2）：168－171.

[94] Johnson P. A. McCuen R. H. and Hromadka T. V. Magnitude and frequency of debris flows [J]. Journal of Hydrology，1991，123：69－82.

[95] 钟敦伦，韦方强，谢洪. 长江上游泥石流危险度区划的原则与指标 [J]. 山地研究，1994，12（2）：78－83.

[96] 尧绍裕，刘志林. 中国的防灾抗灾救灾工作 [J]. 灾害学，1989，4（3）. 36－40.

[97] 李昭淑. 陕西省泥石流灾害与防治 [M]. 西安：西安地图出版社，2002.

[98] 李国学，张福锁. 固体废物堆肥与有机复混肥生产 [M]. 北京：化学工业出版社，2000.

[99] 陈洪凯，等. 公路泥石流防治工程技术指南 [M]. 北京：科学出版社，2013.

[100] 蒋忠信. 震后泥石流治理工程设计简明指南 [M]. 北京：西南交通大学出版社，2014.

[101] 孟庆枚. 黄土高原水土保持 [M]. 郑州：黄河水利出版社，1996.

[102] 中国科学院水利部成都山地灾害与环境研究所中国山地危险工程综合培训项目组. 中国山地灾害防治工程 [M]. 成都：四川省科学技术出版社，1997.

[103] 余斌，马煜，吴雨夫. 汶川地震后四川省绵竹市清平乡文家沟泥石流灾害调查研究 [J]. 工程地质学报，2010，18（6）：827－836.

[104] 苏鹏程，韦方强，冯汉中，等. 8·13四川清平群发性泥石流灾害成因及其影响 [J]. 山地学报，29（3）：337－347.

[105] 许强，裴向军，黄润秋，等. 汶川地震大型滑坡研究 [M]. 北京：科学出版社，2009.

[106] 钱洪，周荣军，马声浩，等. 岷江断裂南端与1933年叠溪地震研究 [J]. 中国地震，1999，15（4）：333－338.

[107] 余斌. 不同容重的泥石流淤积厚度计算方法研究 [J]. 防灾减灾工程学报，2010，23（2）：78－92.

[108] 曾向荣，郝红星，孙博良. 唐家山堰塞湖泄洪问题研究 [J]. 数学的实践与认识，2009，39（16）：37－49.

[109] 张健楠，马煜，张惠惠，等. 四川都江堰市虹口乡大干沟地震泥石流灾害研究 [J]. 山地学报，2010，28（5）：624－627.

[110] 韦方强，胡凯衡，Lop ez J L，等. 泥石流危险性动量分区方法与应用 [J]. 科学通报，2003，48（3）：298－301.

[111] 胡凯衡，韦方强，何易平，等. 流团模型在泥石流危险度分区中的应用 [J]. 山地学报，2003，21 (6)：726-730.

[112] 章书成. 泥石流运动数值模拟 [J]. 中国学术期刊文摘，1995，1 (2)：62-63.

[113] 唐川. 泥石流堆积泛滥过程的数值模拟及其危险范围预测模型的研究 [J]. 水土保持学报，1994，8 (1)：45-50.

[114] 倪晋仁，廖谦，曲轶众. 多组分流元模型在稀性泥石流堆积分选特征研究中的应用 [J]. 水利学报，2001 (2)：16-23.

[115] 李同春，李杨杨，章书成，等. 泥石流泛滥区域数值模拟 [J]. 水利水电科技进展，2008，28 (6)：1-4.

[116] 陈日东，刘兴年，曹叔尤，等. 泥石流与主河汇流堆积的数值模拟 [J]. 中国科学：技术科学，2011，41 (10)：1305-1314.

[117] 马宗源，张骏，廖红建. 黏性泥石流拦挡工程数值模拟 [J]. 岩土力学，2007 (28)：389-392.

[118] 王福军. 计算流体动力学分析——CFD 软件原理与应用 [M]. 北京：清华大学出版社，2004.

[119] 四川省鱼子溪河耿达水电站鹰嘴岩沟泥石流防治工程设计报告 [R]. 中国水电顾问集团成都勘测设计研究院，2011.

[120] 长河坝水电站野坝沟泥石流防治工程设计报告 [R]. 中国水电顾问集团成都勘测设计研究院，2010.

[121] 万工集镇大沟泥石流防治工程设计报告 [R]. 中国水电顾问集团成都勘测设计研究院，2013.